ANKERHERZ

TIME BANDIT

ZWEI BRÜDER, DIE BERINGSEE UND DER FANG IHRES LEBENS

von ANDY und JOHNATHAN HILLSTRAND mit MALCOLM MACPHERSON

ANKERHERZ

TIME BANDIT
Zwei Brüder, die Beringsee und der Fang ihres Lebens

EDITION CAMPFIRE

Paperback-Ausgabe
Januar 2015

Die englischsprachige Originalausgabe erschien 2008 unter dem Titel
»Time Bandit: Two Brothers, the Bering Sea, and One of the World's Deadliest Jobs«
bei Ballantine Books, New York, Random House Publishing Group.

Übersetzung und Vorwort: Olaf Kanter, Hamburg
Reihengestaltung: Ana Lessing, Berlin
Umschlaggestaltung: Peter Löffelholz, Berlin
Fotografien: Cameron Glendenning, Los Angeles
Illustrationen, Gestaltung und Satz: Florin Preußler, München
Lektorat: Patrick Schär, Berlin
Herstellung: Peter Löffelholz, Berlin
Papier: Munken Pure, Munkedals

Druck und Bindung: Pustet, Regensburg
Bibliografische Information der Deutschen Nationalbibliothek
Die Deutsche Nationalbibliothek verzeichnet diese Publikation in
der Deutschen Nationalbibliografie; detaillierte bibliografische Daten
sind im Internet über http://dnb.dnb.de abrufbar.

Ankerherz Verlag GmbH, Hollenstedt
info@ankerherz.de
www.ankerherz.de

ISBN: 978-3-940138-88-0

»Ob ich Angst hatte? Wer zum ersten Mal mit einem Krabbenfänger da rausfährt, in diese entlegenen wilden Gewässer, wäre ein echter Idiot, wenn er keine Angst verspürte.«

Cameron Glendenning,
Director of Photography, Deadliest Catch.

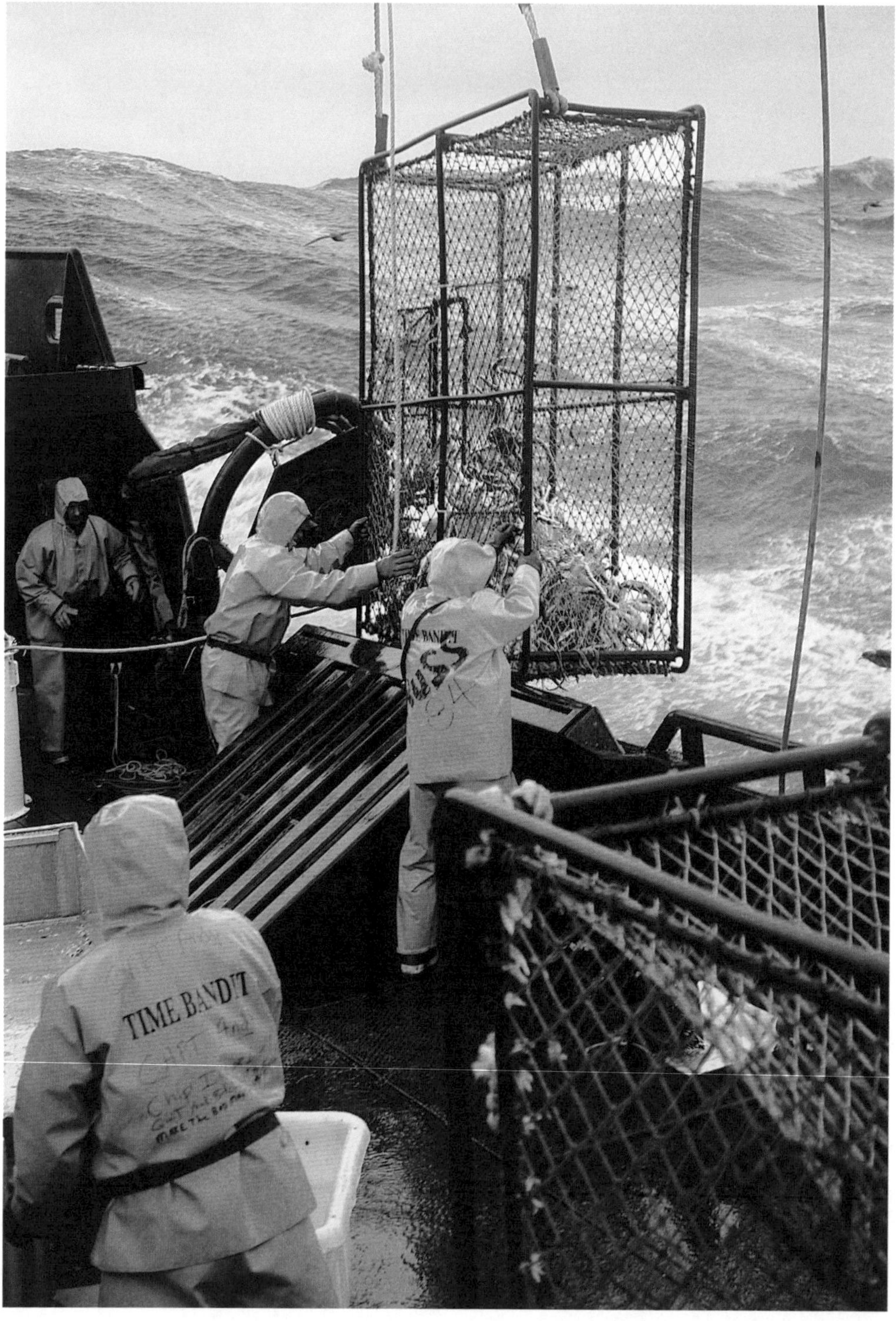
TIME BANDIT

INHALT

Dutch Harbour, Alaska

TIME BANDIT
JUNEAU, AK
DANGER
GASOLINE
AUTHORIZED
PERSONNEL
BEYOND
THIS POINT

Welcome to
St. Paul Island
No Rat Infested Ships Allowe
Paul Ordinance CCO 9.6

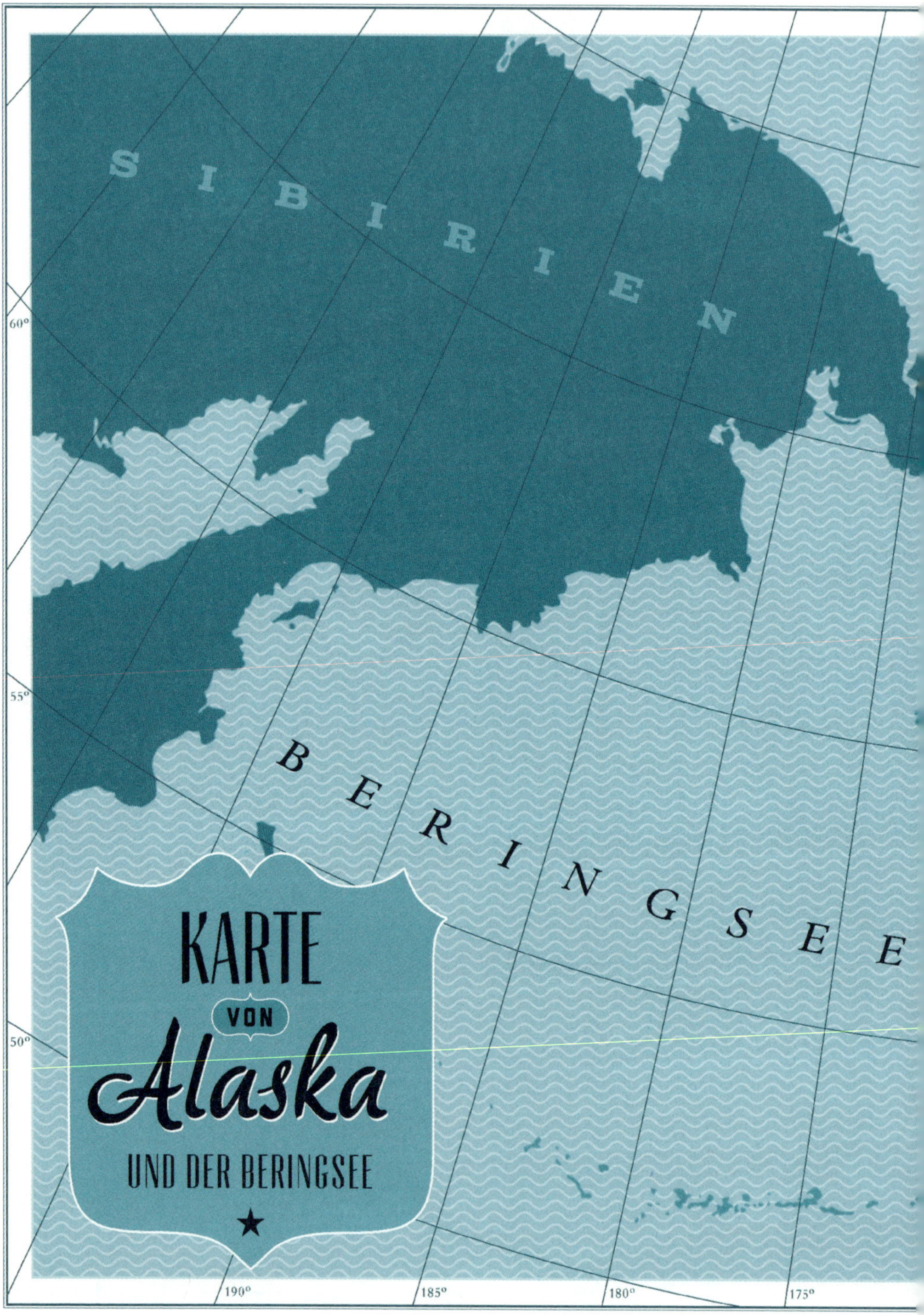
SIBIRIEN
BERINGSEE
KARTE
VON
Alaska
UND DER BERINGSEE
60°
55°
50°
190°
185°
180°
175°

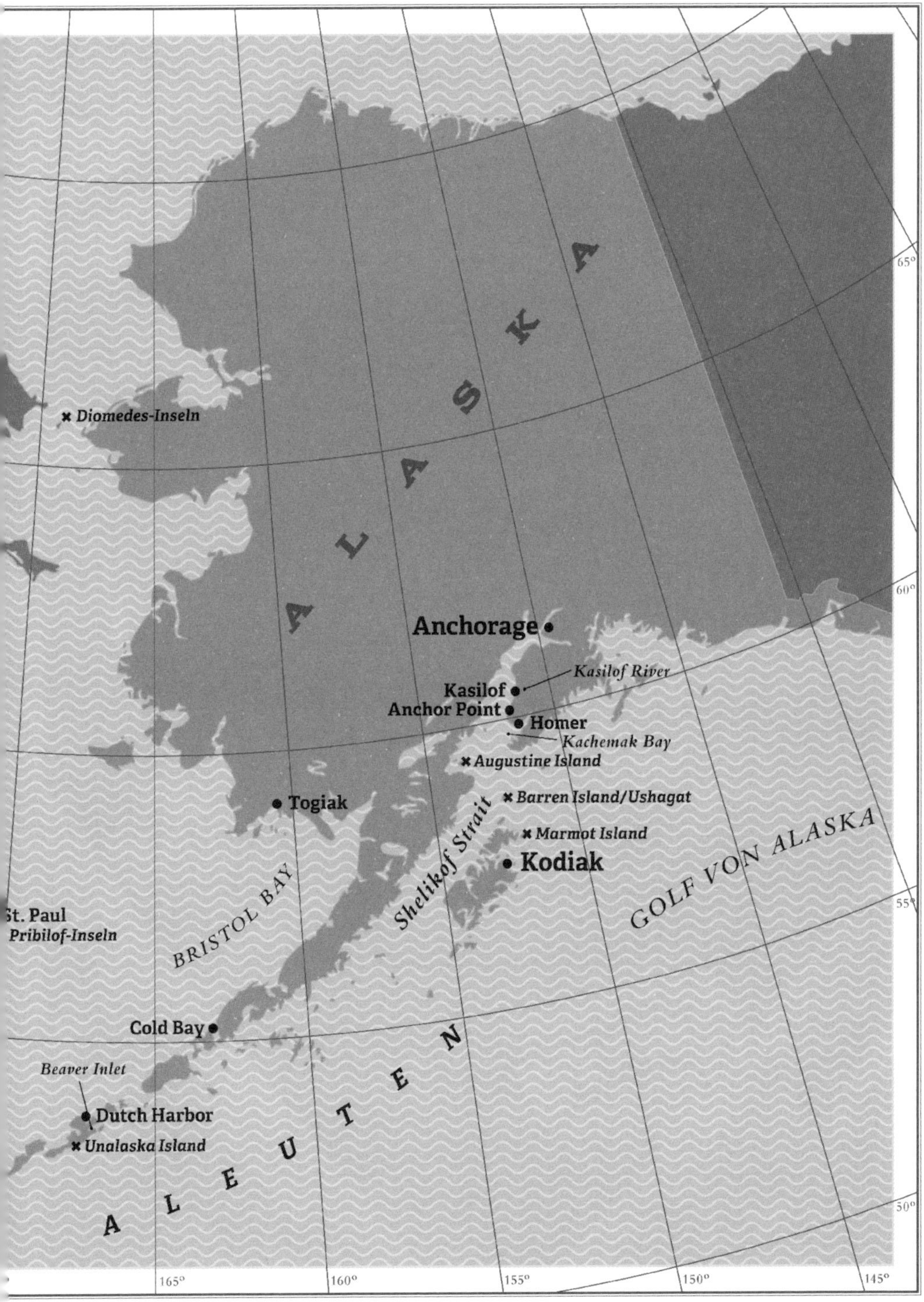

ALASKA
Diomedes-Inseln
Anchorage
Kasilof River
Kasilof
Anchor Point
Homer
Kachemak Bay
Augustine Island
Togiak
Barren Island/Ushagat
Marmot Island
Kodiak
Shelikof Strait
GOLF VON ALASKA
BRISTOL BAY
St. Paul
Pribilof-Inseln
Cold Bay
Beaver Inlet
Dutch Harbor
Unalaska Island
ALEUTEN
65°
60°
55°
50°
165°
160°
155°
150°
145°

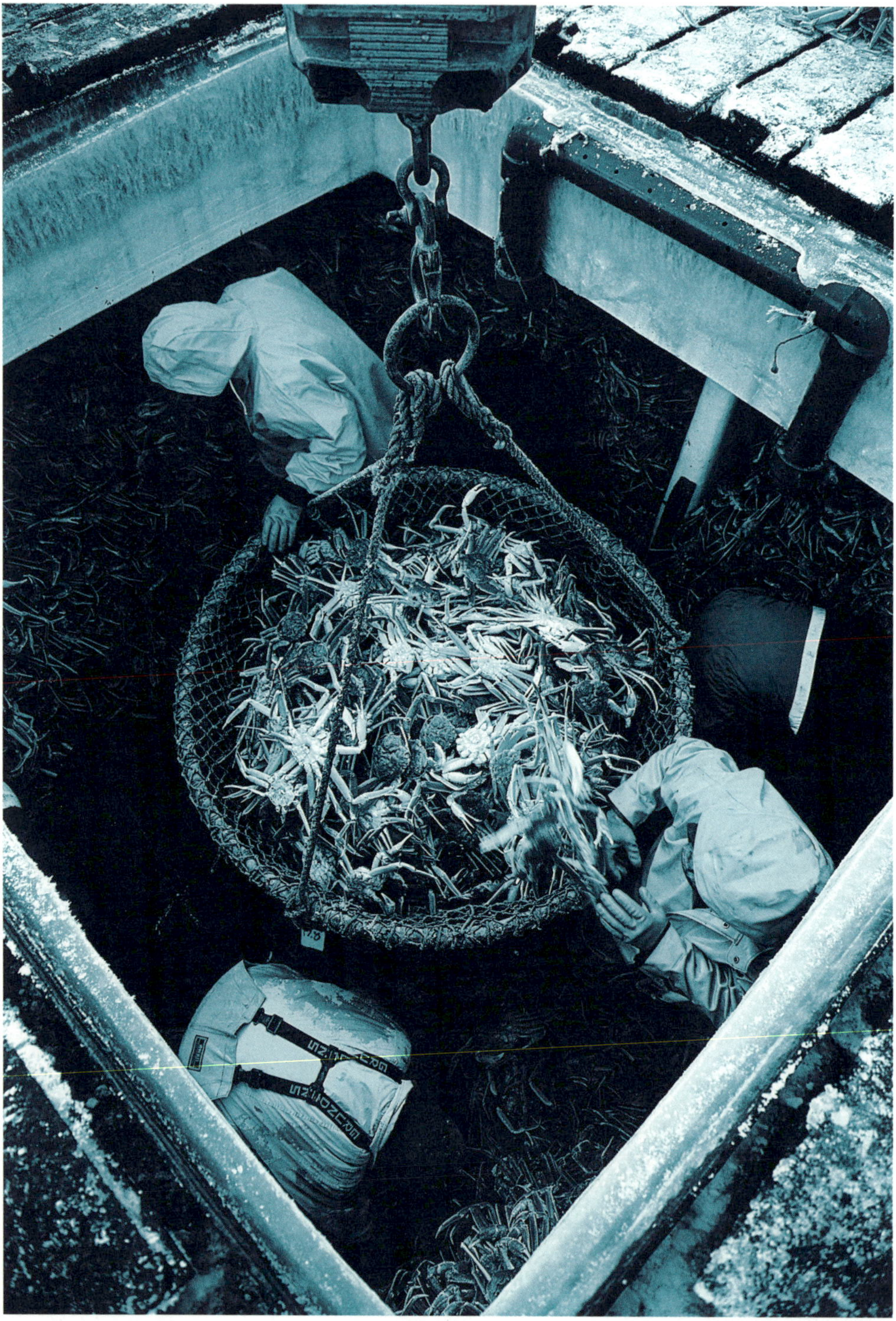

PROLOG
IM STURM DES LEBENS
von Olaf Kanter

Es gibt zwei Arten von Wasser. Weiß ist die Gischt, die entsteht, wenn der Sturm die See so aufwühlt, dass die Wellenkämme brechen und vom Wind übers Meer gepeitscht werden. Schwierig wird es für die Crew aber erst, wenn grünes Wasser über den Bug kommt. Grünes Wasser ist die volle und ungebrochene Wucht der Welle, grünes Wasser reißt die Männer an Deck von den Füßen und spült sie über Bord, wenn sie nicht aufpassen. Johnathan Hillstrand, Kapitän auf dem Krabbenfänger *Time Bandit,* hat seine Leute im Sturm deshalb immer genau im Blick und wenn er eine Welle sieht, die grünes Wasser bringt, brüllt er ihnen über Deckslautsprecher eine Warnung zu. Dann gehen alle Mann so schnell sie können in Deckung und klammern sich fest. Grünes Wasser hat Johnathans Schiff einmal fast versenkt. Eine mächtige Welle überrollte das Vorschiff und riss einen Container mit gefrorenem Köderfisch aus seiner Verankerung. Der tonnenschwere Klotz rutschte quer übers Deck, der Kahn legte sich auf die Seite – und richtete sich nicht mehr auf. Er lag weit auf der Seite, alle an Bord hielten die Luft an. Gerade erst hatte Johnathan die Crew reingeholt, weil die Bedingungen zu heikel wurden. Kommt das Schiff wieder hoch? Langsam richtete es sich ein wenig auf, und noch ein Stück, bis Johnathan seine Leute rausschicken konnte, um den Container mit dem Köder wieder einzufangen und festzuzurren. Sie arbeiteten so schnell, sagte er später, wie er es noch nie gesehen hatte. So ist das Leben der Fischer auf der Beringsee. Ihre Fanggründe gehören zu den stürmischsten und eisigsten auf den Weltmeeren. Und was die Sache noch schlimmer macht, ist die Beute, auf die sie es abgesehen haben. Johnathan Hillstrand, seine Brüder Andy und Neal und die anderen Männer von der *Time Bandit* fangen Krabben, die nur im Herbst und Winter in die Reusen gehen, wenn das Wetter in den subarktischen Gewässern der Beringsee am unerbittlichsten ist. Königskrabben fangen sie im Herbst, hässliche Biester, eine Art Meeresspinne auf Anabolika. Man nennt sie auch Kamtschatkakrabbe oder schlicht Monsterkrabbe, und das trifft es eigentlich sehr gut. Sie haben einen stachelbewehrten Panzer und Beine, die fast einen halben Meter lang werden. Sie sind Allesfresser – und bekannt dafür, auch die eigenen Artgenossen nicht zu verschmähen, wenn sie der Hunger quält. Sonst haben sie kaum Feinde in ihrem Reich am Grund, hundert Meter unter dem Meeresspiegel. Nur eben Johnathan und seine Crew, denn das Muskelfleisch in den Beinen der Monsterkrabbe ist eine Delikatesse, für die Feinschmecker viel Geld bezahlen.

Im Winter folgt eine noch härtere Bewährungsprobe: die Jagd auf Schneekrabben. Die kleine Schwester der Königskrabbe, von den Fischern nach ihrem lateinischen Namen *Chionoecetes opilio* kurz »Opilio« genannt, geht nur im Januar in die Reusen. Das bedeutet für die Crew der *Time Bandit* Sturm wie üblich und dazu Minusgrade, die die Gischt sofort auf dem Stahl des Schiffs gefrieren lassen. Wenn die Fischer nicht Krabben aus den Reusen holen, klopfen sie Eis. Denn wenn der Eispanzer auf dem Schiff zu schwer wird, droht es zu kentern. Doch das Risiko lohnt sich. Es gibt nur wenige Kreaturen in den Meeren, mit denen sich so prächtig Geld verdienen lässt wie mit diesen Krabben aus dem hohen Norden.

Bei den Ureinwohnern Alaskas standen die Krebse schon seit Urzeiten auf dem Speiseplan, doch die kommerzielle Fischerei hat sie erst in den Fünfzigerjahren entdeckt. Was folgte, darf man getrost mit dem großen Goldrausch in Alaska vergleichen. Ende des 19. Jahrhunderts quälten sich die Abenteurer zu Tausenden im Winter über den

Chilkoot-Pass, um am Klondike oder Yukon nach Gold zu schürfen. Wie sie gehen auch die Krabbenfänger ein extremes Risiko ein. Sie müssen in ein Schiff investieren, das den Bedingungen der Beringsee standhält – und ausgerechnet dann rausfahren, wenn alle anderen reinkommen. Auf einem Krabbenfänger kann es allerdings auch der einfache Seemann zu einem wahren Vermögen bringen; wenn es gut läuft, verdient er an die 1000 Dollar am Tag. Diese mythische Formel – »from rags to riches«, vom armen Schlucker zum Millionär – ist ein kraftvolles Leitmotiv der amerikanischen Gesellschaft. Die Krabbenfänger Alaskas bringen es erneut zum Klingen.

Sie zahlen dafür einen hohen Preis. Am Klondike starben Tausende, weil sie nicht richtig ausgerüstet waren für die Auseinandersetzung mit einer gewaltigen Natur. Dasselbe gilt für die Krabbenfänger der ersten Stunde. Viele Schiffe kommen nicht zurück von ihrer Fangfahrt auf die Beringsee, die Gier nach dem schnellen Geld bringt viele Männer um. Schwimmwesten? Rettungsinseln? Überlebensanzüge? Fremdwörter auf den Kähnen der Pioniere, ein Kostenfaktor, der nur den Gewinn schmälert. Erst mal kassieren, Regeln kann man später immer noch aufstellen. Inzwischen sind die Eigner per Gesetz verpflichtet, ihre Schiffe mit allem auszurüsten, was es an Rettungsgerät gibt; und die Küstenwache kontrolliert das vor Beginn der Saison sehr gründlich. Wer die Vorschriften nicht erfüllt, darf nicht rausfahren. Dennoch bleibt die Fischerei im hohen Norden Alaskas ein gefährliches Abenteuer. In der US-Statistik über tödliche Arbeitsunfälle rangieren zwei Branchen ganz oben – die Holzwirtschaft und die Fischerei. Im Schnitt verzeichnen die Holzfäller 117 Todesfälle auf 100 000 Beschäftigte. Amerikas Fischer liegen mit 71 Toten auf dem zweiten Rang. Ein noch dunkleres Bild ergibt sich, wenn man die Krabbenfischerei Alaskas allein betrachtet, wo es fast jede Woche einen Todesfall zu beklagen gibt. Hochgerechnet kommen die Fischer aus dem Norden Jahr für Jahr auf 300 bis 400 Todesfälle je 100 000 Beschäftigte. So ist der Krabbenfänger zu seinem traurigen Superlativ gekommen:

Sein Beruf gilt als der gefährlichste Job Amerikas. »Fisch oder stirb«, hat der französische Journalist Donatien Garnier seinen Bericht über eine Reise mit einem Krabbenfänger überschrieben. Besser kann man das nicht sagen. Die Männer von der Beringsee haben nicht einfach einen Job, sie stellen sich einer existenziellen Auseinandersetzung – es geht um Leben und Tod.

Das Drama hat sich lange im Verborgenen abgespielt, in einer entlegenen Ecke des Planeten. Dutch Harbor, der Ausgangshafen für die Fangreisen in das pazifische Nordmeer, liegt auf der winzigen Aleuteninsel Unalaska. Es ist ein unwirtliches Stückchen Land, karg, felsig und verdammt windig. Wer von Anchorage mit dem Flugzeug nach Unalaska startet, muss jederzeit damit rechnen, dass der Pilot den Anflug abbricht und entweder nach Cold Bay weiterfliegt – noch so ein vergessenes Nest im Nirgendwo – oder gleich nach Anchorage zurückkehrt. Wenn die Stürme Unalaska in den Wolken versinken lassen, ist es zu riskant, die kurze Landebahn anzusteuern. Die Passagiere nehmen es mit stoischer Geduld und reihen sich am Airport in Anchorage in die Schlange der vielen, die auf ihre Weiterreise warten. Nach Dutch Harbor fliegt niemand zum Spaß, es ist ein Ort der Malocher. Hafenbecken, Lagerhallen, Fischfabriken, Werften, Schiffsversorger, Tanklager, viel mehr gibt es nicht. Drei Kneipen, ein Hotel und ein paar sehr rustikale Unterkünfte für Arbeiter und Fischer auf Durchreise. Kein anderer Hafen der USA schlägt solche Mengen an Fisch und Krabben um wie Dutch Harbor. Große Containerschiffe steuern nach einem festen Fahrplan Unalaska an. Wichtigste Ware aus dem hohen Norden ist der Rohstoff für Fischstäbchen – Seelachs. Wahrscheinlich waren sich die meisten Amerikaner der Bedeutung des Außenpostens im Nordpazifik nicht bewusst, bis das Fernsehen ein Fenster in diese entlegene Welt öffnete, diesen letzten wirklich wilden Westen der USA. Der TV-Produzent Thom Beers entdeckte die Fischer Alaskas als Sujet für eine Doku-Serie und der *Discovery Channel* schlug ein.

Gleich der vierteilige Pilotfilm wurde 2005 ein Erfolg und die Serie gehört seither zu den erfolgreichsten Formaten ihrer Art. Das Leben der Krabbenfischer auf der Beringsee läuft nicht etwa als Nischenprogramm irgendwann spät nachts, sondern immer zur Primetime, um neun Uhr abends. Zwischen drei und fünf Millionen Zuschauer schalten ein und lassen sich für eine Dreiviertelstunde auf die eisige Beringsee versetzen.

Die Produzenten haben vier Kameras fest an Bord installiert, die bei jedem Wetter aufnehmen, was an Deck passiert. Den Arbeitsablauf hat jeder Zuschauer schnell verstanden: Köder in die Reuse, Klappe zu, Seil und Markierungsboje an den Stahlkäfig und über Bord damit. Das Schiff läuft in gerader Linie weiter, die Crew schickt einen »Pot« nach dem anderen auf die Reise in die Tiefe. Wenn alle Reusen ausgelegt sind, fährt der Kapitän an den Anfang der langen Bojenreihe zurück und die Crew holt die Pots wieder ein. Boje ansteuern, Sorgleine über die Winsch, Leine einholen, bis die Reuse an die Oberfläche kommt, Kran einhaken, den Stahlkäfig an Bord hieven, Klappe auf, Fang sortieren. Es ist eine eintönige, knochenharte Arbeit. Johnathan beschreibt seine Crew als »Zombies«, die über den Punkt der totalen Erschöpfung hinaus immer weitermachen. Das Hirn schaltet ab, der Körper funktioniert wie auf Autopilot.

Für die spannenden Einlagen sorgen Wind und Wellen – und die zwischenmenschlichen Dramen, die sich in der Besatzung abspielen. Für die wahren Stürme des Lebens braucht es nicht nur Wind, sondern große Emotionen. Und die sind auf dem begrenzten Raum an Bord eines Krabbenfängers garantiert. Wenn es Stress gibt, eskaliert der Streit zwischen diesen wilden Kerlen schnell – gelegentliche Schlägereien inklusive. Im amerikanischen Original piept es in jedem Dialog: Die Sprüche und Flüche der Männer sind selten jugendfrei.

Damit dem Zuschauer solche Details nicht entgehen, schickt der Produzent auf jedes Schiff zwei Reporter mit, die mit kleinen Handkameras immer nah dran sind, wenn sich das Drama gerade nicht an

Deck, sondern in der Kombüse oder auf der Brücke entfaltet. Den Fachbegriff für den omnipräsenten Beobachter kennt man sonst nur aus der Kriegsberichterstattung – auch beim Krabben-TV nennen sich die Reporter »embedded«. Sie sind Beobachter – und doch der Situation auf die gleiche Weise ausgesetzt wie die Fischer, die sie filmen. Sie schauen nicht von außen zu, sie sind mittendrin. Es ist ein gefährlicher Job, beim »Deadliest Catch« hautnah dabei zu sein. Für Cameron Glendenning, der als Kameramann die Fernsehserie von der ersten Staffel an prägte, begann gleich der erste Trip mit dem Härtetest: »Als wir in Dutch Harbor losfuhren, war der Seegang acht bis zehn Meter hoch. Der Kapitän hielt den Bug direkt in die Wellen und ich konnte einfach nicht glauben, wie laut der Stahl des Schiffes ächzte und stöhnte.« Glendenning stammt aus Florida, er ist am Wasser aufgewachsen und mit der Fischerei groß geworden. Trotzdem spürte er plötzlich dieses »dringende Verlangen«, noch einmal mit seinen Eltern zu sprechen, solange das Handy noch auf Empfang war. »Nur sicherheitshalber, es konnte ja der letzte Anruf sein.« Hatte er Angst da draußen mit den Krabbenfischern? »Und wie«, sagt Glendenning, »jeder Schritt auf dem Boot war gefährlich: die Wellen gigantisch, die Temperaturen an Deck eisig. Der Stahl war glatt, überall standen Luken offen, in die man fallen konnte, und über unseren Köpfen schwangen diese schweren Reusen. Dazu kommen diese verrückten Kerle an Bord, die sind auch nicht ohne. An Land saufen sie bis zum Unfallen, auf dem Schiff streiten und prügeln sie sich. Und jeder Typ hat eine verdammte Knarre dabei oder sogar zwei! Und ja: Wer zum ersten Mal mit einem Krabbenfänger da rausfährt, in diese entlegenen wilden Gewässer, wäre ein echter Idiot, wenn er keine Angst verspürte.«

Die größte Gefahr für die eigene Sicherheit sei allerdings er selbst gewesen, sagt Glendenning: »Für eine gute Kameraeinstellung mache ich alles. Ich will Bilder, auf die ich wirklich stolz sein kann. Und je länger ich auf diesen Schiffen unterwegs war, desto größer wurden die Risiken, die ich einging.« Er musste sich wie ein Mantra immer wieder vorsagen, was die Skipper ihm eingeimpft hatten: »Die Beringsee verzeiht keine Fehler.«

Jede Staffel der Serie verfolgt das Schicksal von vier Schiffen, allesamt übrigens Familienunternehmen: Auf der *Time Bandit* haben die Gebrüder Hillstrand das Kommando, auf der *Cornelia Marie* schuften Phil Harris und seine Söhne, auf der *Northwestern* fischen Sig Hansen und seine jüngeren Brüder und auf der *Wizard* die Brüder Keith und Monte Colburn. Dass die Krabbenfänger von Vätern und Söhnen oder Brüdern geführt werden, sagt dem Beobachter zweierlei: In diesen Beruf wächst man hinein und Fischer wird man nicht, man ist es von Geburt an. Johnathan und Andy Hillstrand sind sechs Jahre alt, als sie zum ersten Mal mit ihrem Vater zum Fischen rausfahren. Später schmeißen sie die Schule, weil sie auf See richtig Geld verdienen können, weil sie sich hier eine eigene Existenz aufbauen können. Der Vater finanziert ihnen das Schiff, die *Time Bandit,* und die Krabben sorgen dafür, dass der Kredit bald abbezahlt ist. Familie bedeutet aber auch – und das ist mindestens genauso wichtig –, dass es an Bord schon eine eingeschworene Gemeinschaft gibt, dass die Crew einen Kern hat, der immer zusammenhält. Johnathan vergleicht die Lage auf dem Schiff mit der Situation eines Soldaten. Er muss sich im Einsatz unbedingt und immer auf die Kollegen verlassen können. Fehler können das Leben kosten und wenn es wirklich eng wird, bleibt nur die Hoffnung, dass die anderen einen noch raushauen. Dass an Bord eines Krabbenfängers alle zusammenhalten, ist absolut unabdingbar, Erfolg hat eine Mannschaft nur dann, wenn sie im perfekten Zusammenspiel agiert. Das verleiht der Serie einen wichtigen Spannungsbogen: Wie reagieren Menschen unter solch extremen Bedingungen? Wer wächst über sich hinaus, wer zieht sich zurück? Wer versagt – als Kollege, als Kumpel, als Freund? Für den Reality-TV-Experten Thom Beers ist genau das die eigentliche Geschichte: »So eine Serie funktioniert nur in einer echten Subkultur. Wichtig ist es, dass wir eine autarke Gemeinschaft beobachten, die nach ihren eigenen Regeln lebt, die ihren eigenen Kodex besitzt.

Die Einsätze stehen fest, es gibt Gewinner und Verlierer.« Dazu kommen die Eigenarten der einzelnen Figuren, wobei es nicht genügt, schrille oder coole Typen zu versammeln, meint Beers. »Die Charaktere müssen gerade eine wichtige Veränderung durchmachen – und genau in diesem Moment muss die Kamera dabei sein.« Das ist als Plot noch viel wichtiger als der eher sportliche Wettstreit der Skipper untereinander, wer die meisten Krabben fängt. Besonders interessant sind für Kameraleute und Produzenten daher immer die Neulinge an Bord. Wie der Zuschauer werden sie mit dieser neuen Welt der Extreme konfrontiert. Wie bestehen sie diesen ultimativen Test? Wie bewähren sie sich im Sturm ihres Lebens? Wie fügen sich die Greenhorns in die Mannschaft altgedienter Veteranen, die zum Teil schon seit Ewigkeiten zusammenarbeiten?

Reality-Serien, schreibt die Medienwissenschaftlerin Angela Keppler, »unterhalten den Zuschauer mit der authentischen oder nachgestellten Wiedergabe tatsächlicher Katastrophen«. Doku-Filmer begleiten deshalb so gerne die Polizei oder die Küstenwache. Der Blick in die Notaufnahme eines Krankenhauses hat sogar ein komplett neues Genre entstehen lassen. Immer geht es um Ausnahmesituationen. Davon gibt es auf der *Time Bandit* und den anderen Schiffen reichlich. Was die Zuschauer sehen, ist absolut authentisch, nichts ist geschönt, nichts nachgestellt. Das Drehbuch schreibt die See. Wenn sich ein Mann in einer Leine verheddert, die gerade hinter einem Pot in die Tiefe rauscht, ist er in akuter Lebensgefahr. Wenn ein Kaventsmann über den Bug rauscht und den Männern die Füße unter dem Hintern wegreißt, geht es um Leben und Tod. Das lässt sich nicht proben und nicht für die Kamera wiederholen, das ist auch alles kein Spiel. Die *New York Times* schrieb über »The Deadliest Catch«: »Von allen Shows, die Wirklichkeit abbilden, ist diese Sendung die wirklichste; Menschen kommen tatsächlich um dabei. Gleich in der ersten Staffel sinkt eines der Schiffe. Die *Big Valley* hat zu viele Reusen an Deck, sie kentert, sie sinkt – und bis auf einen Mann kommt die gesamte Crew um.«

»Der gefährlichste Job Alaskas« heißt die Serie im deutschen Fernsehen, sie läuft beim Kabelsender DMAX, der sich selbst als »Tatsachen-Unterhaltungs-Kanal für Männer« bezeichnet. Auch für den deutschen Zuschauer funktioniert die Serie aus Alaska als Adrenalin-Surrogat. Sie sorgt selbst bei solchen Menschen für Herzklopfen, die ihren Puls sonst nur spüren, wenn sie im Stau sitzen und sich ärgern oder der fiese Kollege im Büro sie vor Wut kochen lässt. »Der gefährlichste Job Alaskas« ist auch das – ein Ersatzabenteuer. Die Mutter der Hillstrand-Brüder sagt über die Fans der Serie: »Das sind alles Menschen, die ihr Leben nicht wirklich leben. Hier sehen sie Männer, die sich trauen, an ihre Grenzen zu gehen.« Man kann durchaus einwenden, dass es eine Errungenschaft unserer Zivilisation ist, wenn sich nur noch die wenigsten Menschen realen Gefahren aussetzen müssen. Was soll denn, bitte schön, daran unterhaltsam sein, wenn Menschen bei ihrem Job in Lebensgefahr geraten?

Johnathans und Andys Zuschauer sind keine Katastrophen-Voyeure. Sie bangen mit den Fischern, wenn der Sturm heult, sie zittern mit der Crew, wenn sie im Packeis steckt. Sie fiebern mit, wenn Shea und Russell endlich eine volle Reuse nach der anderen an Deck ziehen. Die Fans der Serie sehen nicht austauschbare Akteure eines Action-Spektakels – und das ist eine Dimension des »Deadliest Catch«, die in den USA viel wichtiger ist als bei uns: Viele Zuschauer spüren eine Seelenverwandtschaft mit den handelnden Figuren. Stig Hansen, Phil Harris und die Hillstrands sind ganz normale Typen. Sie haben diesen außerordentlichen Beruf, doch sie könnten irgendwo in der Nachbarschaft leben. Wenn Johnathan von seinen Hobbys erzählt, von fetten Motorrädern, potenten Pick-up-Trucks oder dem ersten Jagdausflug mit seinem Vater, dann bringt das bei amerikanischen Zuschauern eine Saite zum Schwingen.

Die Hillstrands sind heute »irgendwie berühmt«, formuliert es Andy. Doch wenn er mit Johnathan eingeladen wird, zu einer Talkshow oder um bei einem Volksfest Autogramme zu schreiben, dann merken die Leute: Die sind wie wir. »Jeder, der von seiner Hände Arbeit leben muss, findet die Serie klasse«, bekommt Andy bei einer solchen Gelegenheit zu hören.

Die Krabbenfänger haben einen Knochenjob, erst die außerordentlichen Umstände ihres Berufs lassen sie im Auge des Betrachters über den normalen Arbeiter hinauswachsen. Johnathan und Andy mag es nie so vorkommen, für die Zuschauer sind sie wahre Helden, Helden des wahren Lebens. Was sie sonst im Fernsehen zu sehen bekommen, ist nicht ihr Leben. Aber die Hillstrands und die Hansens und die Colburns beweisen unter extremen Bedingungen, was die Zuschauer auf ihre Weise jeden Tag erfahren: Sie arbeiten hart für ihr Geld. Und keiner bekommt etwas geschenkt. Das ist so an Land – und auf der tosenden Beringsee erst recht.

Die Geschichte von Johnathan und Andy Hillstrand ist also beides, ein Bericht aus einer Welt, in der Wind und Wellen und Eis das Sagen haben, und eine Botschaft, die überall gilt: Im Sturm des Lebens muss man sich manchmal verdammt gut festhalten.

TIME BANDIT
TIME BANDIT

KAPITEL 1

Wie ein König

JOHNATHAN

Ich bin Fischer, ein Fischer in Alaska. Genauer gesagt, ein Krabbenfischer der Beringsee, und das seit 37 Jahren. Mein Name ist Johnathan Hillstrand und sie nennen mich den »fiesesten Typen der ganzen Beringsee« und meinen Job »den tödlichsten Beruf in Amerika«. Ich schlage mich mit Wellen rum, die 15 Meter hoch sind, und gelegentlich begegnen mir Kaventsmänner von mehr als 30 Meter Höhe. Ich arbeite auf einem Meer, das kalt genug ist, um einen Mann in fünf Minuten umzubringen. Ich habe Williwaw-Böen erlebt, die mit mehr als 200 Sachen über uns wegfegten, das sind mehr als zwölf Windstärken. Ich habe gesehen, mit welcher Macht das Packeis von Russland nach Süden schiebt – und da war ich mit meinem Schiff, der *Time Bandit*, mittendrin.

Jetzt, in diesem Augenblick, wünsche ich, es wäre das Leben eines anderen, denn ich treibe in einem kleinen Boot ohne Motor allein aufs Meer raus und Hilfe ist nirgends in Sicht. Die Wellen sind gerade einmal kniehoch und sie schwappen mit einem Rhythmus gegen den Rumpf, dass es mich fast einlullt. Die Lage ist nicht im Geringsten bedrohlich. Der Himmel ein ausgewaschenes Blau, keine einzige Wolke zu sehen und der Horizont leer.

Und das macht mir eine Scheißangst.

Mein Boot ist eine 11,60 Meter lange Weggley, ausgerüstet für das Fischen mit Kiemennetzen, ich habe sie auf den Namen *Fishing Fever* getauft. Jetzt lässt sie sich mit dem Ebbstrom treiben. Wir sind

Gefangene des Mondes, der uns mit seiner Schwerkraft in Richtung Südwesten zieht. Keine Ahnung, wo ich bin, ich schätze so um die 50 bis 60 Meilen südwestlich von der Mündung des Kasilof River, von wo ich heute Morgen aufgebrochen bin. Ich habe seither etwa zehn Dutzend fette, frische Cook-Inlet-Rotlachse gefangen und auf Eis gelegt. Natürlich nervt es mich, dass ich hier mit der Strömung drifte (und zwar nicht nur, weil es immer unangenehm ist, irgendwohin befördert zu werden, wo man gar nicht hinwill). Ich würde lieber vor Sonnenuntergang zurück bei meinen Freunden sein, im Camp hinter der alten Kasilof-Fischfabrik. In der einen Hand eine Flasche Crown Royal, in der anderen einen Hotdog – und dann schön am Lagerfeuer sitzen und quatschen. Sieht nicht so aus, als ob das noch klappen könnte.

Warum ich hier treibe? Weil die Maschine der *Fishing Fever* vor etwas mehr als drei Stunden ihren Geist aufgegeben hat, deshalb. Das Reduziergetriebe hat sich mit einem unheilvollen Grunzen festgesetzt. Ein letztes Zittern, dann war das Schiff wie tot, ausgeknockt. Das Ende der Maschine kam allerdings nicht gänzlich überraschend: Der Vorbesitzer hat aus Prinzip nie das Öl gewechselt und der Motor stand zweimal komplett unter Wasser. Ich habe das Schiff vor vier Jahren gekauft, weil mir seine Linien so gut gefallen haben und nicht weil die Maschine brav schnurrte. Und außerdem bin ich auch nicht ganz unschuldig an diesem Schlamassel: Um den Lachs ins Netz zu scheuchen, bin ich wie ein Irrer vor dem Netz auf und ab geheizt. Maschine vorwärts, Maschine rückwärts, immer volle Umdrehung.

Ein Reduziergetriebe kriege ich hier mit Bordmitteln nicht repariert, dazu muss ich zurück nach Kasilof, das Schiff auf den Sand setzen und einen Mechaniker überreden, sich mit seinem Werkzeug in den engen Maschinenraum zu quetschen. Ich habe die Abdeckung schon einmal abgenommen und mich selbst da reingezwängt, um nachzusehen, was los ist (und ich wiege bei 1,83 Meter an die 100 Kilo).

Also: Die Propellerwelle sitzt fest, aus dem Reduziergetriebe suppt Öl. Murphy's Law gilt übrigens auch auf See. Keine Maschine, kein Saft für die Batterien, kein Funkgerät, nichts. Um es deutlich zu formulieren: Ich bin ganz schön am Arsch.

Ich klappe den Deckel über dem Motor wieder zu und wünsche mir, ich hätte das Elend nicht gesehen.

Die Tide schiebt mich schneller als mir das recht ist in Richtung Augustine Island und weiter auf die Shelikof Strait raus, wo wirklich alles passieren kann – und manchmal auch passiert. Der alte Käpten Cook soll in seinen Logbüchern geschrieben haben, dass es außer vor Kap Hoorn kein fieseres Wetter und keine gemeineren Strömungen gibt als in der Shelikof Strait. Wie in der Beringsee, wo mein Bruder und ich mormalerweise fischen, bauen sich die Stürme hier mit einer solchen Geschwindigkeit und Gewalt auf, dass sich selbst der harmloseste Teich binnen sechs Stunden in einen Mahlstrom verwandelt – und manchmal geht es noch schneller. Der Wind peitscht von den eisigen Fjordwänden, die sich hinter der Strait auftürmen; der Strom aus dem Kennedy Entrance kämpft mit seinen Verwandten aus dem Cook Inlet, der Kachemak Bay, dem Golf von Alaska und etlichen anderen Gezeitenwellen. Alle zusammen schieben einen Seegang an wie sonst nirgendwo an den Küsten Alaskas.

Ich werfe einen Blick auf meine Uhr. Wie sagt man bei uns: Immer wenn du barfuß unterwegs bist, trittst du in den größten Haufen Scheiße.

Es ist gar nicht lange her, da saß ich hier in der Strait schon mal fest. Der Wind heulte mit Orkanstärke. Ich starrte von der Brücke in das Chaos und brüllte wütend in den Sturm, aber dem war das völlig egal. Als ich gerade den Schutz einer Bucht anlief, sah ich einen Mann auf dem Wasser, der offenbar auf einer Art Kajak saß. Er winkte mit einer roten Jacke. Ich traute meinen Augen nicht und weckte meinen Kumpel Kabeljau-Tom, damit er bestätigte, was ich gesichtet hatte. Kabeljau ist ein Riesenkerl mit einer Birne, die so groß ist, dass sie wie ein Planet ihre eigene Anziehungskraft hat, komplett mit Atmosphäre und eigenem Wettersystem. Ich frage ihn also: »Siehst du auch, was ich sehe, Kabeljau?«

Er: »Das gibt es nicht.«

Es waren sogar drei Typen, sie klammerten sich an den Rumpf ihres Bootes, das ungefähr so groß war wie die *Fishing Fever.* Der Sturm hatte ihren Kahn umgeschmissen und jetzt guckte nur noch der Bug aus dem Wasser. Die Männer waren auf dem besten Weg, an Unterkühlung zu sterben. Kaltes Wasser saugt die Wärme 24-mal schneller aus dem Körper als Luft. Eine bittere Kälte streckte ihre eisigen Finger nach den Herzen dieser Männer aus. Sie trugen keine Überlebensanzüge. Ich aber, und so sprang ich ins Wasser, um sie rauszufischen. Sie waren schon völlig kraftlos, als ich bei ihnen ankam. Einer von ihnen blubberte gerade weg. Gab einfach auf und ließ sich sinken. Ich schnappte ihn bei den Haaren und zog ihn wieder hoch. Einen nach dem anderen hievte ich aus dem Wasser und auf mein Boot. Ich gab ihnen Zigaretten, heißen Kaffee und trockene Klamotten. Dann überflog ich schnell die Seiten über Unterkühlung in meinem Erste-Hilfe-Buch, wo ich herausfand, dass ich ihnen unter keinen Umständen Zigaretten und heißen Kaffee geben durfte. Also schlug ich ihnen die Fluppen wieder aus dem Gesicht. Einer der Typen war so schockgefroren, dass er kein Wort rausbrachte. Um ihn am Leben zu halten, fragte ich ihn immer wieder: »Wie heißt du? Sag mir, wie du heißt!« Der Typ, den ich an den Haaren aus dem Wasser gezogen hatte, ließ sich später den Namen meines Schiffs auf den Arm tätowieren: *Arctic Nomad.*

Wir blieben im Schutz der Bucht und warteten das Ende des Sturms ab. Was anderes blieb uns auch nicht übrig.

Ich kenne das Wetter in der Strait also bestens. Ich weiß, was die Kälte und das Meer vor Alaska anrichten können. Für Boote von der Größe der *Fishing Fever* verlangt die Küstenwache keine Ausstattung mit 406/121,5-Mhz-EPIRBs. Das sind Seenotbaken, die im Notfall automatisch »Mayday« funken und den Namen des Schiffs sowie seine Position via Satellit an die Station der Küstenwache in Juneau senden. Ohne eine

EPIRB = Emergency Position Indicating Radio Beacon

solche EPIRB bin ich im Ernstfall also nichts; ich existiere nicht. Allerdings würde die Küstenwache auch dann nicht kommen, um mich abzuschleppen, wenn sie wüsste, dass ich hier draußen bin, es sei denn, ich wäre gerade dabei abzusaufen. Nach den Buchstaben des Seerechts liegt die Verantwortung für einen Havaristen nämlich bei dem, der schleppt. Und die Küstenwache, so wertvoll und wichtig sie auch sein mag, sieht sich leider nicht als ADAC der Meere.

Was die Lage noch schlimmer macht: Ich habe an Bord der *Fishing Fever* auch keinen CB-Funk – das hat auch sonst keiner der Lachsfänger im Cook Inlet. Meine normale UKW-Funke hat gleich mit der Maschine ihren Geist aufgegeben (und auf Kanal 16 kommt man mit UKW sowieso nicht weiter als 20 Meilen). Und das Razr-Handy hätte in der eintönigen Wildnis der See auch dann kein Signal gehabt, wenn es mir gestern abend nicht ins Lagerfeuer gefallen wäre. Als ich es endlich aus den Flammen gefischt hatte, sah es aus wie die S'mores-Schokoriegel von Hershey's. Was meine technische Ausrüstung anbelangt, wäre ich jetzt in der Ära von Käpten Cook besser aufgehoben – mit Segeln, Sextant und Signalflaggen.

Gestern Nacht bin ich lange aufgeblieben und habe mich ganz schön volllaufen lassen. Nach 18 Doppelten habe ich jedenfalls aufgehört mitzuzählen. Es gibt einfach zu viel Crown Royal auf dieser Welt und zu wenig Willenskraft, Nein zu sagen. Ich hatte jegliche Kontrolle verloren. Meine Freunde und ich hatten im Camp die Silhouette einer nackten Frau auf das Wrack eines weißen Lieferwagens gemalt. Wo unsere magnetischen Dartpfeile landeten, da wollten wir am nächsten Tag fischen. Mein Pfeil blieb in den niederen Regionen stecken und das hieß, dass ich am südlichen Ende der Fischgründe loslegen würde. Als das einmal entschieden war, wendeten wir uns wieder den Themen zu, über die man in einem Camp von Fischern eben so quatscht – übers Fischen, über Boote, elektronisches Spielzeug, Frauen. Und zwar genau in der Reihenfolge. Zum Glück gelangten wir zum Thema Frauen erst, als mich der Crown Royal schon flachgelegt hatte. Das Letzte, woran ich mich erinnern kann: dass ich meinen Kumpels davon erzählte, wie ich zusammen mit meinem Bruder Andy in der Bristol Bay rote Königskrabben fischte. Wir haben da mit einer Videokamera experimentiert, die wir in einer wasserdichten Box hinter dem Schiff herschleppten, um Ausschau nach den Krabben zu halten, die sich seltsamerweise in meterhohen Haufen den Meeresgrund entlangbewegen. Manchmal kommen sie so vier Meilen am Tag voran. Andy und ich starrten jedenfalls auf den Monitor, als plötzlich ein menschlicher Arm durchs Bild schwebte – inklusive orangefarbenem Ölzeugärmel und blauem Gummihandschuh. Wo der Rest des Körpers war? Wer kann das schon sagen.

»Hast du *das* gesehen?«, fragte ich Andy.

Er: »Ich hab's gesehen. Hast *du* es gesehen?«

Wir mussten beide lachen, aber es war ein irres Lachen, lustig fanden wir das bestimmt nicht. Dann spürten wir im selben Augenblick einen gewaltigen Rumms an der Bordwand. Wir sagten sofort: Das muss der Rest dieses armen Menschen sein, der einen Arm verloren hat. Aber wir waren nur mit einem Buckelwal kollidiert – Mann, war der sauer. Er fixierte uns mit einem riesigen Auge und schien zu sagen: »Passt gefälligst auf, wo ihr rumkurvt, Jungs.«

Irgendwann bin ich dann letzte Nacht vom Lagerfeuer zum Fluss runtergetorkelt und mit einem Skiff zur *Fishing Fever* gerudert, die an einer Mooringtonne festgemacht war. Muss so gegen Mitternacht gewesen sein, als ich mich in die Koje im Ruderhaus rollte. Um drei Uhr bin ich dann wieder hoch und gleich los. Ab sieben Uhr durfte gefischt werden, zwölf Stunden später musste Schluss sein. Da wollte ich auf keinen Fall zu spät kommen. Meine Freunde machten sich ebenfalls auf die Reise und folgten mir durch die Dunkelheit raus auf die Bucht. Während ich hier treibe, werfen sie irgendwo nordwestlich von mir fleißig ihre Netze aus.

Für mich ist die Arbeit mit dem Kiemennetz das einzig wahre Fischen. Es ist ein solcher Spaß, dass ich keine Minute davon verpassen möchte. Ich fange im Winter Königskrabben und Schneekrabben, damit ich es mir leisten kann, im Sommer Lachse zu fischen. Mit dem Lachsfang habe ich jedenfalls noch nie Geld verdient, keine Ahnung, warum das so ist. Aber es ist mir auch egal. Ich liebe das Leben im Camp mit den anderen Fischern, den Lachs und die Jagd auf ihn. Allein dieser Spaß ist mir alle Mühen wert. Der Rotlachs ist in meinen Augen der schönste Fisch der Welt. Er ist der erste unter den Lachsen, der mit seiner Wanderung in die Flüsse beginnt, er ist der größte und der leckerste. Dieses Jahr bekomme ich für Rotlachs 1,10 Dollar pro Pfund. Aber das ist wie gesagt nicht der Grund, warum ich jedes Jahr wieder rausfahre, um ihn zu fangen. Es ist das Ritual, das mich fasziniert und an die alten Zeiten erinnert: ein Mann, ein Boot, das Meer. Anders als beim Krabbenfang in der Beringsee braucht man beim Lachsfischen keine hydraulischen Greifarme, keine Gerätschaften, um 400 Kilo schwere Fangkörbe auszusetzen, keine Power-Winschen und keine große Crew an Deck. Die Fangmethode, grandios in ihrer Schlichtheit, hat sich seit einem Jahrhundert kaum verändert.

Wenn ich einmal draußen bin, wo der Lachs von der See in die Flussmündung drängt, beobachte ich die Oberfläche. Der Lachs wird immer aufgeregter, je näher er an den Fluss kommt, wo er zur Welt kam. Dann fängt er an zu springen. Nach vielen Jahren auf See wissen sie, dass sie jetzt das Ende ihrer langen Lebensreise fast erreicht haben. Zu Hunderten und Tausenden schwimmen sie in riesigen Schwärmen auf das Land zu – und versuchen dabei Typen wie mir zu entgehen, die es auf sie abgesehen haben. Trotzdem springen die Lachse, die knapp unter der Oberfläche dahingleiten, immer wieder aus dem Wasser und schlagen mit ihren Schwanzflossen auf die Oberfläche – aus Freude über den vollendeten Lebenszyklus, so erkläre ich mir das. Sie werden zwar sehr bald sterben, aber indem sie vorher im Süßwasser laichen, schaffen sie ja neues Leben. Ich kann

In Alaska nennen wir ihn »Sockeye«, was aber nichts mit seinen Augen zu tun hat. Es ist nur die englische Schreibweise des Namens, den der Fisch in der Sprache der Halkomelem-Indianer trägt.

mir vorstellen, dass ihnen dieser Prozess der Wiedergeburt tatsächlich Freude bereitet.

Ich gucke also, in welche Richtung so ein Schwarm schwimmt, rase mit meinem Boot vor und bringe mein Netz aus. Dann brauche ich nur zu warten, bis sie reinschwimmen. Das Gesetz verlangt, dass die Netze nicht mehr als acht Meter in die Tiefe reichen dürfen. Wenn ein Lachs sehr groß ist, passt er gar nicht in die Maschen. Ist er zu klein, schwimmt er einfach durch. Nur die Fische, die genau die richtige Größe haben, bleiben im Netz stecken und können auch rückwärts nicht mehr entkommen, ohne sich mit den Kiemen zu verhaken. Jetzt muss ich sie nur noch schnell genug aus dem Wasser ziehen, bevor die kreischenden Möwen ihnen die Augen auspicken oder Robben große Stücke aus ihrem blutroten Fleisch reißen. Und ich muss sie schnell ausbluten lassen, sonst verderben die Zersetzungsprozesse ihre Konsistenz und ihren Geschmack.

So fix wie ich kann, spule ich das Netz auf, pflücke die Fische aus den Maschen und immer weiter, bis das Netz komplett aufgewickelt ist und ich knöcheltief in zappelnden Fischen stehe. Im Sonnenlicht glänzt ihre Haut silbern mit schwarzen und grauen Schattierungen. Sie sind 60 bis 90 Zentimeter lang, schlank und fest, das pure Leben. Sie sind genau so, wie sich Gott die Fische gedacht hat, sie sind die Könige unter den Fischen – und nicht nur, weil es früher den Königen vorbehalten war, diesen wunderbaren Lachs zu fangen. Sie erweisen mir die Gunst der Götter. Ich lebe wie ein König, davon bin ich überzeugt, weil ich den Segen des wilden Lachses besitze.

Jetzt sieht es so aus, als müsste ich mir einen aus dem Laderaum holen und fürs Mittagsessen filettieren. Aber erst strecke ich mich noch einmal in der Koje im Ruderhaus aus, ganz bequem auf meinem Schlafsack, mit einem Kissen unter dem Kopf. Es gibt nichts zu tun. Ich kann meine Gedanken wandern lassen. Und da gibt es genug zum Wandern.

Noch zwei Monate, dann geht für meinen Bruder und mich die 28. Krabbensaison auf der Beringsee in Folge los. Seit ich die letzte

Saison beendet hatte, war keine Gelegenheit, alles noch einmal Revue passieren zu lassen. Um es kurz zusammenzufassen: Es war das wildeste, bizarrste, stressigste und gleichzeitig glücklichste Jahr meines Lebens. Schicksalhafte Kräfte hatten sich verbündet, um mich entweder freundlich zu begrüßen oder mir hinterhältig aufzulauern. Mein Horoskop stand auf Sturm. Erst habe ich einen Mann mit meinen Fäusten und Füßen ins Koma befördert. Um die Ehre einer Frau zu schützen, habe ich den Kerl beinahe umgebracht. So saß ich Weihnachten und Neujahr im Knast und musste zwischenzeitlich sogar mit einer Haftstrafe von bis zu zehn Jahren rechnen. Irgendwann sagte eine Frau, die ich überhaupt nicht kannte, sie habe noch nie so viele Engel gesehen, wie über meinem Kopf kreisten. Auf der Beringsee stopften Andy und ich die Laderäume der *Time Bandit* mit Königskrabben und Opilio voll. Dann rettete ich das Leben eines Manns, der schon in den eisigen Klauen der Beringsee hing. Und im Packeis vor den Pribilof-Inseln wäre beinahe der Stahlrumpf der *Time Bandit* zerdrückt worden – meine Schuld, ich führte das Kommando.

Im Laufe des Jahres haben mein Bruder und ich also dem Teufel ein paar Mal tief in die Augen geschaut. Und wenn der Teufel irgendwo zu Hause ist, dann hier in der Beringsee. Auch wenn wir nicht bis ans Ende der Welt gefahren sind, mit unserem Bug haben wir gelegentlich schon über den Rand geguckt. Ich habe geschrien und gebrüllt und gelacht und geweint – vor Schmerz und aus Erleichterung. Gelegentlich hatte ich solche Angst, dass meine Beine wie Wackelpudding waren. Ich habe einen Ozean aus Whiskey getrunken und Winstons gequalmt, bis ich am Rauch fast erstickt bin. Ich bin zweimal Großvater geworden und habe mit Frauen geschlafen, die ich so schnell nicht vergessen werde. Und jetzt, am Ende der Saison, treibe ich planlos auf dem Meer, so hilflos wie ein gestrandeter Wal.

Opilio sagen wir, wenn wir die Schneekrabbe meinen. Bei den Biologen heißt sie Chionoecetes opilio.

Andy und ich begannen unsere reguläre Krabbenfangsaison im September letzten Jahres –

im selben Ort, wo wir auch unser Leben begannen. Es ist ein verschlafenes Fischerdorf, das sich an einem Steilufer mit Blick auf die Kachemak Bay am Cook Inlet hinzieht. Homer heißt das Kaff und es ist noch immer beseelt von dem Geist, den die Sourdoughs mitbrachten, als sie sich anno-weiß-nicht-wann ausgerechnet in Alaska niederließen. Es vergeht eigentlich keine Woche, in der ich mich nicht frage, was aus Andy und mir wohl geworden wäre, wenn wir irgendwo anders zur Welt gekommen wären. Ich säße wahrscheinlich im Knast. Und Andy wäre Cowboy. Wir sind wirklich anders als der Rest der Menschheit, im Guten wie im Bösen, und daran ist sicherlich der Mann nicht ganz unschuldig, der dem Ort seinen Namen gab. Homer Pennock war ein charmanter – wenn auch nicht besonders schlauer – Trickbetrüger, der mit seinem exzentrischen Verhalten und seiner Gemeinheit der Dorfgemeinschaft seinen Stempel aufdrückte. Es gibt wahrscheinlich kaum einen Einwohner in Homer – wir sind jetzt rund 5000 Seelen hier –, der seine Biografie nicht frisiert hat wie Pennock. Der Trick, sich spontan neu erfinden zu können, macht es leichter für Leute, die aus dem Süden nach Homer kommen (oder nach Alaska ganz generell), die Erwartungen an ihre Unabhängigkeit und Zähigkeit in diesem harschen Klima zu erfüllen. Ein Ort wie Homer bietet ihnen die perfekte Dosis an Freiheit, sich zu benehmen, wie es ihnen passt.

Ein Merkmal dominiert Homer mit demselben Nachdruck, wie es Pennock getan hat. Mein Bruder und ich sind auf einem schmalen Streifen Sand und Stein aufgewachsen, den zurückweichende Gletscher vor vielen Jahrtausenden so angelegt hatten. Diese merkwürdige geologische Eigentümlichkeit heißt bei uns kurz »Spit« – Landzunge – und sie ragt fast fünf Meilen in die Kachemak Bay hinaus. Kaum konnten wir krabbeln, waren wir also sowohl an Land als auch auf See. Wir sind mit salziger Luft in der Lunge groß geworden und mit Sand zwischen unseren

»Sourdoughs« ist unser Spitzname für die ersten Goldsucher in Alaska oder überhaupt die älteren Generationen, weil die Siedler Sauerteig mitbrachten, der in der Kälte des Nordens zuverlässiger als Hefe und Natron dafür sorgte, dass aus Teig auch wirklich Brot wurde.

Zehen. Wir haben mit Aalen gespielt, mit Krebsen und Dornhaien. Anstelle von Fahrrädern bewegten wir Skiffs und Flöße. Wir spielten auch nicht Cowboy, wir waren Piraten wie in den alten Zeiten. Wir kannten die unendliche See wie andere Kinder ihren Hinterhof. Wir haben von Schiffen und Segeln geträumt, von Dämonen und Drachen.

Unser Vater hat uns ernährt und Klamotten gekauft von dem Geld, das ihm der Ozean einbrachte. Seine Freunde fuhren zur See, alle. Mein Großvater, ein Rechtsanwalt und Politiker, angelte immerhin am Wochenende. Er hatte das Land's End Inn auf der Landzunge gebaut – und ihm gehörte der legendäre Salty Dawg Saloon, eine höhlenartig finstere Blockhütte. Als Kinder spielten wir im Sägemehl auf dem Boden dieser Spelunke und hörten den betrunkenen Seeleuten zu, wenn sie ihr Garn sponnen. Huckleberry Finn hatte den Mississippi und die Inseln im Strom und den Wald an seinen Ufern. Wir aber hatten die See, die uns dieselbe Freiheit schenkte, die Welt zu erkunden und zu träumen, die uns Jungs sein ließ und von Erwachsenen verschonte, die uns auf ihr Normalmaß zurechtstutzen wollten. Huck hatte es nicht schlecht, aber er hatte keine Haie, die man mit einem Stock ärgern konnte, er konnte keine Lachse oder Garnelen fangen und dann in Alufolie über dem Feuer grillen und er hatte kein Skiff, das er direkt vor der Tür ins Wasser schieben konnte.

Manchmal fingen wir Taschenkrebse und verkauften sie an Max Deveney, der in Homer ein kleines Fischgeschäft betrieb. Er gab uns einen gekochten Krebs für zwei frische. Wir pendelten mehrmals am Tag zwischen seinem Laden und der Landzunge. Einmal hatten wir 109 Dollar auf der hohen Kante – und wir fühlten uns wie die Millionäre. Wir kauften eine Kiste Ding-Dong-Schokoladenkuchen, die aussahen wie Eishockey-Pucks, und je einen Karton Mars- und Hershey-Schokoriegel. Süßigkeiten kistenweise! So sahen unsere Träume damals aus.

Einmal schlugen wir unsere Zelte auf der anderen Seite der Bucht direkt am Ufer auf. Wir bauten ein Lagerfeuer und grillten eine Krähe und ein Eichhörnchen. Wir saßen zwar direkt auf den besten und leckersten Muscheln der Welt, aber da wussten wir noch nicht, dass man sie essen konnte. Hatte uns noch niemand erklärt. Dann legten wir uns schlafen. Es war stockfinster und wir hatten mehr Angst vor der Dunkelheit, als wir uns eingestehen wollten. Mitten in der Nacht wachte ich auf, weil irgendetwas gegen mein Zelt gestoßen war. Ich wusste nicht, was es war, und ich hatte viel zu großen Bammel, nachzusehen. Dann hatte ich plötzlich etwas Pelziges im Gesicht. Wir kreischten vor Schreck wie die Mädchen im Kino bei einem Gruselfilm. Die schrecklichen Dinger waren überall, im Zelt, auf dem Zelt. Endlich knipste ich die Taschenlampe an. Es waren Lemminge, es regnete Lemminge.

Im Laufe der Zeit nahmen die Leute in Homer einen weiteren Wesenszug an, der ihnen ebenfalls von der See diktiert wurde. Es war so etwas wie ein permanentes Gespür, dass ein schlimmer Verlust drohte. Das Gefühl war so alt wie die ersten Versuche des Menschen, das Land zu verlassen und aufs Meer hinauszufahren. Auch wenn sich die Menschen nie daran gewöhnen werden, dass die See manchen den frühen Tod bringt, so haben die vielen Verluste Homer über die Jahre mit einer traurigen Resignation infiziert. Die Männer versuchten, das zu verdrängen. Sie sahen natürlich die Tragik, aber bei ihnen galt der Tod durch Ertrinken als ehrenhaft – als eine Art Tribut, den sie der Natur und den Teufeln der Beringsee zollen mussten. Doch diese Vorahnung des drohenden Verlustes konnte keiner in Homer aus seinen Gedanken bannen, egal ob er seinen Lebensunterhalt der See verdankte oder nicht. Alles war von einer tiefen Melancholie durchdrungen. Gleichzeitig kehrten die Verluste auf See das Wilde aus den Männern heraus – sie scherten sich nicht darum, was als normales Verhalten galt. Heute waren wir hier, morgen vielleicht schon nicht mehr da und weil uns das nur zu bewusst war, lebten wir in vollen Zügen. Aber dennoch: Der Tod folgte uns wie ein Schatten.

Etwa zu der Zeit, als ich zur Welt kam, also 1962, machte Homer gerade eine schlimme Zeit durch. Die Piste, die den Ort mit der Außenwelt verband, wurde erst in den Siebzigern asphaltiert und deshalb war es für die Leute bequemer, auf dem Seeweg zu kommen oder zu gehen. Homer bot damals nur eine sehr karge Existenz. Aber seine Naturwunder und seine Abgelegenheit wirkten auf allerhand Exzentriker, die auf der Flucht vor dem Gesetz oder vor den gesellschaftlichen Normen waren, wie ein Magnet. In den Sechzigerjahren entdeckten Hippies den Ort – und sie begannen, ihre anarchistische Heilsbotschaft zu verbreiten. In ihrem Kielwasser tauchten Künstler und sogar einige Dichter und Schriftsteller auf. Eine Kolonie von »Barfüßlern« ließ sich bei uns nieder. Sie hatten geschworen, niemals Schuhe zu tragen, ihre Haare nicht zu schneiden und so lange nur noch Baumwollkutten zu tragen, bis der Weltfrieden erreicht war. Als Nächstes zogen die »Wahren Gläubigen« ein, nonkonformistische Sektierer der Russisch-Orthodoxen Kirche. Heute trägt eine liebe alte Frau namens Jean Keene den Titel der größten Exzentrikerin, sie heißt bei allen nur die »Adler-Frau«. Sie lebt in der kleinsten aller kleinen Blockhütten auf der Landzunge, wo sie sich mit Hingabe der Fütterung von Weißkopfseeadlern widmet, die von überall her – und sogar von der weit entfernten Insel Kodiak – einfliegen, um sich von ihr verwöhnen zu lassen. Sie ist eine gerissene, schroffe Frau in den Siebzigern, die einen uralten rostigen Chevy-Pick-up fährt und in einer Konservenfabrik arbeitet. Jean Keene ist Alaska bis ins Mark, sie könnte an keinem anderen Ort der Welt leben.

Andere zog die Flucht vor dem Gesetz nach Homer wie mich die Sucht nach dem Rotlachs im Sommer auf das Cook Inlet. Mein Vater und seine Kumpels sind da das beste Beispiel. LeRoy Shoultz etwa, Nachbar und guter Freund, entschied sich, den »niederen 48 Staaten« den Rücken zu kehren, als die Polizei in Indiana ankündigte, dass ihm eine Vorladung drohte. Ein Nachbar hatte ihn angezeigt, weil er seine Mülltonnen am Straßenrand stehengelassen hatte. Noch am selben Abend sagte er zu seiner jungen Frau Rita: »Jetzt

»Lower 48« – so nennen wir in Alaska den Rest der USA. Die Inseln von Hawaii zählen wir nicht dazu.

habe ich genug von diesem Scheiß.« Ohne noch einen Moment länger zu zögern, verfrachtete er seine Familie ins Auto, wobei er auch wirklich nicht viel zu packen hatte. Mit 1100 Dollar an Barem und einer Tankstellen-Kreditkarte machte er sich auf den Highway nach Norden. So wie er es sah, war Indiana alt und langweilig und von all den Regeln wie gelähmt. Alaska hingegen war wild und frei, und nach diesem Versprechen sehnte er sich. Als er samt Familie in Alaska ankam, war es ihm, als ob sogar die Luft nach dieser Freiheit schmecke. Allerdings war er total pleite; er hatte vier kleine Kinder zu ernähren – und gerade noch ein paar Dosen mit Bohnen und ein wenig Weizenmehl übrig. Aber sie dachten sich, dass kein Opfer zu groß war, wenn man nur endlich echte Abenteuer in einem Land erleben konnte, wo einen die Regierung, verdammt noch mal, in Ruhe ließ.

Sie campten draußen vor der Stadt und fanden schnell neue Freunde, die ihnen ein paar Lachse schenkten, damit sie wenigstens was zu futtern hatten. »Es gab nichts, worüber wir uns beschweren konnten«, sagte Rita später einmal zu mir. Sie ging einfach fest davon aus, dass LeRoy ziemlich schnell Arbeit finden würde. Und tatsächlich: Ein Schreiner sah ihr Nummernschild aus Indiana – und lud sie zum Abendessen ein; es gab Elch. Der Schreiner vermittelte LeRoy an die Konservenfabrik im Ort und mit diesem Job konnten sie sich eine feste Unterkunft leisten: eine Einzimmerbude mit einem Bett für 50 Dollar im Monat. O-Ton Rita: »Es war der reinste Luxus für uns. Wir hatten Strom und Wasser und bald genug gespart, um uns selbst eine kleine Blockhütte zu bauen. Kurz nachdem wir da eingezogen waren, kam meine Mutter aus Indiana zu Besuch und ich war total aufgeregt, dass wir jetzt eine Auffahrt zum Haus hatten. Wir hatten zwar nur Strom und noch kein fließend Wasser, aber wir hatten eine *Auffahrt*! Meiner Mutter wollte das nicht in den Kopf. Sie konnte einfach nicht verstehen, dass man sich hier im Norden jeden Tag mit Dingen rumschlagen muss, die im Süden eine Selbstverständlichkeit sind. Hier muss man einfach jung sein, und zwar für *immer.*«

Rita hat einmal gesagt, man könne nirgendwo so deutlich sehen wie in Alaska, dass die Natur ihre Spuren in den Gesichtern der Menschen hinterlässt – wie ein Bildhauer mit seinem Meißel. Die Wetterextreme – Temperaturen von bis zu minus 60 Grad, Williwaw-Böen von mehr als 200 Kilometern pro Stunde und dazu noch zweieinhalb Meter Schnee im Jahr – zeichnen die Menschen Alaskas so sehr, dass ihre Verwandten aus den niederen 48 Bundesstaaten im Vergleich dazu fast vornehm wirken. Aber gleichzeitig schenkte einem Alaska auch ein unbeschriebenes Blatt, auf dem man sein Leben noch einmal neu definieren konnte. Was man brauchte, war eine Portion Mut und Willensstärke. Die kalten und dunklen Winter Alaskas machten sture und fürchterlich unabhängige und selbstständige Menschen aus uns – und sie gaben uns als Dreingabe eine Philosophie, die viel vom System der Lotterie hatte: Wenn schon jemand gewinnt im Leben, warum nicht ich?

Dazu gehörte selbstverständlich, dass wir uns nie darauf verließen, dass Hilfe von außen kam. Jeder kümmerte sich um seine Nachbarn. Für uns waren Barmherzigkeit und Solidarität keine Tugenden, die wir nur am Sonntag in der Kirche lebten. Und das wurde uns in Homer vielleicht nie wieder so bewusst wie in dem Moment, als der Trawler *Aleutian Harvester* verlorenging.

Es passierte während des Erntedankfests 1985. Ich war mit meinem Vater zum Augustine-Vulkan rausgefahren, um zu fischen, und wir hatten uns in einer Bucht vor dem Sturm versteckt. Es blieb uns nichts anderes übrig, als zu warten, bis er sich ausgeblasen hatte. Um mir die Zeit zu vertreiben, funkte ich einen Freund auf der *Aleutian Harvester* an, sein Name war Danny Martin. Ich hatte zwei-, dreimal mit ihm zusammen auf einem Kiemennetz-Boot namens *Sea Hawk II* gearbeitet. An dem Tag war er gar nicht so weit entfernt von uns und ich fragte ihn, wie es ging mit dem Fischen. »Echt scheiße«, antwortete er, »das ist definitiv meine letzte Tour.« Er schleppte sein Netz, und das in 15 Meter hohen Wellen. Er hätte eigentlich überhaupt nicht mehr da draußen sein dürfen. Nur kurze Zeit später hörte ich ein

»Mayday« im Funk. Die *Aleutian Harvester* war die ganze Zeit auf dem Radar zu sehen – und dann war sie plötzlich weg. Sie war gekentert und so schnell gesunken wie ein Stein, den man in einen Brunnen wirft. Anfangs hat das niemand kapiert, es ging einfach zu schnell. In Homer – wo drei der vier Seeleute zu Hause waren – konnte sich keiner vorstellen, wie ein Schiff dieser Größe vom Schirm verschwinden konnte, während das Schwesterschiff nur ein paar 100 Meter entfernt war. Es gab keine Überlebenden, keine Trümmer, nicht eine einzige Spur, dass die *Aleutian Harvester* überhaupt je existiert hatte. Die Küstenwache war drei Tage lang mit Helikoptern, Flugzeugen und Schiffen draußen. Dann stellte sie die Suche ein. Doch die Leute in Homer waren noch nicht bereit, ihre Söhne aufzugeben. Wer ein Verwandter oder Kumpel eines Seemanns ist, der kennt bei einem solchen Verlust kein Zeitlimit. Die Menschen in Homer kratzten ihre letzten Reserven zusammen, plünderten ihre Sparbücher und organisierten Benefizveranstaltungen, um privat für Suchflugzeuge und Hubschrauber zu bezahlen, die 5000 Dollar am Tag kosteten. Diese Anstrengung, auch nur die geringste Spur der *Harvester* zu finden (was leider nicht glückte), führte immerhin zur Gründung der Aleutian-Harvester-Stiftung, die seit 1985 die Kosten in solchen Fällen übernimmt – wenn Piloten gebraucht werden, um verschollene Flugzeuge zu finden, gestrandete Touristen, verirrte Jäger oder eben Seeleute, deren Schiff verlorenging.

Ein Freund unserer Familie erzählt gerne eine Geschichte, die meine Brüder und ich schon oft weitererzählt haben. Ken Moore, der Besitzer der Northern-Enterprise-Werft in Homer, wo ich meine *Fishing Fever* ins Winterlager bringe, schuldete einem Paar names Mudd und Stinky Jones einen Riesengefallen. Die beiden hatten sich, wie Ken sagt, »ohne einen einzigen Topf« in Homer niedergelassen. Stinky war Schreiner, aber von der Sorte, die für den Job am liebsten die Kettensäge nimmt. Als seine Frau Mudd ihn später verließ, lebte er eine Zeitlang in zwei ausgemusterten Stahltanks. So ein Typ war das. Das Paar besaß jedenfalls einen Flecken Land draußen in der Pampa, wohnte aber die meiste Zeit in einem Stadthaus, das ihrem Freund Poopdeck Platt gehörte. Ken hatte damals gleich zwei Jobs, er pendelte zwischen Homer und Kenai, weiter im Norden der Halbinsel. Nun bat also Stinky seinen Kumpel Ken, dass er auf der Tour nach Homer einen Umweg über Anchor Point machte, um etwas für ihn abzuholen. Ein paar Tage später, Ken fuhr gerade durch Clam Gulch, fiel ihm ein, dass er Stinky etwas versprochen hatte. Nur was? Er konnte sich an die Details einfach nicht mehr erinnern. Also machte er am Anchor River Inn Halt, um Stinky anzurufen. Und damit beginnt die eigentliche Geschichte. Denn jetzt stand er vor einem großen Dilemma: Wie hieß denn Stinky Jones wirklich? Im Telefonbuch fand er sechsmal Jones, aber Ken hatte nicht den blassesten Schimmer, wer von denen Stinky war. Also rief er sie der Reihe nach an und fragte jeden: »Bist du Stinky?« Erst bei der dritten Nummer hörte er die bekannte Stimme. »Verdammt noch mal, wie heißt du eigentlich?«, bellte Ken ins Telefon. Karl, jetzt wusste er's.

Ken ist in etwa so alt wie mein Vater. Er kannte einen Seemann, der Popeye hieß; und einen Papa, einen Popeye's Papa, einen Rucksack-Louie, einen Juden-Ike und einen Hundert-Baumstamm-Tallis. Und wenn die Post so adressiert war, kam sie auch an. Wer wusste schon, dass Poopdeck in Wirklichkeit Clarence hieß? Er selbst sagte immer: »Clarence kann sich kein Schwein merken. Aber Poopdeck vergisst keiner.«

Aber Homer war natürlich nicht nur putzig. Jeder kannte jeden und das war hilfreich, wenn es in einer Krisensituation darauf ankam. Aber die Kehrseite war, dass niemand auch einmal eine Anonymität genießen konnte, wie sie für Städter selbstverständlich war. Klatsch und Tratsch konnten selbst den stärksten Mann vernichten und nichts blieb jemals privat. Vor ein paar Jahren verfiel eine der skurrilen Figuren Homers, ein Säufer und Obdachloser, auf die blöde Idee, unangekündigt bei den Leuten ins Haus einzufallen und sich aufzuspielen, als gehörte ihm der Laden. Er spendierte sich einen Drink, blieb ein Weilchen und verzog sich erst wieder, wenn er genug von seinem Spiel hatte. Das machte er etliche Jahre so und manche Leute in Homer begannen, ihre Türen abzuschließen. Andere wollten das aber nicht und beschwerten sich beim Richter. Doch der beschied dem Typen lediglich, er solle sich gefälligst anständig benehmen. Beim nächsten Erntedankfest tauchte er besoffen am Esstisch einer Familie auf und weigerte sich, wieder zu gehen. Der Vater entschuldigte sich höflich von seiner Runde – um seine Knarre zu holen. Ohne noch einmal zu zögern, knallte er den ungebetenen Gast im Wohnzimmer ab. Vor Gericht plädierte der Mörder auf schuldig und der Richter überlegte lange, bevor er ihn schließlich zu einem Monat Gefängnis verurteilte. Gastfreundschaft und gute Nachbarschaft sind ein hohes Gut in Homer, aber sie sollten nicht als selbstverständlich betrachtet und ausgenutzt werden.

Nur wilde Tiere wurden sofort aus der Stadt gejagt. Homer liegt in einer Gegend, in der Bären gelegentlich Menschen töten und Elche auf dich losgehen. Was mich zu meiner Großmutter Jo bringt, die es mit jedem aufnahm – egal ob Mensch oder Bestie. Sie und ihr Ehemann – unser Großvater mütterlicherseits, Ernie Shupert – waren noch echte Siedler, die nach dem Krieg von der Regierung Land in Alaska bekommen hatten. Als Gegenleistung pflanzten sie erst Alfalfa und später Rhabarber und Erdbeeren an. Sie lebten in einem Blockhaus auf ihren 32 Hektar Grund und Boden. Opa Ernie hatte unter Colonel Lawrence Castner gedient, in einer Einheit mit dem schönen Kampfnamen »Halsabschneider«. Die offizielle Bezeichnung ihrer Einheit war »Alaska Combat Intelligence Platoon« – 64 Mann, Aufklärer, Scharfschützen und Freischärler. Sie waren auf einer Insel ganz im Westen der Aleutenkette stationiert und sollten gegen die Japaner kämpfen. Als der Krieg vorbei war, entschied sich Ernie, in Alaska zu bleiben.

Oma Jo stammte aus dem Süden Kaliforniens. Sie ist eine zarte Frau mit dem Herzen eines Drachens, die noch im Alter von 80 Jahren auf ihr Haus kletterte, um das Dach zu teeren. Nachdem Ernie gestorben war, wollte ihr die Regierung untersagen, ihn zu Hause zu begraben. Da stürmte sie die Büros der Stadtverwaltung und verkündete den Bürokraten: »Ich mache das trotzdem. Wenn ihr ihn wieder ausbuddeln wollt, dann buddelt ihn eben wieder aus. Aber jetzt kommt er unter die Erde.« Opa Ernie liegt bis heute neben ihrer Hofeinfahrt begraben.

Als wir noch keine Teenager waren, sind wir oft bei Oma Jo und Opa Ernie geblieben, wenn unser Vater fischen war. In einem Sommer hat Opa Ernie zwei Bären erlegt – direkt vor der Haustür. Er hat ihnen das Fell abgezogen und die Kadaver auf einem großen Dreibein aufgehängt. Ohne ihr Fell sahen sie genauso aus, wie ich mir einen gehäuteten Menschen vorstellte, und das Bild hat mich lange verfolgt. Seit dieser Zeit tauchen Bären in meinen Albträumen auf. Wir aßen natürlich das Bärenfleisch und Opa Ernie gerbte das Fell und machte Decken daraus. Jo und Ernie hatten ein Plumpsklo, das knapp 50 Meter vom Haupthaus entfernt lag, der Weg dorthin führte also durch gefährliches Bärenterritorium. Wenn ich nachts mal musste, sprintete ich mit Lichtgeschwindigkeit zum Örtchen. Ein paar Mal erschien tatsächlich ein Bär auf der Bildfläche und ich saß auf dem Klo und schrie jämmerlich um Hilfe, bis das Biest endlich weiterzog.

Obwohl sie schon 91 Jahre alt ist und kaum mehr als 80 Pfund auf die Waage bringt, hat Oma Jo vor Kurzem den Angriff eines Elchs überstanden. Sie wollte die Post aus dem Briefkasten vorn am Sterling Highway holen und ging die leicht abschüssige Zufahrt hinunter; sie hatte ihren kleinen Hund Allie dabei, der unheimlich gerne Pfannkuchen frisst. Da trat plötzlich eine Elchkuh aus dem Wald auf den Schotterweg. Eine Schrecksekunde lang dachte sie, es sei ein Bär, aber dann erkannte sie, dass es nur ein Elch war. Sie beschleunigte ihren Gang ein wenig und guckte über ihre Schulter, was das Tier machte. Pech nur, dass sie so den Elchbullen viel zu spät bemerkte, der ihr entgegenkam. Er ging sofort auf sie los und rammte sie in den Schnee. Oma Jo verlor kurz das Bewusstsein. Als sie wieder zu sich kam, richtete sich der Bulle gerade auf, um ihr mit seinen Vorderhufen den Rest zu geben. Glücklicherweise machte der Hund einen solchen Radau, dass der Elch abdrehte und im Wald verschwand. Allie stand knurrend Wache, bis Oma Jo sich aufrappelte und beide ins Haus zurückkehrten. Auf den Gedanken, dass sie womöglich verletzt war, kam sie nicht. Sie machte sich eine Tasse Tee und schaltete den Fernseher ein. Spielshows waren ihre Leidenschaft. Als unser Bruder Neal sie später bedrängte, doch sicherheitshalber beim Arzt vorbeizuschauen, fand sie alle möglichen Entschuldigungen. Erst Tage später gelang es ihm endlich, sie nach Homer zu fahren. Der Arzt stellte fest, dass sie sich ein paar Rippen gebrochen hatte. Aber selbst da wollte sie nicht einsehen, dass sie bei dem Zusammenprall etwas abbekommen hatte. Neal fragte vorsichtig nach, ob sie nicht der Sicherheit zuliebe vielleicht etwas näher an die Stadt heranziehen wolle. »Ich würde nirgendwo sonst leben wollen«, beschied sie ihm. Ende der Diskussion.

Von der Natur zu leben und tatsächlich mitten in der Natur zu leben, hieß für die Menschen in Alaska, dass sie dem wahren Leben wie auch dem Tod viel näher waren als irgendwo sonst. Ob man jetzt zum Picknick rausfuhr oder zum Heilbuttfischen, der größte Kitzel war jedes Mal, dass man immer genau auf der Grenze zur Katastrophe balancierte. Erst vor Kurzem war ich mit einer Truppe von Freunden in Geländewagen an der Küste unterwegs. Wir wollten zu einem Picknickplatz an einer Landspitze, die man nur bei Niedrigwasser erreichen konnte. Einer meiner Freunde wurde von einem tief hängenden Ast aus dem offenen Auto gerissen und bewusstlos geschlagen. Eine Frau verlor ihre Kamera. Ein Kind stolperte und flog ins Wasser. Ich erwischte eine falsche Abzweigung und fuhr einen Berg hoch. Bis wir endlich wieder auf der eigentlichen Route waren, hatte uns die Flut den Weg abgeschnitten. Wir zogen unsere Jeeps mit Seilwinden über die Felsen, wir kämpften uns irgendwie durch – und mussten dabei so sehr lachen, dass uns die Tränen über die Wangen liefen. Wie viel schöner war dieser Tag, weil eben nicht alles nach Plan gelaufen war. Dieselbe Philosophie gilt auch auf See. In jedem Fischer muss ein Spieler stecken und ein unverbesserlicher Optimist. Sonst würden wir in einem permanenten Zustand der Angst leben – vor der Ungewissheit, unseren eigenen Fehlern, Unfällen, vor dem Tod. Als Fischer wissen wir nie, was die nächste Saison bringen wird. Uns bleibt nichts anderes übrig, als dafür zu sorgen, dass unsere Ausrüstung in Ordnung ist – und dann müssen wir eben damit zurechtkommen, was die Natur uns beschert. Wir haben Erfahrung mit jeglicher Art von Unglücken, mit harten Wintern, manövrierunfähigen, ausgebrannten und abgesoffenen Schiffen, mit Hunger und Seekrankheit. Es braucht schon ein besonderes Durchhaltevermögen, um die physische Belastung und die Isolation zu ertragen, und deshalb wissen wir auch, dass unser Job auf der Beringsee so einmalig wie gefährlich ist. Kann sein, dass wir es nicht überleben, wenn wir alleine – wie ich jetzt – da draußen sind, aber wir gehen eben davon aus, dass wir es dank unseres unverwüstlichen Selbstvertrauens schon irgendwie schaffen werden.

Wenn die Saison vorbei ist, lassen wir unsere Ausrüstung und die *Time Bandit* in Homer. Aber bevor wir uns im vergangenen Jahr auf die Krabbenfischerei vorbereiten konnten, mussten wir den Kahn erst einmal umrüsten. Wir hatten den Sommer über als Zubringer gearbeitet und den Fang anderer Schiffe – Lachs und Hering – auf See abgeholt und zu den Fabriken gebracht. Ein langweiliger Job, aber sehr profitabel. Also demontierten wir die großen Pumpen und das übrige Geschirr, das wir als Fischfrachter gebraucht hatten. Dann spendierten wir der *Time Bandit* eine längst fällige liebevolle Überholung.

Die *Time Bandit* ist ein 298-Tonnen-Schiff, 34,40 Meter lang und 8,50 Meter breit, Ausbauten und Brücke sind achtern. Im Frachtraum ist Platz für rund 55 Tonnen Königskrabben oder knapp 80 Tonnen Opilio. Das Schiff gehört uns allein, den Hillstrands, es ist ein reines Familienunternehmen. Der Entwurf stammt von meinem Vater und zusammen mit meinen Brüdern haben wir es im Trockendock von Coos Bay, Oregon, gebaut. Kostenpunkt: 1,6 Millionen Dollar. Mein Vater wählte den Namen; er stammt aus dem gleichnamigen Fantasyfilm über sechs Zwerge, die durch Zeitlöcher im Universum reisen, um »stinkreich« zu werden. Da hat sich unser Dad offenbar im Wunschdenken geübt.

Leider gab uns die Bauphase reichlich Zeit, Blödsinn anzustellen, und das betraf vor allem Andy, was sonst eher selten der Fall ist. Wie an dem Abend, als ich in Joe Tangs Kneipe – unser Favorit, nachdem wir in den meisten anderen Etablissements ein Lokalverbot kassiert hatten – mit einem Typen einen Wettbewerb im Armdrücken veranstaltete. Aus einem Grund, den nur Andy erklären kann, stürzte er sich auf meinen Gegner und begann, ihn nach allen Regeln der Kunst zu vertrimmen. Andy nahm den armen Kerl schließlich in den Schwitzkasten und selbst Joe gelang es nicht, ihn an den Füßen von seinem Opfer wegzuziehen. Irgendwann kam die Polizei und bereitete dem Spektakel ein Ende. Andy muss wohl gedacht haben, der Typ hätte mich beleidigt. Denn Andy ist mein Bodyguard, so wie ich sein Bodyguard bin. Er selbst schmeißt mir die schlimmsten Beleidigungen an den Kopf, aber wenn ein Fremder mich auch nur schief anguckt, klebt ihm Andy auf der Pelle wie ein billiger Anzug.

Nach dem Stapellauf der *Time Bandit*, also nach neun Monaten Bauzeit, sagte unser Vater: »Okay, Jungs. Das ist jetzt euer Schiff.« Aber das bedeutete nicht, dass er sie uns *schenkte* – er bot sie uns zum Kauf an. Nur hatten wir leider keinen Cent auf der hohen Kante. Er verlangte also 33 Prozent unserer Einnahmen – ein Drittel dessen, was uns die Krabbenfischerei oder die Arbeit als Lachs-Tender einbrachte. Im Gegenzug würde er die fälligen Raten für die *Time Bandit* zahlen.

Seine nächste Frage: »Okay, wo ist euer Geld für Diesel?« Hatten wir leider auch nicht. Also nahmen wir gleich noch einen Kredit bei ihm auf, weitere 50 000 Dollar. Ich denke, er ging davon aus, dass wir es nicht packen würden. Was uns betrifft, war er nie besonders optimistisch; wir konnten es ihm selten recht machen. »Das schafft ihr nie«, sagte er uns und das war seine Art zu sagen, dass wir uns schon höllisch anstrengen mussten, wenn wir Erfolg haben wollten. Es folgten acht harte und magere Jahre. Wir mussten die Raten bei unserem Vater bezahlen, die Heuer für die Crew und die Ausrüstung und Wartung des Schiffs. Was übrig blieb, teilten wir brüderlich. Viel war das nicht, aber wir hatten ein Schiff und wir liebten dieses Leben. Unser Vater kam uns kein bisschen entgegen, er machte keine Geschenke. Mit der letzten Rate hatten wir insgesamt 1,7 Millionen Dollar für die *Time Bandit* abgetragen. Wir haben ihm jeden Cent zurückgezahlt.

Was wir für unser Geld bekamen, war eine unglaublich stabile Arbeitsplattform – seetüchtiger konnte man ein Schiff nach nautischen Maßstäben nicht bauen. Die *Time Bandit* war als Arbeitsschiff konzipiert, das war ihr einziger Zweck. Ihr Bug sieht noch einigermaßen elegant aus, aber der Rest ist so simpel und klobig wie ein Bauer, der nur seine eigenen Kartoffeln futtert. Weil wir vorhatten, mehr als die Hälfte unseres Lebens auf diesem Kahn zu verbringen, spendierten wir ihr allerdings ein paar Extras mehr, als man sie normalerweise auf Schiffen der Beringseeflotte findet. So ließen wir im Vorschiff eine Sauna mit Platz für vier Mann einbauen, die Kojen haben fast Doppelbett-Format und wir haben zwei Badezimmer an Bord, von denen eines ausschließlich über die Eignerkabine zu erreichen ist, die Andy und ich uns als Co-Skipper teilen. Unser Badezimmer sieht aus wie jedes andere Badezimmer an Land – inklusive Waschtisch, einer richtigen Badewanne sowie einer separaten Dusche, Toilette und allerhand Schränken für Handtücher, Reinigungszeug und Klamotten. Im Badezimmer der Crew, ein Deck tiefer, stehen neben der Duschkabine eine große Waschmaschine und ein Trockner. Unsere Kombüse ist mit Geschirrspüler, Mikrowelle, komplettem Herd und großem Kühlschrank ausgestattet – sowie einem Breitbild-Fernseher und einer Schublade mit Hunderten von DVDs.

Vergangenes Jahr verholten wir die *Time Bandit* vor der Saison ins Trockendock, pusteten alles, was sich am Rumpf festgesetzt hatte, mit einem Hochdruck-Wasserstrahl weg und malten das Unterwasserschiff neu an. Wegen der verschärften Umweltbestimmungen konnten wir das in diesem Jahr nicht mehr in Eigenregie machen – und das wurde so richtig teuer. Als die Farbe getrocknet war, bolzten wir neue Zinkanoden an den Kiel, um das Unterwasserschiff vor Korrosion zu schützen. Auch drinnen gab es allerhand zu renovieren: Wir tauschten Schränke aus, verlegten einen neuen Teppich, kauften neue Sitzkissen und eine neue Mikrowelle. Außerdem flickten wir das Loch in der Tür; die alte Mikrowelle hatte sich in einer Monsterwelle selbstständig gemacht, war quer durch das Quartier der Crew gesegelt und in die Tür gekracht. Derselbe Kaventsmann hatte übrigens auch den Herd aus seiner Verankerung gerissen und den Kühlschrank durch die Kombüse schlittern lassen.

Ende August zerlegten wir dann noch die beiden 425-PS-Cummings-Hauptmaschinen der *Bandit* in ihre Einzelteile, prüften und stellten die Ventile ein, tauschten alle Filter aus. Jeder der vier Dieselmotoren – zwei Haupt- und zwei Hilfsmaschinen – hat seine eigenen Kraftstoffleitungen und Filter. Sicherheitshalber. Unser Bruder Neal, der an Deck den Hydraulikarm bedient, wenn wir Krabben fischen (was er mit der spielerischen Leichtigkeit und Genauigkeit eines Puppenspielers bewerkstelligt), ist für den Maschinenraum zuständig. Er ist also ständig unter Deck, tätschelt die Motoren und fühlt ihren Puls. Unsere vier Dieselmotoren sind das eigentliche Herz des Unternehmens – würden sie nicht zuverlässig schlagen, wäre unser Job auf der Beringsee nicht nur riskant, sondern geradezu verrückt.

Wie vor jeder Saison bereiteten wir uns auch dieses Mal auf den Ernstfall vor, den einem die Beringsee jederzeit bescheren kann. Wir prüften die Rettungsinsel, unsere beiden 406er-Notfunkbaken, Rettungsringe und Schwimmwesten. Besondere Aufmerksamkeit schenkten wir unseren 800 Dollar teuren Überlebensanzügen. Es ist fast schon obsessiv, wie viel Zeit und Mühe wir darauf verwendeten, aber das hat natürlich seinen Grund. Auch uns sind die vielen Geschichten nicht entgangen, wo es an drei Millimetern Neopren hing, ob ein Mann in der Beringsee überlebte oder nicht. Wir kauften jedenfalls sklavisch jeden neuen Anzug, den es auf dem Markt gab, und haben unsere jetzigen Anzüge erst im vergangenen Jahr mit neuen Signallichtern ausgestattet. Auch die Erste-Hilfe-Ausrüstung wurde sorgfältig gesichtet und das Kartenmaterial auf den neuesten Stand gebracht. Da mussten jedes Jahr die neuen Positionen von Tonnen und Leuchtfeuern nachgetragen werden.

Was wir außerdem besonders ernst nehmen, ist der Brandschutz. Nicht einmal ein Leck im Rumpf kann ein Schiff so schnell zum Sinken bringen wie Feuer an Bord. Deshalb schleppen wir unsere Feuerlöscher jedes Jahr zur Inspektion. Wir haben insgesamt 24 davon: vier im Maschinenraum, einen in jeder Kabine, einen im Vorschiff und weitere zwei auf der Brücke. Wir haben auf dem eigenen Schiff erlebt, wie wichtig die Dinger sein können. Einmal war ein Mitglied der Crew betrunken aus der Stadt an Bord gekommen. Er zündete sich in der Kabine noch eine letzte Fluppe an, irgendjemand beschwerte sich, es gab Streit – und die Zigarette landete in einem Stapel Klamotten. Eine halbe Stunde später, da war die ganze Mannschaft wieder in Richtung Stadt losgezogen, roch ich plötzlich Rauch. Ich öffnete die Tür zur Kabine der Crew – und die Flammen schlugen mir entgegen. Der Inhalt eines Feuerlöschers rettete das Schiff. Nach diesem Zwischenfall untersagte ich es der Crew, in ihrem Quartier zu rauchen. Und Andy, unser Nichtraucher, hasst den Gestank sowieso.

Apropos Feuer: Andy und ich haben einmal die Crew der *Princess Tamira* geborgen, die vor Barren Island Feuer an Bord hatte – an einem völlig ruhigen, windstillen Tag. Die Achterpiek war schon vollgelaufen und die Maschine saugte Wasser an, aber die *Tamira* wollte einfach nicht absaufen. Der Käpten kam schießlich rüber zu uns. Er wollte gar nicht, dass es sein Kahn noch ins flache Wasser schaffte, wo er ihn auf Grund setzen konnte, er wollte vielmehr, dass der Eimer noch in tiefem Wasser sank, damit er von der Versicherung den vollen Betrag kassieren konnte. Die *Tamira* war ja am Sinken, aber sie ließ sich Zeit damit. Der Käpten hatte sein Boot auf den Namen seiner Tochter getauft – und jetzt brüllte er übers Wasser: »Geh unter, du Hurensohn! Sauf ab! Du bist genauso störrisch wie meine Tochter. Geh endlich unter!« Endlich tat *Tamira* ihm den Gefallen, Heck zuerst verschwand sie in der Tiefe.

Ein anderes Mal *dachten* wir, es würde brennen. Andy und ich arbeiteten als Crew auf einem Kahn names *Caprice*. Wir hatten uns in die Kojen gepackt und wollten schlafen, aber einer aus der Mannschaft weckte uns und kreischte: »Feuer!« Wir konnten nichts riechen und auch keinen Qualm sehen. Der Typ rannte zur Brücke hoch und heulte weiter: »Feuer!«. Der Kapitän riss einen Feuerlöscher los, stürzte die Treppe runter und brüllte uns an: »Wo ist das verdammte Feuer?« Der Typ kreischte weiter: »Feuer! Feuer!« Und wir wussten echt nicht, was er denn meinte. Bis wir endlich schnallten, dass wir in unserer Panik nicht gemerkt hatten, dass der Kerl gar nicht zu unserer Crew gehörte. Er rannte wie angestochen an Deck und sprang über Bord. Einen Moment lang dachten wir noch, wir hätten es mit einem Verrückten zu tun, aber dann sahen wir, wie er mit einem Schlauchboot davonraste – auf einen anderen Dampfer zu, der etwa 50 Meter entfernt an Steuerbord lag und brannte. Die Crew war schon dabei, in ihren Überlebensanzügen von Bord zu springen. Wir fischten sie aus dem Wasser und sahen von der *Caprice* aus zu, wie ihr Kahn versank.

Dann der Zwischenfall an der Pier von Kodiak: Wir hatten vor der Fischfabrik festgemacht und lagen Heck an Heck mit einem Ringwadennetz-Fischer. Andy machte mit der Crew der *Time Bandit* gerade eine Feuerübung, als einer von unseren Leuten plötzlich »Feuer!« schrie. Hektisch sah ich mich um, kein Rauch, kein Feuer. »Wo denn?«, brüllte ich zurück, fast übergeschnappt. Aber dann sah ich, wie schwarzer Qualm aus dem Nachbarschiff aufstieg. Nicht *wir* hatten das Feuer, sondern sie.

Wir hielten mit Feuerlöschern auf die Aufbauten, aber das Feuer breitete sich weiter aus. Wir brauchten Wasser, aber die Pumpe auf der

Pier war abgestellt. Also holten wir uns das Wasser von der Fabrik, wir schleppten einen Schlauch bis zur Pier, steckten ihn in die Öffnung einer Belüftungsklappe – und Wasser marsch! Im selben Moment hörten wir Sirenen, die Feuerwehr kam. Der Einsatzleiter sprang aus seinem Wagen und setzte seinen weißen Helm auf. Er kletterte aufs Boot und kickte erst einmal verächtlich unseren Schlauch aus dem Weg. »Idioten«, fluchte er und schickte seine Leute mit Atemgeräten unter Deck. Minuten später kamen sie wieder rauf – und der Einsatzleiter steckte den Schlauch wieder in dieselbe Öffnung, in der wir ihn vorher auch schon hatten. Andy und ich konnten nicht anders: »Ja ja, immer diese Ersthelfer, von nichts keine Ahnung«, sagten wir grinsend.

Schön auch die Nummer an der Pier in Homer. Da stand plötzlich unser Herd in Flammen. Das Feuer breitete sich rasend schnell aus. Ich schnappte mir den Feuerlöscher, zielte auf den Herd und drückte den Auslöser – aber es passierte nichts! Andy guckte von der Pier durchs Fenster rein und brüllte: »Du musst erst den SCHEISS SICHERUNGSSTIFT ZIEHEN!« Ich dachte schon, ich würde in der Kombüse verglühen. Ich war so auf Adrenalin, dass ich total vergessen hatte, erst die Sicherung zu entfernen. Erst als Andy das dritte Mal grölte, kapierte ich es endlich. Ich zog den Stift und der Feuerlöscher erledigte den Job mit einem erlösenden »Wuuuuuschschsch«.

Wenn man betrachtet, mit welcher Hingabe wir unsere Sicherheitsausrüstung checkten, könnte man auf den Gedanken kommen, dass Sicherheit bei uns absoluten Vorrang hat. Aber Krabbenfischer sind berühmt für ihren Starrsinn. Ganz ehrlich: Wir haben uns mit Händen und Füßen gesträubt, dass bei uns dieselben Sicherheitsbestimmungen gelten sollen, die in anderen Industrien längst selbstverständlich waren. Wir reagieren einfach allergisch, wenn eine gesichtslose Bürokratie meint, uns erklären zu müssen, wie wir unseren Job zu erledigen haben. Wer seinen eigenen Arsch nicht retten konnte, so sahen wir das, der sollte besser gar nicht erst da rausfahren. Doch gegen unseren erbitterten Widerstand verabschiedete der US-Kongress

1988 schließlich ein Gesetz zu Verbesserung der Arbeitssicherheit auf Fischereifahrzeugen – den Commercial Fishing Industry Vessel Safety Act. Das Gesetz schrieb zwingend vor, dass unsere Schiffe mit Rettungsinseln, Überlebensanzügen und Seenotfunkbaken ausgerüstet wurden. Die Krabbenfischerei auf der Beringsee bleibt zwar auch so einer der gefährlichsten Jobs, den diese Nation zu vergeben hat, aber als wir die neue Ausrüstung an Bord hatten, freundeten wir uns schnell damit an. Ohne den Sicherheitskrempel fahren wir heute nicht mehr los.

Die letzte Phase der Vorbereitungen kann manchmal ganz schön nervig sein. Letztes Jahr arbeiteten Neal und ich am Schiff, während Andy über dem Papierkram hockte und seitenweise irgendwelche elenden Formulare ausfüllte, die der Staat von uns verlangte. Wir mussten beispielsweise eine Jahresabrechnung abgeben, die bis auf die letzte Krabbe genau nachwies, wie viel wir gefangen hatten und wie viel Treibstoff die *Time Bandit* dabei verbraucht hatte. Außerdem musste die Klassifizierung des Schiffs erneuert werden, Andy verlängerte unsere Mitgliedschaft in der Krabben-Kooperative und beantragte beim Bundesstaat Alaska die individuelle Quote für unser Schiff. Die Auflagen der Bürokraten hören gar nicht mehr auf – und es ist zum Teil wirklich nur schwer einzusehen, dass irgendjemand diesen ganzen Kram braucht. Grundsätzlich leuchtet mir die Idee ja ein, dass Vorgänge dokumentiert und registriert werden müssen, um eine gewisse Ordnung in das Chaos zu bringen. Aber gleichzeitig scheinen mir die Anforderungen an uns Fischer exzessiv. Mein Bruder ist kein Buchhalter. Noch vor fünf oder zehn Jahren haben wir einmal im Jahr einen Geldbetrag an den Staat überwiesen und dafür eine Plastikkarte erhalten, die uns zum Fang von Krabben berechtigte. Heute muss Andy mit unserem Anwalt reden, den Buchhalter auf den letzten Stand bringen und mit dem Manager der Kooperative verhandeln und sicherstellen, dass auch ja alle den kompletten Satz an Formularen bekommen haben. Und erst dann fahren wir wirklich los zum Fischen.

Ganz zum Schluss kommt die Ausrüstung des Arbeitsdecks. Wir hieven Zwischenböden für den Frachtraum an Bord, die verhindern sollen, dass die Krabben unter ihrem eigenen Gewicht zerdrückt werden, und natürlich die Reusen für die Krabben, die bei uns einfach »Pots« heißen. Außerdem laden wir Reservebojen, massenweise Tauwerk, Ersatzteile für die Reusen, allerhand Haken, große Plastikwannen und Tische, um den Fang zu sortieren, Ersatztrossen für den Kran und alles, was man sonst noch braucht.

Auf den größten Teil dieser Ausrüstung könnte ein Krabbenfischer wahrscheinlich verzichten – nur auf eines nicht: die Reusen. Diese Pots wiegen so um die 350 Kilogramm, eine Norm für Gewicht und Größe gibt es nicht. Unsere sind 2,40 Meter lang, 2,10 Meter breit und 80 Zentimeter hoch. Der Rahmen ist aus Stahlrohren geschweißt und mit einem festen Nylonnetz bespannt. Im vergangenen Jahr hatten wir 137 von diesen »Pots« an Deck. Auf Anhängern haben wir sie aus dem Lager am Pier der Fischfabrik geholt und mit dem bordeigenen Kran auf die *Time Bandit* gehievt, wo wir sie dann mit allem ausgerüstet haben, was man zum Krabbenfang braucht – Halterungen für den Köder, der Mechanismus, der verhindert, dass die Krabben wieder aus der Falle entkommen, und die Öffnungen, um die Reusen an Deck zu entleeren. Zuallerletzt malten wir unsere Nummern auf den Positionsbojen nach und versahen jede einzelne mit einer Markierung, dass wir im Besitz einer gültigen Lizenz der Fischereibehörde von Alaska waren.

Die ganze Vorbereitung ist kein billiges Vergnügen. Die Komplettüberholung einer Maschine liegt bei 60 000 Dollar und die *Time Bandit* hat gleich zwei davon. Einen Motor auszutauschen, kostet an die 110 000 Dollar. Eine normale Lackierung schlägt ebenfalls mit rund 100 000 Dollar zu Buche, wovon 40 000 fürs Sandstrahlen draufgehen und 60 000 für die Farbe. Selbst für einen neuen Feuerlöscher sind gleich 350 Dollar weg, den Service gibt es für 100 Dollar das Stück. Die Überholung einer Rettungsinsel? 2000 Dollar, bitte schön. Und zwar gleich zweimal. Ein neuer Pot steht mit 750 Dollar auf der Rechnung, inklusive Leinen sind es schnell 1000 Dollar, der Transport macht weitere 200 extra. Köder für Königskrabben und Opilio sind noch mal ein richtig happiger Posten: 50 000 Dollar. Für Diesel zahlen wir 2,60 Dollar pro Gallone. Davon passen 20 000 in die Tanks – umgerechnet also 52 000 Dollar, und das reicht gerade für einen Monat. Dazu noch der Proviant – 10 000 Dollar. Versicherung für Schiff und Crew liegen bei 45 000 Dollar im Jahr. Bevor wir uns der Kooperative angeschlossen haben, waren da sogar 90 000 Dollar fällig.

Das Ganze in der Zusammenfassung: Die *Time Bandit* muss eine Million einfahren, bevor mein Bruder und ich auch nur einen Cent verdienen. Wenn ich es grob schätze, komme ich trotzdem auf ein Gehalt von etwa 4000 Dollar im Monat, dazu kommt mein Anteil an der Gewinnbeteiligung für die Crew, der so bei 100 000 Dollar per annum liegt, plus mein Anteil am Bonus fürs Schiff, wenn es noch etwas zu verteilen gibt. Die Leute draußen glauben, dass wir im Geld nur so schwimmen. Wir erzählen ihnen gerne den folgenden Witz: »Weißt du, wie ein Krabbenfischer es zu einer Million bringen kann? Er fängt mit zwei Millionen an.«

Bevor es jetzt wirklich losgehen kann, müssen wir nur noch die Crew anheuern. Ich nehme diesen Teil des Unternehmens nicht so ernst, wie ich es eigentlich tun müsste, und es bleibt an Andy hängen, meine Fehler auszubügeln. So hat er sich den Spitznamen »Axe Man« verdient – frei übersetzt der »Rausschmeißer«. Eine gute Mannschaft kann der Faktor sein, der entscheidet, ob es eine gute Saison wird. Wir investieren einfach zu viel Zeit, Mühe und Geld in das ganze Unterfangen, um das alles mit einem schlechten Team an Deck aufs Spiel zu setzen. Deshalb nehmen wir nur die Besten, die wir kriegen können. Leider kann man sich mit den richtig guten Seeleuten meistens an Land nicht sehen lassen. Die Typen, die bei uns die Drecksarbeit machen, sind solche Tiere, dass man sie eigentlich mit einer Positionsboje über Bord schmeißen sollte, bevor man in einen Hafen einläuft, und sie erst wieder einsammelt, wenn man wieder auf der Fahrt raus ist. An Land machen sie nur Ärger, es gibt jedes Mal Streit und irgendwann landen sie im Knast. Ich hab nichts gegen Tiere. Aber ich will mich nicht um sie kümmern müssen.

Es ist noch gar nicht so lange her, da waren die Bering-Seeleute noch ein richtig wilder Haufen, ein echt fieses Pack, und dazwischen einige der besten Typen, die man auf der ganzen Welt finden kann. Der Job zog alle möglichen Chaoten an, die sonst nirgendwo reinpassten, und vor allem Leute, die irgendwie auf der Flucht waren – vor dem Gesetz, ihren Frauen, Unterhaltszahlungen, Schulden, ihrer Sucht oder einfach nur vor sich selbst. Sie wollten auf die Krabbenschiffe, weil sie auf das schnelle Geld hofften. Oder genauer: Sie wollten fix wieder auf die Füße kommen, um ihr verpfuschtes Leben nochmals von vorne anzufangen. Sie hatten nichts zu verlieren, wollten am liebsten alles mit ihren Fäusten regeln. Sie schimpften und jammerten über die Arbeit, über das Essen und vor allem über das Wetter. Einmal hatten wir einen Kerl angeheuert, der vorher noch nie auf der Beringsee gearbeitet hatte. Er war die ganze Zeit im Panikmodus und zu nichts zu gebrauchen. Ein anderer Junge sagte mir nach einem Tag auf See, dass ich ihn entweder sofort nach Dutch Harbor zurückbringen müsse oder er würde über Bord springen, worauf ich ihm erklärte, dass das Selbstmord wäre. Es war ihm egal. Ich brachte ihn zurück in den Hafen. Vergangenes Jahr dann sprang uns wirklich einer über Bord, ein Sudanese, und da war die See völlig ruhig. Angeblich hat er sich am Abend vorher am ganzen Körper rasiert, als wollte er sich für eine religiöse Zeremonie vorbereiten. Seine Schwimmweste wurde später am Strand von Beaver Inlet gefunden. Von ihm selbst aber fehlte jede Spur. Vielleicht hat er es geschafft, das Ufer von Unalaska Island zu erreichen. Oder er ist ertrunken. Oder an Unterkühlung gestorben.

Wenn man zu den Strapazen, die ein Neuling auf dem Schiff ertragen muss, dann auch noch die Seekrankheit addiert, wird es für die Leute ein echter Albtraum. Bei uns an Bord gilt die Regel, dass auch

Anfänger weiterarbeiten müssen, wenn sie seekrank werden, und das kann selbst den stärksten Mann umwerfen. Ich kann es nie vorher sagen, ob sich ein Typ unter solchen Umständen bewähren wird; das sehe ich erst, wenn wir mitten auf der Beringsee sind. Einmal war ein Seemann, den ich angeheuert hatte, drei Tage richtig schlimm seekrank. Am dritten Tag kam er mit nasser Hose und schmatzenden Stiefeln zu mir und sagte: »Ich habe mir gerade in den Stiefel gepisst.«

»Oh Gott!«, dachte ich. Ich wusste, was seine Inkontinenz bedeutete. Sein Körper war dabei, runterzufahren.

Ich sagte ihm, dass er sich in meiner Koje hinter der Brücke hinlegen solle. Die See war rau, aber ich denke, er war seekrank, weil er sich einredete, dass er seekrank sein müsse. Diesem Kerl wäre selbst auf einem Ententeich noch übel geworden. Ich funkte den Notarzt der Küstenwache in Kodiak an und fragte, was ich tun solle. Der Arzt empfahl Salzcracker und Trauben- oder Apfelsaft. »Versuch das irgendwie in ihn reinzukriegen, selbst wenn er es wieder ausspuckt.« Der Mann pinkelte ins Bett. Er taumelte zur Brücke und sagte: »Meine Pisse ist wie orangefarbener Schaum.« Ich habe ihn also zurück nach Dutch Harbor gebracht, was 36 Stunden dauerte. In der Zeit schaltete sein Körper immer weiter ab, weil er keine Flüssigkeit mehr zu sich nehmen konnte. Er konnte nicht mehr essen oder trinken. Seine Leber arbeitete nicht mehr richtig; er kauerte am Boden und zitterte und pisste und kotzte und schiss sich in die Hose. Das war der krasseste Fall von Seekrankheit, den ich je erlebt habe.

Wenn einer in der Crew seekrank wird, sind wir normalerweise schon anderthalb Tage unterwegs. Wenn er dann für weitere anderthalb Tage nichts trinkt, hat er ein Problem. Bis er wieder im Hafen ist, kann es richtig kritisch werden – es sei denn, es gelingt mir, die Küstenwache zu überzeugen, dass sie ihn abholen sollen. Aber das machen sie eigentlich nur, wenn er schon tot ist.

Wir heuern keine Leute an, die keine Erfahrung mit der Fischerei haben. Denn es gibt immer einen Grund, warum ein Typ diesen Job so dringend will, selbst wenn er ihn vorher noch nie gemacht hat. »Ich bin der Beste und Härteste, den du jemals angeheuert hast«, sagen die einem dann. Ich kontere das routinemäßig mit der Frage: »Wenn du wirklich so ein harter Hund bist – warum hast du denn noch keinen Job? Dann müssten sich doch alle Crews um dich reißen.«

Ich muss allerdings zugeben, dass meine Auswahl des Personals gelegentlich suboptimal ausfällt. Es passiert mir immer wieder, dass ich in einer Bar auf Typen stoße, die gerade nach einem Job suchen. Nach ein paar Kurzen frage ich sie dann, ob sie bei uns arbeiten wollen. Wir kippen noch ein paar Schnäpse und der Neue wird immer zutraulicher. Es dauert nicht lange, bis er denkt, er wäre mein bester Freund. Dann fängt er an, sich mit mir zu messen. Also gebe ich solchen Bewerbern noch folgenden Rat mit auf den Weg: »Hängt nicht mit mir in der Kneipe rum, sonst muss ich euch feuern.«

Das ist dann allerdings der Punkt, wo der Axe Man ins Spiel kommt. Er hat in den letzten Jahren acht von zehn Typen rausgeschmissen, die ich angeheuert hatte. Es sind aber auch wirklich ein paar sehr schräge Gestalten dabei gewesen. Vergangenes Jahr stellte ich wieder mal einen Kerl ein, mit dem ich zusammen in einer Bar gesoffen hatte. Ich hatte ihm noch gesagt, dass er am nächsten Morgen um sieben Uhr auf der Pier sein solle. Fünf Stunden später zeigte er sein Gesicht.

Andy fragte ihn: »Was willst du hier?«

Er: »Arbeiten«. Es war bereits Mittag. »Ich hab mit deinem Bruder zusammen gesoffen.«

Andy erwiderte: »Schön, aber mein Bruder war pünktlich um sieben hier.«

Er wieder: »Na, er wird mich deswegen schon nicht rausschmeißen.«

Andy ganz cool: »Hat er schon, Kumpel.«

Ein anderer Kerl, den ich angeheuert hatte, landete auf dem Weg zum Schiff im Knast; gegen ihn lag ein Haftbefehl vor. Auf ihn wartete eine Anklage wegen häuslicher Gewalt. Das Gericht verdonnerte ihn dazu, mindestens 50 Meter Abstand zu seiner Ex zu halten. Der

Richter, der ihn gegen Kaution ziehen ließ, sagte zu ihm: »Ich möchte, dass Sie in Erinnerung behalten, was Sie dieser Dame angetan haben.« Und zeigte dem Angeklagten Bilder von einer Frau, die mit ihren schwarzen Ringen um die Augen wie ein Waschbär aussah. Ihr Gesicht war komplett geschwollen und von dunklen Blutergüssen gezeichnet. Der Richter war richtig angefressen und der Typ verteidigte sich, seine Freundin und er seien halt total blau gewesen und hätten sich gezofft, das Übliche. Aber das lasse ich nicht gelten. Es gibt keine Ausrede dafür, eine Frau zu verprügeln.

Trotzdem bezahlten wir seine Kaution. Auf dem Weg zum Schiff versuchte er mir zu erklären, was passiert war, aber ich sagte ihm nur, dass er seine Klappe halten solle. Weil ich ihn auch an Bord nicht vergessen lassen wollte, was er seiner Freundin angetan hatte, heftete ich einen Aufkleber an unsere Pinnwand: »No excuse for abuse« – Missbrauch ist unentschuldbar. Wir machten ihm das Leben zur Hölle. Als wir unsere Fracht bei der Fischfabrik ablieferten, rief er seine Freundin an – dieselbe, die er verprügelt hatte und von der er sich laut Richterspruch fernhalten sollte. Wir fuhren wieder raus, um Opilio zu fangen. Er fing an zu saufen und war sturzbetrunken, als er zur Arbeit raus an Deck sollte, was schon für einen nüchternen Menschen gefährlich ist. Ich brüllte ihm zu, dass er den Kranhaken klarieren solle, und er fiel auf die Schnauze. Ich sagte ihm, dass er von der Reling wegbleiben solle, und er landete auf dem Arsch. Also sagte ich ihm, dass er in seine Kabine verschwinden solle, bis er seinen Rausch ausgeschlafen hat – und dann kriegte er diese Anfälle. Er machte sich in die Hose und zitterte und zappelte in seiner Koje wie ein Fisch auf dem Trockenen. Ich fragte ihn, was zum Teufel mit ihm los sei, und er antwortete: »Ein epileptischer Anfall, aber ganz harmlos.«

Ich: »Ist es nicht, glaub mir. Wo sind deine Pillen?«

Er: »Hab keine.«

Ich erinnerte ihn daran, dass zwischen uns und Dutch Harbor gut 350 Seemeilen lagen. Und er erzählte mir, wie das mit den Anfällen begann. Er hatte im Hafen mit einem Typen Kokain geschnupft, als der plötzlich auf ihn losging und ihm mit einer 22er in den Mund schoss. Die Kugel blieb an der Halswirbelsäule stecken und die Chirurgen konnten sie nicht entfernen, ohne den Typen dabei umzubringen. Der Axe Man blieb ganz cool: »Du bist RAUS!«

Manche Crewmitglieder erinnern mich an Homer Simpson – sie wiederholen dieselben blöden Fehler immer wieder. Einen habe ich mal losgeschickt, um die Luftfilter an einer unserer Hilfsmaschinen auf der *Time Bandit* auszuwechseln. Als er unten im Maschinenraum steckte, schaffte er es irgendwie, seine rechte Hand so ungeschickt über den Turbolader zu halten, dass sie regelrecht angesaugt wurde und es ihm den Mittelfinger abhackte. Bluttriefend kam er zu mir auf die Brücke rauf und sagte: »Mann, ich habe mir gerade meinen Finger abgeschnitten.« Der Turbo hatte seinen Finger abgesäbelt und wieder ausgespuckt. Ich steckte ihn in eine verschließbare Tüte und dann ins Fleischfach im Kühlschrank. Wir nahmen Kurs auf Cold Bay, um den Typen ins Krankenhaus zu bringen. Kurz bevor wir an Land gingen, steckte ich ein Würstchen in die Tüte. »Hier ist dein Finger«, sagte ich dem Patienten. »Pass auf, dass du ihn nicht verlierst.« Den echten Finger steckte ich mir in die Jackentasche. Im Krankenhaus packte er sein Würstchen aus.

Er fragte die Ärztin: »Doc, können Sie mir den wieder annähen?« Er klang wirklich mitleiderregend.

Die Ärztin in der Notaufnahme erwiderte: »Ich weiß nicht. Das sieht wie ein Wiener Würstchen aus.«

Andy und ich gingen zum Schiff zurück. Der Finger hatte den Moment, als er noch hätte angenäht werden können, längst hinter sich. Frau Doktor warf ihn in den Mülleimer – zusammen mit dem Würstchen. Unser Ex-Crewmitglied verfluchte die Ärztin und schoss sich in der nächsten Kneipe mit Schnaps ab. Seinen Stumpf hat er nie weiter behandeln lassen. Wir fuhren wieder raus zum Fischen. Am siebten Tag passierte es: Ausgerechnet der Typ, der Würstchenfinger immer besonders schlimm verarscht hatte, schnibbelte sich den gleichen Finger an der gleichen Hand ab – beim Zuschneiden der Köder. Wir mussten ihn zurückbringen und landeten bei derselben Ärztin. »Sie sind mit ihm noch mal sieben Tage rausgefahren, ohne die Wunde behandeln zu lassen?«, fragte sie fassungslos.

»Nee«, sagte ich. »Das ist jetzt ein anderer Typ.«

Sie konnte uns nicht ganz folgen.

Gelegentlich fährt bei uns ein Kerl namens Eddie mit, den wir aber »Ananas« nennen, weil er aus Hawaii kommt. Einmal hat er sich beim Fischen in der Beringsee den Knöchel gebrochen. Er sagte, dass es zwar ganz schön weh tue, aber Schmerzen ihn »nicht wirklich von der Arbeit abhalten« könnten. Nach einer Woche habe ich ihn trotzdem zur Klinik in Dutch Harbor gebracht, wo der Arzt seinen Fuß sofort eingipste. Aber schon am selben Abend fühlte sich Eddie wie gefesselt und sein Bein juckte. Er kippte noch ein paar Drinks. Dann zertrümmerte er den Gips mit den bloßen Händen und kratzte sein Bein mit einem glücklichen Seufzer. Er ließ die Bruchstücke einfach auf dem Boden liegen und torkelte aus der Bar. Ob er wegen des Alkohols so schwankte oder wegen des fehlenden Gipses? Es hat ihn niemand danach gefragt.

Seeleute sind ein raues, wildes Volk und manchmal nur schwer zu kontrollieren. Ein Kapitän muss sich in Fällen von Befehlsverweigerung und Aufsässigkeit zu wehren wissen – und zwar auch mit seinen Fäusten oder einer Knarre. Ich habe immer ein Sturmgewehr vom Typ AK-47 an Bord, außerdem Kabelbinder und Klebeband von der Sorte, die an einem Auto auch bei 200 Sachen noch nicht wegfliegt. So stelle ich im Ernstfall jeden Meuterer ruhig. Was Disziplin angeht, unterscheidet sich das Krabbenfischen auf der Beringsee nicht so sehr von den Zuständen auf Käpten Blighs *Bounty*. Der Kapitän muss unter allen Umständen seine Autorität auf dem Schiff wahren. Auf der *Time Bandit* teile ich mir den Job mit Andy, was nicht bedeutet, dass wir beide zur selben Zeit den Hut aufhaben. Während der Opilio-Saison hat er das Sagen, wenn wir Königskrabben fischen, habe ich das Kommando. Es hat immer nur einer von uns die absolute Macht und das stellen wir untereinander auch niemals in Frage. Der Kapitän muss in der Lage sein, jedem auf dem Schiff in den Arsch treten zu können – auch dem eigenen Bruder, wenn Worte nicht mehr fruchten.

Einmal musste ich zwei Typen vermöbeln, als ich auf einem anderen Schiff als Kapitän im Einsatz war. Einer der beiden nahm wahrscheinlich Drogen, jedenfalls hatte er auf den Boden seiner Kabine gepisst. Ich sagte ihm, dass er sofort aufhören solle mit der Scheiße. Doch als ich eine Weile später wieder bei ihm vorbeisah, war er immer noch dabei. Dieses Mal verschwendete ich keine Zeit mit Erklärungen, ich überzeugte ihn mit meinen Fäusten. Und nun ging sein Kumpel auf mich los. Es war eine Riesenprügelei auf engstem Raum.

Im Laufe der Jahre habe ich auf Schiffen den allerletzten Abschaum gesehen: Seeleute, die sich mit Crystal Meth zudröhnen, Diebe, Betrüger, die jeden anpumpen und nichts zurückzahlen, Heulsusen, die jede Moral auf einem Kahn kaputtmachen können, Säufer und Schläger, Drückeberger und potenzielle Selbstmörder. Beim Krabbenfischen kommt es schon mal vor, dass einem der allerletzte Bodensatz als Tagesgericht verkauft wird.

Aber gelegentlich habe ich auch mit den Allerbesten gearbeitet, wie letztes Jahr zum Beispiel, wo wir – mit einer Ausnahme – endlich einmal eine Crew hatten, auf die ich richtig stolz war. Wenn wir Königskrabben fangen, zählen Neal und Andy zur Crew. Neal bedient den Hydraulikkran und kümmert sich um die Maschinen, Andy erledigt die Arbeit an Deck und ich habe das Kommando. Meine Knie sind einfach zu kaputt und meine Arme schmerzen zu sehr, als dass ich noch die Maloche an Deck machen wollte. Deshalb heuern wir in der Opilio-Saison noch einen weiteren Mann für die Deckscrew an. Vergangenes Jahr hat Shea Long die drei Hillstrands verstärkt, ein angenehmer, ungemein fähiger, 24 Jahre alter Zeitgenosse, der es einmal selbst zu einem erfolgreichen Trawlerkapitän bringen wird, wenn er das nur will. Ein bisschen erinnert er mich daran, wie ich früher einmal war. Er sagte mir: »Ich kenne mich gut aus mit selbstmörderischen Aktionen.« Er fährt Ski, ohne sich um die Gefahren zu scheren, stürzt sich im Kajak wilde Flüsse runter und fährt Motocross-Rennen. Aber da enden die Gemeinsamkeiten. Shea trinkt nicht und raucht nicht und er prügelt sich nicht. Er hat die Uni in Oregon geschmissen, nach einem Jahr im Partyrausch inklusive Bier und Weibergeschichten. Er wollte dann zur See fahren, bis er sich entschieden hatte, was er mit seinem Leben anfangen wollte – und dann hat ihn die See gepackt. Wenn er arbeitet, hält er die Schnauze. Seine Konzentration auf den Job ist total und er übernimmt immer mehr Verantwortung, als er eigentlich müsste. Im letzten Jahr haben wir ihm das Kommando über die *Time Bandit* gegeben, als sie in der Bristol Bay für andere Fischer als Transporter eingesetzt wurde. Da hat er einmal einen Trupp Kriegsinvaliden eingeladen, die ihn gleichermaßen erstaunt wie beschämt haben. Sie sagten ihm, dass sie seinen Job verrückt und gefährlich fanden. Seine Antwort: »Verkauft euch doch nicht unter Wert. Ich mache nur meinen Job. Ihr *seid*, was ihr tut. Und ich habe meine Beine. Denkt mal darüber nach. Ihr sagt, dass ich verrückt bin. Guckt euch an. Das ist verrückt.«

Dann war da noch Richard Gregoire, der aus einer Familie stammt, die schon seit Ewigkeiten in Homer lebt. Er wurde am selben Tag geboren wie Hitler und das ist schon eine Erwähnung wert. Er ist ein total lieber Kerl, aber wenn ein Seevogel auf dem Schiff landet, zeigt er sich von seiner rabiaten Seite. Er hat immer seine Knarren mit an Bord und schießt auf jedes Federvieh, das sich bei uns in der Takelage niederlässt, als hätte er ein Problem mit Vögeln. Ich denke, dieser finstere Charakterzug hat eben doch etwas mit seinem Geburtstag zu tun. Aber Andy und ich kennen Richard gut und wir wissen, dass wir uns auf ihn verlassen können. Er hat die See schon von ihrer schlimmsten Seite gesehen. Richard ist ein großer und kräftiger Typ, der auf seine stille Art und Weise immer gut gelaunt ist – wenn nicht gerade

Seevögel in Sicht sind. Neuen Crewmitgliedern wie Shea sagt er: »Genießt den Spaß, bis es Ernst wird. Und wenn es Ernst wird, nehmt die Sache wirklich ernst – und zwar sehr schnell.« Er ist ein Virtuose des Beringsee-Wechselschritts, den jeder Fischer beherrschen muss, wenn er die raue See auf dem Arbeitsdeck austanzen will.

Richard hat einmal eine ganze Insel abgefackelt und das finden wir ziemlich cool. Er war mit Freunden zelten, auf einer Insel in einem See in Kanada, nördlich von Minnesota. Bevor sich alle in die Schlafsäcke rollten, musste einer von ihnen scheißen. Weil er ein echter Umweltfreund war, verbrannte er das Toilettenpapier, das er benutzt hatte, bevor er sich wieder am Lagerfeuer hinlegte. Mitten in der Nacht wurden sie alle von einem wahren Inferno geweckt: die Bäume brannten lichterloh, die ganze Insel war ein Flammenmeer. Die Camper sprangen in ihre Kanus und paddelten so schnell, wie sie nur konnten, weg von der Insel, die sich hinter ihnen in Rauch auflöste.

Eines schönen Nachmittags im vergangenen Jahr zählte Richard beim Essen auf, wie viele Frauen er schon gehabt hatte. Ein Name kam mir bekannt vor.

»Oh«, sagte ich. »Die hatte ich auch mal.«

Richard schien skeptisch, aber auch nicht wirklich überrascht. »Wirklich?«

»Sie war sogar meine erste große Liebe. Inzwischen hat sie drei Kinder. Ich muss ihrem Mann bei Gelegenheit mal einen Drink oder ein Bier spendieren.«

»Oh«, sagte Richard nur. Da war er sprachlos.

Außerdem heuerten wir Russell Newberry an, der sich, wann immer er nicht gebraucht wurde, in die Sauna im Vorschiff verzog. Russell liebte einfach die Hitze und die Crew gab ihm den Spitznamen »In-Sauna bin Russell«. Er ist ungefähr in meinem Alter, stammt ebenfalls aus Homer und trägt einen Bart wie Fu Manchu. Er ist ein Schnelldenker mit einem gewinnenden Lächeln und hat wie ich zu allem und jedem eine Meinung. Besonders auffällig aber ist seine dröhnend laute Stimme. Als ich einmal im Fernsehen eine Baseball-Übertragung guckte, es war ein Spiel der Seattle Mariners, konnte ich durch das Getöse laut und deutlich seine Stimme hören: »ED ... GAR! ED ... GAR!«, feuerte er den großartigen Schlagmann der Mariners an, Edgar Martínez. Ich richtete mich verblüfft auf, schnappte mir das Handy und rief ihn an. Er war tatsächlich im Stadion, ich konnte seine Stimme über die Außenmikrofone hören. Im Job hat Russell keine großen Ambitionen, er möchte gar nicht Käpten auf einem Krabbenfänger werden, weil er keinen Bock auf den Stress hat. Er ist vollkommen zufrieden und glücklich, wenn er im Winter seinen Job als Deckshand auf der Beringsee hat und dann im Sommer mit seinem eigenen Boot auf dem Cook Inlet Rotlachse fangen kann.

Für die Schneekrabbensaison im Januar heuerten wir noch einen weiteren Seemann an, dem wir ebenfalls fix seinen Spitznamen verpassten: »Caveman« – Höhlenmensch. Wenn wir ihm einen Job gaben, dann musste es ganz simpel sein. Motto: »Das kann sogar der Höhlenmensch.« Wir kannten ihn vorher kaum. Was wir schon nach einigen wenigen Stunden rausbekamen: Er schlief gerne. In wachem Zustand hatten wir ihn nur kurz gesehen, als er an Bord kam.

Wenn eine Crew richtig eingespielt ist, scheint alles ganz einfach. Es ist geradezu eine Freude, ein Team zu beobachten, das jede Herausforderung im gelassenen Rhythmus des Könners meistert. Auf dem Deck eines Krabbenfängers erkennt man den Neuling jedenfalls sofort: Er macht sich selbst mehr Arbeit als notwendig – und seinen Kollegen auch. Aber wenn er den erfahrenen Leuten genau zuschaut, findet er schnell ein System, den eigenen Aufwand zu reduzieren und seine Zeit besser einzuteilen. Manche schaffen es allerdings nie. Sie stellen sich dusselig an. Sie können gut gemeinte Kritik nicht ertragen. Und dann gehen sie eben wieder – oder Axe Man Andy schmeißt sie raus. Aus einem seltsamen Grund sind es übrigens immer genau diese Typen, die von ihren Kollegen mehr Rücksicht und Respekt verlangen. Respekt?

Den muss man sich unter Beringseefischern erst verdienen, den gibt es nicht gratis.

Genau das sagte ich auch dem Kerl, der zu mir kam und jammerte: »Was soll ich machen? Ich ziehe mir die Hosen an, wie sie es machen, ein Bein nach dem anderen.«

»Kann sein«, erwiderte ich, »aber sie haben das schon vor vier Stunden getan, als du noch tief geschlafen hast.«

Man kann die Fischerei durchaus mit dem Dienst beim Militär vergleichen. Selbst der stärkste Mann der Welt ist nichts wert, wenn er seine Aufgabe nicht schafft. Niemand weiß, wo seine absoluten Grenzen liegen, bis er sich nicht als Krabbenfischer in der Beringsee versucht hat. Es ist noch schlimmer als das schlimmste Schinder-Camp bei den Marines. Manche packen es, viele nicht. Da kann ein kleiner, schmächtiger Typ stärker sein als der größte Muskelprotz – auf das Kämpferherz kommt es an. Stell dir mal vor, du hast gerade eine Qualle ins Gesicht bekommen, es brennt wie Hölle, außerdem ist es kalt und nass und laut und jeder Muskel in deinem Körper schreit vor Erschöpfung. Es gibt Typen, die sagen dann: »Meine Arme tun weh.« Und das ist genau die Scheiße, die du da draußen nicht hören willst. Aufgeben *geht gar nicht*. Es ist erstaunlich, was du alles aushalten kannst, wenn du dir das immer wieder sagst. Auf See ist die Crew ein Team. Zwei Leute schaffen es einfach nicht, alle Reusen in einer Reihe hintereinander rauszuholen. Andy und ich haben es gelegentlich probiert und bis zur völligen Erschöpfung geschuftet. Aber dann hat Andy uns einmal gezeigt, was Superman kann. Er hat ohne Hilfe sieben Pots rausgezogen, einen nach dem anderen. Ich habe ihn von der Brücke aus beobachtet – er hat allein geschafft, wozu man sonst fünf Leute braucht. Andy hat sich nie vor harter Maloche versteckt und ich auch nicht. Er kann Leute nicht ausstehen, die sich nicht für die Crew abrackern und stattdessen nur groß das Maul aufreißen. Solche Typen bekommen bei ihm einen Tritt in den Arsch und den passenden Spruch dazu. Andy kann Menschen viel besser einschätzen als ich. Er sagt immer: »Du musst immer davon ausgehen, dass ein Neuer Scheiße baut. Wenn du dich im falschen Augenblick auf ihn verlässt, kostet es dich dein Leben.«

Auch die beste Crew kann durchdrehen, wenn sie 36 Stunden lang nonstop geschuftet hat. Ich war einmal dabei, wie ein Typ Andy einen Kranhaken an den Kopf geknallt hat. Er brüllte wie ein Idiot, weil er sich über irgendetwas rasend ärgerte, und wollte Andy mit dem Ding sogar im Gesicht treffen. Es segelte aber an meinem Bruder vorbei und traf ihn erst beim Schwung zurück am Kopf. Ein anderes Mal ging einer aus der Crew mit dem Messer auf seinen Kollegen los, weil der drinnen rauchen wollte. Beide hatten tagelang durchgearbeitet und waren am Rand der totalen Erschöpfung. Der Angreifer schlug seinem Opfer zuerst nur die Nase blutig und schrie ihn an: »Komm mit raus, ich polier dir die Fresse!« Andy und ich wollten eigentlich nicht dazwischengehen, aber dann sahen wir das Messer. »Schluss mit dem Scheiß, weg mit dem Messer!«, sagte Andy. Die beiden beruhigten sich zwar wieder, aber Freunde wurden sie nicht mehr. Wir mussten einen von ihnen im nächsten Hafen rausschmeißen. An seiner Stelle heuerten wir dann Clark Sparks an, der immerhin acht Jahre lang bei uns blieb.

In den Achtzigerjahren fischten Clark und ich zur Abwechslung an der Ostküste. Ich war als Käpten auf der *Canyon Enterprise*, Heimathafen Gloucester in Massachusetts; er war auf einem anderen Schiff. Wir brachten unsere Leinen aus, er zog seinen Fang an Bord, ich meinen. Er war außer Sichtweite, etwa 18 Meilen von uns entfernt. Plötzlich funkte mich seine Crew an: »Clark ist weg! Clark ist über Bord!« Ich dachte erst, sie wollten mich verarschen. Was sollte denn passiert sein? Die See war spiegelglatt. Doch ich kappte meine Leine und nahm mit voller Kraft voraus Kurs auf Clarks Dampfer. Ich konnte mir den Unfall nur so erklären: dass er beim Ausbringen der Langleine über Bord und in die Tiefe gezogen worden ist. Als die Crew die Leine eingeholt hat, müssen sie ihn förmlich auseinandergerissen haben. Jedenfalls muss es ihn gleich zu Beginn so schwer erwischt haben, dass er nicht mehr schwimmen konnte. Wir nahmen noch am selben Tag Abschied von ihm. Kochten ein großes Festessen und schmissen seinen Teller über Bord. Wir nahmen alle einen guten Schluck aus der Schnapsbuddel und warfen die Flasche hinterher. Das war unser Weg, Goodbye zu sagen.

Die Küstenwache suchte noch zwei Tage lang im Golfstrom nach seiner Leiche und fand nichts. Das Wasser hatte eine Temperatur von 27 Grad, gute Überlebenschancen für jemanden, der über Bord gegangen war. Nachdem alle anderen aufgegeben hatten, suchte ich weiter, noch einmal zwölf Stunden. Nichts. Ich wollte einfach nicht wahrhaben, dass er verschwunden war. Wenn ich an seiner Stelle wäre, würde ich auch hoffen, dass meine Freunde weitersuchen. Dass sie sich bis zuletzt an die Hoffnung klammern und alles versuchen, um mich zu retten. Ich fand schließlich eine seiner Köderkisten. Ich wusste, dass er ganz nah war. 200 Meilen von Gloucester entfernt, auf einer Position an der George's Bank, konnte ich seinen Geist spüren. Ich sah Delfine springen. Ich fühlte, dass er da war. Ich konnte einfach nicht glauben, dass er für immer weg war. Mir war, als hätte ich einen Bruder verloren. Er gehörte zur Familie. Ich vermisse ihn.

Wenn wir rausfahren, um Königskrabben oder Opilio zu fangen, sind wir eigentlich nie länger als zwei Wochen am Stück unterwegs, und das ist für die Cew schon anstrengend genug. Sie malochen wie die Irren – und dann bauen sie langsam, aber sicher immer weiter ab. Sie sind körperlich am Ende und brauchen immer mehr Schlaf. Dann fangen sie an, sich sonderbar zu verhalten. Fangen an zu streiten, explodieren beim kleinsten Anlass. Und das geht allen so, auch den besten Leuten. Es passiert auf jedem Schiff und auf jeder Reise, unvermeidlich. Ich kann mir gut vorstellen, dass es auch schon Columbus so ergangen ist. Als Kapitän muss ich also ein Grundverständnis von Psychologie haben. Es hat nichts damit zu tun, dass es zu kalt an Deck ist oder das Wetter saumäßig. Die Crew baut einfach ab, mental vor allem, und das ist der Zeitpunkt, wo sie Fehler macht oder Unfälle passieren.

Fischer können sich im Laufe der Zeit überlegen, ob sie weiter an Deck arbeiten oder sich zum Kapitän eines Trawlers hocharbeiten wollen. Oder sie gehen einfach unter. Die Zeit regelt es nicht zu ihren Gunsten, sie müssen sich schon selbst entscheiden. Nach ein paar Jahren auf See haben sie jedenfalls das Gefühl, sie wüssten es besser als ihr Käpten. Sie wollen die Entscheidungen selbst treffen. Aber sie sind eben nicht Kapitän. Deshalb sagt es ihnen Andy gleich, bevor sie größenwahnsinnig werden. »Der einzige Job, wo du gleich der Größte bist, ist beim Sandschaufeln. Bei jeder anderen Arbeit musst du dich Stück für Stück hocharbeiten und wenn du zu faul bist, an dir selbst zu arbeiten, bleibst du, wo du bist – und hältst am besten deine Klappe.« Manche Decksleute bleiben einfache Handlanger, die nie etwas dazulernen. Andy und ich machen gerne Witze über solche Typen: »Was ist die längste und härteste Zeit im Leben eines Krabbenfischers?« – »Das zweite Jahr in der dritten Klasse!«

Ich denke manchmal, wir können wirklich von Glück sagen, wenn wir überhaupt jemanden finden, der bereit ist, an Deck zu arbeiten, geschweige denn gute Leute wie Shea oder Richard oder Russell. Aber man muss sich nur einmal angucken, was wir ihnen abverlangen: Sie sollen ohne Pause und Schlaf bis zu 72 Stunden arbeiten, das Ganze bei Temperaturen unter null und klatschnass von der Gischt, die über Deck fegt. Wir erwarten von ihnen Dinge, die schon an Land nur mit absoluter Konzentration auf den Arbeitsablauf zu schaffen sind, und sie müssen das auf einem schwankenden Deck hinkriegen, auf dem ein normaler Mensch sich in Panik nur noch irgendwo festklammern würde. Die Anforderungen sind also hart. Und auf der anderen Seite der Reling liegt ein tödlicher Ozean. Man muss die Beringsee einfach erlebt haben, bevor man sich das auch nur vorstellen kann. Zeit hat an Bord keine Bedeutung. Tag ist, wenn die Sonne Licht spendet; Nacht ist, wenn Natriumdampflampen – wir sagen: »die norwegische Sonne« – dieses gewaltige Universum erhellen. Arbeit und noch mal Arbeit – das ist ein Härtetest, bei dem jeder Muskel ächzt und das Durchhaltevermögen bis ans Limit strapaziert wird. Wenn es doch mal eine Pause gibt, schmeckt das Essen lausig und muss in Rekordgeschwindigkeit runtergeschlungen werden. Die Lebensbedingungen an Bord sind mehr als simpel. Wenn das Geld nicht wäre – wozu sollte sich einer die Qual der Krabbenfischerei antun?

Dafür, dass sie dieses Elend aushalten, bekommen die fünf Seeleute auf der *Time Bandit* 30 Prozent der Einnahmen, abzüglich der Kosten für Diesel, Köder und Proviant. In der Opilio-Saison vergangenes Jahr haben unsere Leute 32 000 Dollar pro Person verdient – und das für nur ein paar Wochen Arbeit. Es gibt nur sehr wenige Jobs, wo man in kurzer Zeit so viel Geld machen kann, aber nachdem die Männer ertragen haben, was die Beringsee ihnen zugemutet hat, wissen sie: Es war nicht geschenkt.

KAPITEL 2

EINFACH WAR GESTERN

Russell Newberry hatte den ganzen Tag Rotlachs gefangen und tuckerte mit acht Knoten zurück zur Pier der Fischfabrik in Kasilof. Er brachte seinen Fang an Land, machte Klarschiff an Bord und wanderte dann in der Abenddämmerung zum Camp am Schrottplatz. Jetzt war er bereit für den gemütlichen Teil des Tages. Bier und Schnaps, vielleicht brachte jemand ein paar Frauen mit, etwas Warmes zu essen wäre nicht schlecht, dazu Geschichten und Gelächter, Lagerfeuerstimmung eben. Er wärmte sich die Hände am Feuer und gluckerte mit Dino Sutherland und den anderen Gestalten im Flackerlicht gerade das erste Bud weg, als ihm in einer Pause zwischen zwei Witzen einfiel zu fragen: »Hat einer von euch Johnathan eigentlich mal gesehen?«

»Johnathan? Nö«, lautete unisono die Antwort der anderen Fischer.

Russell wusste natürlich, warum sich bisher keiner Sorgen gemacht hatte. Johnathan war ein sprunghafter Typ. Bei ihm wusste man nie, woran man war – das war so ziemlich das Einzige, was die Leute am Lagerfeuer mit Sicherheit über ihn sagen könnten, wenn man sie danach fragen würde. Aber keiner im Camp würde es je wagen, damit in seiner Anwesenheit rauszurücken. Allerdings waren die anderen auch nicht viel besser: Wer wusste schon, was der Käpten auf einem Fischdampfer gerade vorhatte? Dazu konnte unterwegs zu viel passieren. Ein Wetterumschwung. Die Maschine zickt. Und dann schieben die Gezeiten das antriebslose Schiff in Richtung Heimat oder raus auf

See. Oder der Skipper kollidiert mit einem driftenden Baumstamm, das hat schon manches Schiff in Schwierigkeiten gebracht. Der Käpten antwortet nicht auf Funk? Das passiert dauernd, das ist normal. Wer will schon hören, dass den anderen die dicken Fische ins Netz gehen, wenn man selbst gerade eine Pechsträhne hat. Dann lieber das Funkgerät ausschalten. Und wer konnte schon sagen, ob Johnathan überhaupt geplant hatte, am selben Abend nach Kasilof zurückzukommen? Er war ein Profi, er konnte auf sich selbst aufpassen.

Andererseits war Johnathan normalerweise immer als Erster zurück im Camp. Und jetzt, wo Russell sie fragte, guckten sich die Männer am Lagerfeuer betreten an, als hätte ihre Mutter sie gerade beim Lügen erwischt. Aus zwei Pick-ups dröhnte Musik vom CD-Player. Auf einem Klapptisch vor der Ruine eines alten Wohnanhängers hatte jemand in Folienpfannen das Abendessen angerichtet: matschige Käsemakkaroni, dazu einen Salat, der irgendwie toxisch wirkte. Das Essen war kalt und der Pegel in den Schnapsflaschen schon deutlich gesunken.

»Hat heute überhaupt jemand was von ihm gehört?«, hakte Russell noch einmal nach.

»Nee, seit gestern Abend nicht mehr«, erwiderte Dino.

Russell wollte schon an seinem Handy die Kurzwahl drücken, als ihm einfiel, dass Johnathan sein Razr am Vorabend im Lagerfeuer gegrillt hatte.

»Vielleicht ist er ja zurück nach Homer?«, überlegte Dino. Russell und er waren Johnathans älteste Freunde. »Kennst ihn doch …«

Eben, Russell kannte ihn nur zu gut und wusste, dass Johnathan der Letzte sein würde, der eine Nacht mit seinen Freunden am Lagerfeuer in Kasilof auslassen würde. Außerdem: »Was soll er denn mit seinem Fisch in Homer anfangen?«

»Hast recht, Russ. Daran habe ich nicht gedacht.«

»Hast du denn heute mit ihm gesprochen?«

»Sag ich doch: seit gestern Abend nicht mehr.«

»Ich auch nicht.«

»Aber du weißt doch, wie er ist.« Dino schwieg einen Moment, dann fügte er hinzu: »Ich hab mir gedacht, dass er vielleicht den Jackpot geknackt hat und nicht wollte, dass wir's wissen. Ich hab ja versucht, ihn zu erreichen.«

»Er ist alleine raus, oder?«

»Ist er.«

Russell kannte Johnathan besonders gut, und das seit Ewigkeiten, weil sie beide dieses »Ding mit dem Lachs« hatten. Beide hatten Lachsboote, beide waren sozusagen Gründungsmitglieder des Kasilof-Lachscamps und beide liebten die Jagd auf den Rotlachs, weil er dieses unmittelbare Erfolgserlebnis brachte: Sie warfen ihr Kiemennetz aus – und nur Minuten später wussten sie, was sie gefangen hatten. Keine lange Warterei. Keine Langeweile. Lachsfischen war für Russell und Johnathan die Verwirklichung ihrer Philosophie vom Fischen. Alle hatten eine verdammt gute Zeit dabei, und auch wenn es gelegentlich Rückschläge zu verkraften gibt, gibt es ja immer noch den nächsten Tag, an dem man auch wieder fischen gehen kann. Russell hat sein Motto im Leben oft so beschrieben: »Es würde mich echt umbringen, wenn ich diesen Planeten einmal verlassen soll und der Tank meines Pick-ups noch halb voll ist. Und die Wahrscheinlichkeit, dass du beim Linksabbiegen in der Stadt umkommst, ist ungefähr so groß wie das Risiko, auf der Beringsee zu ersaufen. Du musst jeden Tag so leben, als wäre es dein letzter. Und der einzige Tag, der jemals einfach sein wird, ist der, den du schon hinter dir hast. Einfach war gestern.«

Schon als Teenager hing er mit den Hillstrand-Brüdern herum, was ihm regelmäßig Ärger einbrachte, denn die Aktionen der Hillstrand-Jungs waren immer absolut grenzwertig. Sie hatten schon damals einen legendären Ruf in Homer. Russell zog es zur See, weil sein Vater bei der Küstenwache in Kodiak gedient hatte, doch es fiel ihm nicht so leicht, den passenden Job zu finden, wie den Hillstrands, die mit ihrem Vater automatisch in die Fischerei hineinwuchsen. Die Gelegenheit, auf der *Time Bandit* mitzufahren, hatte sich zwar bereits gelegentlich ergeben, aber Russell hatte sich noch jedes Mal für einen Job auf einem der größeren Krabbenschiffe entschieden. Erst vor Kurzem hat er zum ersten Mal bei Andy und Johnathan angeheuert.

Im Kasilof-Camp verbrachten sie allerdings deutlich mehr Freizeit zusammen als auf der Beringsee. Keiner konnte vorhersagen, wann der Lachs zum Laichen an die Küste und in die Flüsse schwimmen würde. Die Männer bauten also ihr Camp auf und warteten gemeinsam auf diesen Moment. Sie standen um das Feuer herum, das sie in einem ausgedienten Ölfass angezündet hatten, und quatschten. Über den Preis, den sie dieses Jahr für den Fisch bekommen würden, über ihre Ausrüstung, über Frauen und über die vergangene Saison. Dann plötzlich kam der Lachs. Alle sprangen in ihre Boote und fuhren raus. Sie fischten bis es dunkel wurde, und dann standen sie wieder am Lagerfeuer und quatschten. Wo sie den Fisch gefangen hatten, wie viel. Russell wollte am liebsten jeden einzelnen Fisch fangen, der da draußen in den Meeren schwamm; das war sein Traum. Er war einfach extrem ehrgeizig.

Wenn es im Camp eine Hierarchie gab, war allerdings Johnathan das Alphatier. In den Augen der anderen Männer war er ein ausgezeichneter Fischer, aber gleichzeitig so eine Art Pirat – ein verwegener Gesetzloser, der sich lieber auf sein Glück verließ als auf die Regeln seiner Zunft. Er fing immer genau das, was er auch fangen wollte, weil er sich in die Fische hineinversetzen konnte. Es war, als ob er einen sechsten Sinn dafür besaß, in welche Richtung die Fische schwammen. Natürlich konnte er das Wetter lesen – und die mysteriösen Bewegungen der Tidenströme durchschaute er sowieso.

Was seine Freunde an ihm außerdem bewunderten, war seine absolute Offenheit. Bei ihm gab es keinen doppelten Boden, keine Zweideutigkeiten, kein falsches Gelaber. Er würde niemals hinter ihrem Rücken über sie reden; er sagte jedem seine Meinung ins Gesicht. Wenn er einen Typen mochte, dann guckte er ihn direkt an – und sagte es gerade heraus. Er war außerdem eine echte Spaßkanone, immer am Lachen, selbst wenn die Fische den anderen in die Netze gingen. Verlieren mochte auch er nicht, aber er ließ sich davon nicht die Laune verderben. Den jüngeren Fischern im Camp sagte er: »Wisst ihr, was es für erfahrene Typen wie uns bedeutet, wenn wir beim Fischen einen schlechten Start erwischen? Das ist uns scheißegal.«

Russell beschreibt seinen Freund immer so: »Wenn er dich mag, gibt er dir noch sein letztes Hemd. Was sag ich: Er würde dir wahrscheinlich sogar *alles* geben. Bis auf seine Cowboystiefel, und ich bin mir nicht sicher, ob ich die wirklich haben will.«

Allerdings hat Johnathan auch eine dunkle Seite und die kommt zum Vorschein, wenn es Ärger gibt und eine Prügelei droht. »Dann wird er zum echten Berserker«, sagt Russell. »Ich habe oft genug gesehen, wie sich das entwickelt. Erst versucht er noch, die Auseinandersetzung zu vermeiden. Aber wenn es nicht mehr anders geht, wird er richtig fies. Dann solltest du ihm besser nicht in die Quere kommen.«

Doch Russell wusste, dass er sich immer auf Johnathan verlassen konnte. Unter allen Umständen – selbst unter Lebensgefahr.

Wie vor zwei Jahren auf der Beringsee. Da war Johnathan als Skipper auf der *Debra D.* und überlegte gerade, wo er als Nächstes seine Pots ausbringen sollte. Es war sieben Uhr morgens. Er stand auf der Brücke, seine Crew – zu der auch Russell gehörte – lag in den Kojen und ruhte sich aus. Die Männer wussten, dass sie bald raus mussten und dann drei, vier Stunden keine Pause kriegen würden. Das Schiff rollte in einer schweren See. 30 Grad nach Steuerbord, 30 Grad nach Backbord, wie ein Pendel, immer hin und her. Einen Moment lang stand Russell auf den Füßen, im nächsten machte er wieder einen Kopfstand. Aber er fühlte sich absolut sicher, weil er wusste, dass Johnathan auf der Brücke war. Selbst wenn es nicht seine Wache war und er in seiner Kabine hätte schlafen können, stand Johnathan regelmäßig auf, um nach dem Schiff zu sehen und ein paar Zigaretten zu rauchen. Er konnte *fühlen*, wie es einem Schiff ging, er spürte die geringsten Veränderungen wie einen minimalen Abfall der Drehzahlen – auch wenn er nicht bewusst darauf achtete. Er kam auf die Brücke, qualmte seine drei Zigaretten und verkroch sich wieder in die Koje.

Plötzlich legte sich der Kahn weit auf die Seite – und richtete sich nicht wieder auf. Russell sprang aus dem Bett und turnte die Treppe zur Brücke hoch, immer einen Fuß auf den Stufen und den anderen auf dem Schott. Er steckte seinen Kopf durch die Luke und blickte zu Johnathan rüber, dem es irgendwie gelungen war, sich auf seinem Stuhl zu halten.

»Irre«, sagte Johnathan. »Habe ich noch nie erlebt, dass ein Schiff so was macht.« Russell dachte nur: Na toll, das ist genau die Sorte Information, die man von seinem Käpten nicht hören möchte.

Er kletterte wieder unter Deck, um seinen Überlebensanzug zu holen. Das Schiff lag noch immer auf der Seite und schien sich nicht wieder aufrichten zu wollen. Johnathan blieb trotzdem ruhig und befahl allen, die Überlebensanzüge rauszulegen und dann erst einmal nachzusehen, was eigentlich die Ursache für die extreme Schlagseite war. Russell erkannte das Problem sofort: Ein Kaventsmann hatte die *Debra D.* seitlich erwischt und an Steuerbord einen knapp fünf Tonnen schweren Container mit gefrorenem Köderfisch losgerissen. Jetzt hing der Klotz an Backbord, wo auch zwei Treibstofftanks lagen – zu viel Masse auf einer Seite.

»Von John kamen sofort klare Ansagen«, sagte Russell.

Sie hängten zwei Pots an den Haken und schwenkten sie mit dem Kran über die Reling nach Backbord, als Gegengewicht. Damit gelang es ihnen, die Schlagseite schon mal auf 20 Grad zu reduzieren. Jetzt konnte die Crew weitere Pots an Deck bewegen und auch den Block mit den Ködern verlagern, um das Schiff wieder aufzurichten.

Außer Gefahr waren sie damit allerdings noch lange nicht. Die Wellen waren an die sieben Meter hoch. Ihr Kran hing weit außenbords und wenn sie Pech hatten, würde die nächste Monsterwelle den Ausleger einfach knicken und um die Brücke wickeln. Die Crew arbeitete so schnell und so hart wie noch nie, um den Köder umzuschichten. Russell ist überzeugt, dass Johnathan allen das Leben gerettet hat: »Er war die Ruhe selbst. Riss einen Kalauer nach dem anderen, um uns Mut zu machen. Hat nicht einen Moment lang Zweifel aufkommen lassen, dass wir das hinkriegen. Keine Spur von Panik, nicht eine Sekunde. Ganz anders bei mir: Ich hatte die Hosen voll. Ich dachte, unsere letzte Stunde hat geschlagen. Ich wollte nur noch die Rettungsinsel klarmachen und weg vom Schiff.«

Im Kasilof-Camp tickte eine weitere Stunde weg und immer noch keine Nachricht von Johnathan. Russell hatte so ein Gefühl im Bauch, dass es mit der Verspätung seines Kumpels mehr auf sich hatte; alle Entschuldigungen und Erklärungsversuche kamen ihm einfach nicht richtig vor. Auch er hatte einen sechsten Sinn bei solchen Dingen und der hatte ihn im Laufe seines Lebens kaum je getrogen. Er wusste, was jetzt zu tun war, auch wenn er noch nicht wusste wie. Er konnte die Küstenwache alarmieren und bitten, einmal nachzusehen. Es war schon recht spät am Abend und es wurde langsam dunkel. Russell konnte nicht eine Minute länger an der Pier sitzen; zu warten war nicht sein Ding. Die Küstenwache würde ihre Suche erst bei Tagesanbruch aufnehmen – sollte er jetzt so lange hier rumhängen? Er überlegte, ob er sich Dinos Boot borgen sollte, die *Rivers End* (die alle im Camp nur *Livers End* nannten – das Ende der Leber), um selbst rauszufahren und zu suchen. Dinos Schiff war schnell und schaffte bei Vollgas an die 20 Knoten. Allerdings würde Dino selbst auch mitfahren wollen und das passte Russell nicht. Er wollte das alleine machen, das war besser so. Also entschied er sich, Dino gar nicht erst zu fragen, sondern sich dessen Schiff einfach so zu nehmen.

Er holte sich aus seinem Hänger einen Kapuzenpulli und eine Regenjacke und ging die paar 100 Meter zur Pier der Fischfabrik runter. Der Ebbstrom hatte bereits eingesetzt und der Mond schob sich gerade über den Horizont. Der Fluss gurgelte in seinem Bett aus Schlick an der Pier vorbei. Oben schufteten die Arbeiter der Fischfabrik mit ihren Gummischürzen, das wogende Haar unter Haarnetzen. Sie standen über Edelstahltische gebeugt und nahmen mit ihren scharfen Messern Rotlachse aus, Kopf ab, Bauch auf, Innereien raus. Der Fisch flutschte auf einer schleimigen Rampe zur Packstation, wo er in Plastikcontainern auf Eis gelegt wurde. Dann ging es auf die Reise. Erst im Kühllaster zur Fabrik, wo der Fisch schockgefroren wurde. Dann über Nacht im Frachtflugzeug nach Tokio. Die Arbeiter arbeiteten still und konzentriert, schnelle, präzise Schnitte mit dem Messer, dann der Wasserschlauch, um Blut und Gedärm wegzuspülen. Im Licht der Natriumdampflampen glänzte der Lachs wie frisch polierter Chrom.

Gerade noch rechtzeitig, bevor er losfuhr, fiel es Russell ein: Er musste Andy anrufen und ihm sagen, was los war. Ihm wurde plötzlich bewusst, wie eng Andy und Johnathan als Brüder waren. Andy war der Erste, den Johnathan angefunkt hatte, als er mit der *Debra D.* beinahe koppheister gegangen war. Andy, der gerade im selben Seegebiet unterwegs war, hatte den Gashebel auf den Tisch gedrückt und sofort mit der *Time Bandit* Kurs auf die Position seines Bruders genommen. Konnte ja sein, dass er doch noch Hilfe brauchte.

Russell schaute auf die Uhr: drei Stunden Zeitverschiebung. Er wählte Andys Nummer und hatte dessen Frau Sabrina an der Strippe. Russell nahm sich Zeit für die üblichen Höflichkeiten, aber man konnte an seiner Stimme hören, dass etwas nicht in Ordnung war. Als er endlich Andy dranhatte, sagte er ihm ohne Umschweife, was Sache war. Als Antwort bekam er erst einmal nur einen langen Seufzer zu hören. Russell konnte vor seinem geistigen Auge sehen, wie Andy sich am Kopf kratzte. Es war garantiert nicht das erste Mal, dass er eine solche Nachricht erhielt. Er fragte Russell, was er unternehmen wollte, und fügte hinzu: »Ich kann leider nicht kommen, Russ. Das musst du irgendwie alleine schaffen.«

»Schon klar«, erwiderte Russell. »Ich dachte nur, dass du wissen willst, was los ist.«

»Natürlich. Nur bis ich da bin, hat man ihn entweder gefunden oder …«

»Ich bin schon unterwegs und finde raus, was passiert ist«, sagte Russell.

»Dann halt mich doch auf dem Laufenden«, antworte Andy. »Viel Glück. Und Russ? Danke.«

KAPITEL

3

ER war UNSER KOMPASS

JOHNATHAN

Ich treibe noch immer mit der *Fishing Fever.* Aber etwas hat sich verändert und das könnte ein gutes Zeichen sein. Kann sein, dass die Tide gerade kippt, dass ich jetzt genau zwischen Flut und Ebbe auf der Stelle verharre. Kann aber auch sein, dass mich Strömungen und Winddrift langsam, aber sicher weiter nach Südwesten treiben. Ohne Echolot kann ich nicht sagen, wie nah die nächste Küste ist – und wenn es erst dunkel wird schon gar nicht. Vielleicht bin ich schon aus dem Einflussbereich der Gezeiten im Cook Inlet rausgetrieben und hänge jetzt im Golf von Alaska, wo ich erst recht mit tückischen Strömungen zu rechnen habe.

Der Wind bläst jetzt wieder. Der Himmel hat sich in den vergangenen Stunden zugezogen und sieht richtig finster aus. Aus Nordwesten rückt offensichtlich eine Front heran, das Wetter kommt immer aus dieser Richtung hier. Wir haben in der Beringsee die wildesten Stürme des Planeten und das hat vor allem einen Grund: Aus der Arktis bläst es eisig nach Süden, aus dem Pazifik schieben Warmfronten nach Norden. Nördlich der Aleuten knallen sie zusammen – in der Beringsee. Die Shelikof Strait wirkt dann wie ein Trichter für den Wind, den dieses Monsterwetter produziert. Wie ein wild gewordener Staubsauger heulen diese Stürme von Land aufs Meer raus. »Williwaw« sagen die Alaskaner zu diesen gefährlichen Fallwinden – keine Ahnung, warum. In der Spitze erreichen die Böen eine Geschwindigkeit von 130 Meilen in der Stunde.

Ich befasse mich mit diesen Naturphänomenen nicht so gerne. Verstanden habe ich das alles einmal – und dann ganz bewusst wieder verdrängt, damit ich nicht ständig an die Gefahren denke, denen wir uns aussetzen. Vor Cape Douglas prallen jedenfalls Strömungen aus vier Richtungen aufeinander – vom Kennedy Entrance, dem Cook Inlet, der Kachemak Bay und aus dem Golf von Alaska. Die Berge hinter Cape Douglas sind wie eine Wand aus Eis und Schnee, ein Anblick, den man nie wieder vergisst, wenn man das einmal gesehen hat. Der Wind fegt also über das Eis und trifft auf das Wasser am Kap. Dort weht es immer mit 20 bis 30 Meilen mehr als überall sonst – und es ist auch gleich zehn Grad kälter. Man spürt die Schnee- und Eispartikel im Gesicht, als würden einen winzige Rasierklingen ritzen. Die Williwaws schieben kurze und steile Wellen an, die sich gegenseitig überlagern und immer höher auftürmen. Ein Fischer, der bei gutem Wetter losgefahren ist, kann binnen kürzester Zeit um sein Leben kämpfen müssen, wenn die Williwaws losheulen. Das Wasser kocht und brodelt dann, wie es sich jemand, der das noch nie erlebt hat, selbst in den schlimmsten Albträumen nicht vorstellen kann.

Um mir die Zeit zu vertreiben, blätterte ich früher am Tag in einem Buch der Fischerei- und Jagdbehörde, das sich aus irgendeinem Grund seitenweise mit der Beaufortskala und dem Wetter, mit dem Fischer in der Beringsee rechnen müssen, befasst. Von Williwaws war allerdings nicht die Rede, das Schlimmste war hier Windstärke 12 – und die wird so beschrieben: »See ist vollkommen weiß, Windgeschwindigkeit mehr als 64 Knoten, Luft mit Schaum und Gischt gefüllt, keine Sicht mehr.« Bei Windstärke 10 heißt es immerhin noch: »Wellen 10 bis 13 Meter, überbrechende Kämme, schwere Brecher, der entstehende Schaum wird in dichten weißen Streifen mit dem Wind verweht, See wirkt insgesamt weiß, Sicht stark beeinträchtigt.« Auch neun Windstärken haben es in sich:

Das ist mehr als Windstärke 12 auf der Beaufortskala. Eine solche Wucht erreichen sonst nur Wirbelstürme. Auf der Saffir-Simpson-Skala sind 130 Meilen pro Stunde ein Hurrikan der Kategorie 3.

»Windgeschwindigkeit 41 bis 47 Knoten, Seegang 8 bis 10 Meter, dichte weiße Schaumstreifen, Kämme beginnen zu brechen.« Die 12 haben wir alle schon erlebt, 10 gibt es häufiger, Windstärke 8 ist Routine. Und wenn die sich zu einer 9 oder 10 aufbäumt oder uns sogar eine 11 beschert, ist das für uns keine Überraschung.

In großer Entfernung sehe ich ein schnelles Schiff, das mit geschätzten 30 Knoten in Richtung Nordosten läuft, wahrscheinlich nach Anchorage oder Kenai. Irgendwo an Bord habe ich eine Signalpistole, aber die habe ich mir schon lange nicht mehr angesehen; keine Ahnung, in welchem Zustand die ist. Die Munition dürfte an die zwölf Jahre alt sein.

Meine Kumpel im Camp werden sich wundern, warum sie von mir noch nichts gehört haben. Normalerweise melde ich mich regelmäßig, wenn ich allein rausfahre, um Rotlachs zu fangen. Sie werden wahrscheinlich annehmen, dass ich den Jackpot geknackt habe und so beschäftigt bin, meinen Fang an Bord zu kriegen, dass ich keine Zeit habe, mich an die Funke zu setzen. Woher sollen sie auch wissen, dass mein Gerät gar nicht funktioniert? Wir passen zwar aufeinander auf, wenn wir draußen sind, aber wir sind auch komplett autark und müssen selbst zurechtkommen. Wir machen uns grundsätzlich keine Sorgen um unsere Kumpel. Wir wissen ja, dass alle reichlich Erfahrung haben und schon klarkommen, wenn sie mal in der Klemme stecken.

Ich hatte mir am Mittag einen Rotlachs aus dem Fang geholt, um ihn zu grillen. Einen Lachs kann man einfach so essen, ohne alle weiteren Zutaten. Man braucht keine Butter, kein Salz, keine Gewürze, nichts – er schmeckt auch pur richtig gut und schön saftig. Meine Wahl war auf ein Weibchen mit einem dicken Bauch voller Rogen gefallen. Ihre Haut war glitschig und schimmerte silbern. An Deck nahm ich sie aus und warf die Innereien über Bord – nur den Rogen behielt ich. Das Fleisch war fest und von einer wunderschönen roten Farbe, die für mich immer wieder wie ein Symbol dafür ist, dass dieser Fisch einmal wild und frei in diesen Gewässern geschwommen ist.

Ich hatte in weiser Voraussicht gestern eine kleine Tüte Holzkohle eingepackt – von der präparierten Sorte, die man einfach mit einem Streichholz anzünden kann. Ich hatte außerdem einen alten und ziemlich ramponierten dreibeinigen Weber-Grill an Bord, den ich immer an der Steuerbordreling festzurre, wenn ich fische. Ich zündete also die Holzkohle mit meinem Feuerzeug an. Sofort schlugen Flammen aus der Tüte und versengten mir fast die Haare. Aber nur Minuten später war der Fisch auf dem Grill und mir lief schon das Wasser im Mund zusammen. Die Brise vom Inlet fächerte mein Feuerchen, das mit heller, blauer Flamme brannte, noch zusätzlich an. Alles war gut, doch dann stieß ich versehentlich mit meinem Stiefel gegen ein Bein des Grills und Holzkohle und Lachs kippten aufs Deck. Schnell kickte ich die glühende Kohle durch die Speigatten ins Meer, wo sie noch einmal wie eine böse Schlange zischte und im Wasser versank. Sehnsüchtig starrte ich auf meine halb garen Filets und legte sie wieder auf Eis.

Das Mittagessen war also ein Flop, jetzt stöbere ich in Schränken und Schubladen, die seit Jahren nicht mehr geöffnet worden sind, und finde unter der Steuerkonsole tatsächlich ein brauchbares Radiogerät. Und die passenden AA-Batterien dazu. Auf der Suche nach einem Wetterbericht bleibe ich kurz bei einem Song von Dido hängen, »White Flag« – und der Refrain geht mir schlimm auf die Nerven. Sie singt: »I will go down with this ship.« Was für eine erbärmliche Heulsuse und was für ein schreckliches Omen für einen Fischer: Niemand sagt so etwas, bevor es passiert. Du kämpfst bis zum letzten Atemzug um dein Leben. Was ist denn das für eine Botschaft? Was für ein Signal sendet sie da an junge Leute? Schmeiß doch gleich hin, singt sie, gib es auf.

Das nimmt mich echt mit – meine beschissene Situation und dann dieser Song. Im hohen Bogen werfe ich das Radio über Bord, wie eine Bombe, die schon tickt. Es hätte mir eh nicht geholfen; ich bin den Elementen ausgeliefert, daran wird keine Radioansage etwas ändern. Was ich brauche, ist ein anderes Boot, das mir so nahe kommt, dass ich mit den Armen um Hilfe winken kann. Die einzige Ansage, die mir hilft, ist das Signal von diesem Boot, dass man mich gesehen hat. Ich rege mich so sehr auf, dass ich spüre, wie mein Puls hämmert. Ich bin froh, dass das Scheißradio weg ist. Solche seltsamen Zufälle haben eben doch einen Hintergrund, sie sind wie Stimmen aus dem Jenseits, die mir etwas zurufen, das ich nicht hören will.

Die Episode erinnert mich an den Tag, als mein Vater gestorben ist. Ich machte gerade mit einer Frau in einem Motel rum, als ich plötzlich seine Präsenz spürte, als ob er im Raum wäre und mich beobachtete. Ich konnte nicht weitermachen, so peinlich war mir das. Die Frau fragte, was denn los sei, aber ich konnte ihr keine Antwort geben. Ich dachte nur: »Jetzt ist gerade mein Vater gestorben.« Die Bestätigung bekam ich erst am Tag darauf. Ich lag da und starrte an die Decke. Ich glaube an Geister – und ich denke, dass niemand, der auf See arbeitet, anders kann: Wir haben eine starke Verbindung zur spirituellen Welt.

Sie findet ihren Ausdruck zum Beispiel im Aberglauben und ich respektiere es, wenn Menschen so ticken. Ich selbst fühle mich sehr klein in diesem Universum, wenn ich auf See bin und ein 80-Knoten-Wind bläst. Dann blicke ich in den Abgrund. Für mich endet die Welt am Horizont. Ich bin zwar noch nicht über den Rand gefahren, aber ich habe schon in den Abgrund gesehen. Ich *weiß*, wie unbedeutend ich bin, ich habe akzeptiert, dass es da draußen etwas gibt, das noch niemand gesehen hat und das größer ist als wir alle. Ob ich lebe oder sterbe, ist nur eine Laune dieser Macht. Das ist auch schon alles. Für mich ist das die essenzielle Lehre der See.

Unser Vater starb völlig unerwartet auf dem Krankentransport im Flugzeug von Homer nach Anchorage. Er hatte eine Lungenentzündung, die einfach nicht in den Griff zu kriegen war. Die Nachricht von seinem Tod war ein echter Schlag für meine Brüder und mich. Andy und ich sind sofort zum Bestatter gefahren, um ihn noch einmal zu sehen. Unsere Mutter wollte nicht, dass er einbalsamiert wird; sie ist eine Umweltschützerin, sie möchte, dass die Dinge ihren natürlichen Lauf nehmen. Der Bestatter versuchte uns einen Sarg anzudrehen, 15 000

Dollar wollte er dafür haben. Und da entschieden wir uns spontan, das Ding lieber selbst zu bauen. Der Bestatter blieb freundlich: »Ich gebe euch einen Rat mit auf den Weg, Jungs. Die meisten Leute, die so einen Sarg selbst bauen wollen, legen ihn zu klein an. Und dann haben es unsere lieben Verstorbenen auf ewig unbequem. Die meisten Hinterbliebenen kommen dann zu uns zurück und kaufen doch noch einen Sarg. Den Ärger könnt ihr euch also sparen …«

Wir zimmerten dann keinen Sarg, aber wir gingen auch nicht zurück zum Bestatter, wie er es prophezeit hatte. Wir bauten unserem Vater nämlich ein Boot – mit einem richtigen Bug und einem Propeller und Tragegriffen aus Tauen vom Schiff. Wir tauften seinen letzten Kahn auf den Namen *The Journey* – Die Reise – und machten ihn 2,10 Meter lang; unser Vater hatte also reichlich Beinfreiheit. Wir pinselten den »Rumpf« schwarz an, wie bei der *Time Bandit*, und verzierten ihn mit Grüßen und Sprüchen wie »Hier liegt Johnny«. Den Sarg zu bauen half uns über die Trauer hinweg und schweißte uns Brüder noch enger zusammen. Während wir mit Hammer und Säge arbeiteten, erzählten wir uns Andekdoten aus dem Leben mit unserem Vater und eine brachte uns besonders zum Lachen. Die Geschichte war einfach so typisch für ihn: Er prügelte sich mit einem Typen bei uns im Garten. Der andere hatte irgendwie die Oberhand gewonnen und drosch nur so auf unseren Vater ein. Andy und ich rannten aus dem Haus – wir hatten nur unsere Unterwäsche an – und gingen auf den Kerl los. Ich hatte mir einen Baseballschläger geschnappt und war bereit, den Idioten totzuschlagen, aber es gelang uns auch so, die beiden zu trennen.

Der Typ kochte vor Wut: »Ich ruf die Polizei.«

Mein Vater ganz cool: »Brauchst du die Nummer?«

Der Typ guckte unseren Vater argwöhnisch an und der diktierte: »Schreib mit: F-U-C-K-Y-O-U.«

Ich liebte den Alten. Er war einmalig.

Andy und ich holten ihn in der Leichenhalle ab. Er lag auf einem Tisch und wir sind bei seinem Anblick förmlich eingefroren. Er sah so verletzlich aus, wie er es im Leben niemals war. Ich sagte: »Also gut, tun wir, was getan werden muss.« Wir zogen ihm Arbeitsklamotten und eine Crewjacke von der *Time Bandit* an. Dann wickelten wir ihn in eine Decke und fuhren ihn mit meinem Chevy-Pick-up nach Hause. Bevor wir den Deckel auf seinem Sargboot zunagelten, gaben wir ihm noch eine Dose Pabst-Blue-Ribbon-Bier mit auf den Weg, außerdem einen Louis-L'Amour-Groschenroman und eine Packung Luckies, obwohl die Glimmstängel wahrscheinlich schuld waren an seinem frühen Tod. Zuletzt steckten wir ihm noch einen Brief in die Tasche, den wir zum Abschied geschrieben hatten. Zu seiner Beerdigung kamen an die tausend Leute und fast alle heulten. Wenn er wollte, konnte er richtig charmant sein, und die Trauergemeinde konnte sich gut erinnern, wie großzügig er war.

Am Tag darauf schleppten wir den Sarg auf sein Boot, die *Bandit*, und mit unserer *Time Bandit* im Kielwasser fuhren wir an die Südseite der Kachemak Bay, wo er mit meiner Stiefmutter zusammen gelebt hatte und wo er begraben werden wollte. Wir zogen seinen Sarg den Hügel rauf, aber bevor wir uns endgültig von ihm verabschieden konnten, mussten wir erst einmal ein Grab ausheben, und das war leichter gesagt als getan. Wir fanden zwar ein schönes Plätzchen hoch über den Klippen mit Blick aufs Wasser, aber wir stießen mit unseren Schaufeln schnell auf Fels. Das Loch war einfach nicht groß genug für den Sarg. Meine Stiefmutter wusste Rat. »Ich bin so oft nachts über ihn drübergestiegen, wenn er im Vollrausch eingepennt war«, sagte sie, »da kann ich auch weiter über ihn drüberklettern. Lass ihn einfach so liegen. Dann ist es so wie in den guten alten Zeiten.« Wir mussten gleichzeitig lachen und heulen und schichteten schließlich Steine rund um den Sarg. So liegt er jetzt da, Kopf gen Norden.

Unser alter Mann war aus einem harten Holz geschnitzt. Sein vollständiger Name war John Wesley Hillstrand. Er war ein Fischer durch und durch – knallhart und kompromisslos. Er arbeitete wie ein Tier und soff wie ein Loch. Wenn er voll war, konnte er ganz schön gemein sein, aber nüchtern war er ein liebevoller Kerl und sogar richtig charismatisch. Wenn er nicht gerade auf See malochte, hatte er mit seinen fünf Söhnen auch zu Hause ordentlich zu tun.

Wir haben ihn geliebt. Er war für uns – und ist es auch jetzt noch, da er von uns gegangen ist – wie ein Kompass. Als wir noch kleiner waren, fanden wir es total spannend, ihn zu beobachten – allerdings nur aus sicherer Entfernung. Wenn er zum Beispiel mit seinem Schiff an der Bunkerstation in Kodiak festmachte, um Treibstoff zu tanken. Da lungerten dann die Typen rum, die einen Job suchten. Sie wussten, dass unser Dad nach jedem Trip ein oder zwei Matrosen feuerte, und hofften, deren Platz auf dem Schiff einnehmen zu können. Ich erinnere mich an einen Sommer, in dem unser Vater insgesamt 50 Leute rausschmiss. Wehe, wenn er erst mal richtig sauer wurde … er ging hoch wie eine Signalrakete. Wir mussten dann jedes Mal lachen, aber immer nur so, dass er es bloß nicht bemerkte. Einmal war er am Fluchen und Brüllen, wahrscheinlich über uns, als eine Seemöwe an ihm vorbeisegelte und ihm ins Maul schiss. Meine Brüder und ich heulten wie die Hyänen vor Lachen – und in diesem einen Fall musste er uns recht geben, das war schon sehr witzig. Er war ein Perfektionist und als Fischer ein wirklich Großer. Für ihn gab es im Leben nur Schwarz und Weiß und kein Grau. Wenn er jemanden kennenlernte, wusste er nach drei Minuten, ob er mit ihm konnte oder nicht – und dann sagte er es auch: »Ich kann dich nicht leiden.«

Zu seiner Flotte zählten gleich vier Schiffe: die 30 Meter lange *Sea Wife*, die 28 Meter lange *Invader* und sowohl die *Bandit* wie auch die *Time Bandit*. Und er fuhr mit ihnen auf die Beringsee raus, als die Fischerei noch weit über das hinausging, was wir heute gefährlich nennen. Als er anfing, waren die Schiffe noch nicht dafür ausgelegt, tonnenweise Wasser in den Tanks für die Krabben mitzuschleppen. Und die Küstenwache kümmerte sich auch nicht großartig darum, wenn ein Schiff samt Crew vermisst wurde. Die Schiffe hatten damals natürlich weder Echolot noch Seenotfunkbaken oder Rettungsinseln (dass unser Dad eine ausgemusterte Rettungsinsel für 24 Personen aus Beständen der Northwest Airlines an Bord hatte, galt zu der Zeit noch als exzentrisch). Es ist wirklich ein Wunder, dass er nicht auf See geblieben ist.

Unser Dad fing Garnelen, Heilbutt, Lachs, Kabeljau und Krabben. Für ihn war das alles eins, nur die Krabben bereiteten ihm besondere Freude. Er wusste, dass er sich auf sein Können und seine Erfahrung verlassen konnte, aber er ließ es andere nicht spüren, dass er ein besserer Fischer war als sie. Er war einfach so. Geld zu verdienen, um seinen Lebensunterhalt zu bestreiten, war ein Beweggrund, doch die Fischerei war mehr als das, sie war seine Leidenschaft. Es war seine Ambition, der eine Typ zu sein, der wusste, wie Fische denken. Nichts bereitete ihm mehr Freude, als zu fischen, bis sein Schiff randvoll beladen war. Und diesen Ehrgeiz hat man oder man kriegt ihn nie. Unser Vater hatte ihn jedenfalls. Er konnte es kaum erwarten, dass der nächste Krabben-Pot an die Oberfläche kam, so aufgeregt war er jedes Mal. Uns sagte er immer: »Es gibt einen Grund, warum wir auf diesem Planeten sind – um so viel Fisch zu fangen und zu killen wie irgend möglich. Wem das nicht passt, wer nicht bereit ist, Tag und Nacht zu schuften, um das zu schaffen, der sollte besser von Bord gehen, und zwar schleunigst.«

Einmal, als ich zwölf oder dreizehn war, brachte unser Vater uns an den Strand am Ende der Halbinsel von Homer. Er ließ uns Gumby-Überlebensanzüge anziehen, die aus dickem Neopren gefertigt waren, komplett mit Schuhen und Handschuhen, um einen Mann vor der tödlichen Kälte der See zu bewahren. An dem Tag blies es ganz ordentlich, drei Meter hohe Wellen krachten auf den Strand. Ohne die Gumbys würde einen die Kälte in wenigen Minuten umbringen. Dad befahl uns, vom Strand zu einem Boot zu schwimmen, das etwa 100 Meter weiter draußen verankert war. Das Problem war nur, dass wir uns in den riesigen Anzügen für ausgewachsene Männer kaum bewegen konnten; wir waren ja noch Jungs. Aber wir versuchten es. Die Wellen warfen uns zurück auf den Strand, wir wurden von den Wassermassen begraben und auf die Steine am Grund geknallt. Ich bin schon beim Versuch, durch die Brandung zu schwimmen, fast ersoffen. Andy wurde von einer Strömung erfasst und raus auf das offene Wasser der Bucht gezogen. Er geriet in Panik und schrie um Hilfe. Er dachte wirklich, dass er jeden Moment absaufen würde. Unser Vater brüllte: »Schwimm, du Hurensohn! Schwimm!«

»Ich schaff's nicht«, schrie Andy zurück.

»Du darfst nie aufgeben«, brüllte mein Vater. »Niemals!«

»Komm und hol mich raus«, kreischte Andy.

»Nein«, erwiderte unser Vater. »Du gibst nicht eher auf, bis du dabei umkommst.«

Touristen am Strand beobachteten Andys Kampf mit den Wellen und sie waren es schließlich, die den Hafenmeister alarmierten. Er raste mit seinem Skiff los und fischte Andy aus dem Wasser. Es war für ihn, sagte Andy später, das erste Mal, dass er Angst bekam vor der See.

Doch seit diesem Tag haben wir Hillstrand-Brüder nie mehr einen Rückzieher gemacht. Wir geben nie auf, egal was passiert.

Mein Dad hat mir eine weitere harte Lektion erteilt. Dabei hatte mich meine Mutter schon davor gewarnt zu stehlen. Als ich fünf war, mopste ich im Laden einen Schokoriegel und sie zwang mich, das Ding zurückzubringen und mich beim Besitzer des Ladens zu entschuldigen. Sechs Jahre später klauten ein paar Jugendliche einen unserer 25-PS-Außenborder. Für meine Brüder und mich war es total logisch und gerecht, dass ich im Gegenzug ein paar Riemen mitgehen ließ. Als Dad rausfand, was ich getan hatte, ging er an die Decke. Blöderweise hatte ich auch noch gelogen, als er mich zur Rede gestellt hatte. Es setzte also eine gewaltige Tracht Prügel und dann warf er mich zur Tür raus. »Ich habe euch nicht zu Lügnern und Dieben erzogen«, brüllte er mir hinterher. »Du bist nicht mehr mein Sohn, du gehörst nicht mehr zu dieser Familie.« Ich war elf. Ich verbrachte die Nacht in einem Abwasserrohr, ich war klatschnass und es war saukalt. Am nächsten Morgen ging ich wieder nach Hause. Ich hatte Hunger. Und wo sollte ich sonst hin?

Man kann dazu sagen, was man will. Aber er machte uns zu dem, was wir heute sind.

Nicht lange nach der Zwangsübernachtung im Abflussrohr fragte ich Dad, wie viel Bier ich trinken müsste, um so richtig blau zu sein. Er sagte nur: »Probieren wir es doch aus.« Und wir fingen an zu saufen. Ich fand es total cool, mich zusammen mit meinem Vater volllaufen zu lassen. Als ich das zweitemal sternhagelvoll war, hatte ich eine ganze Flasche Brombeergeist ausgesoffen. Dad rastete richtig aus, weil er dachte, dass mich meine Freunde dazu angestiftet hätten. Er wollte nicht, dass seine Söhne zu Mitläufern wurden. Er machte da einen sehr feinen Unterschied, es kam für ihn absolut darauf an, mit welcher Motivation man etwas tat, in welcher Gemütsverfassung man war. Er fand überhaupt nichts dabei, als wir auf dem Spit Cannabis anpflanzten, und wir ernteten tütenweise Gras. Bis Oma Jo unsere Plantage roch und jedes Pflänzchen einzeln samt Wurzel ausrupfte. Sie fuhr ihre Beute im Pick-up nach Hause und verbrannte unser Gras in einem alten Ölfass. Wir mussten sehr lachen bei der Vorstellung, wie sie da an ihrem Feuerchen stand und sich mit dem Qualm zudröhnte.

Unser Vater trieb uns ständig an, damit etwas aus uns wurde. Er hatte große Erwartungen, aber er ließ uns trotzdem genügend Freiraum, allen möglichen Unfug anzustellen, wie es Jungs eben tun. Meine Brüder und ich fuhren schon im Alter von zehn und elf Jahren mit unserem Lieferwagen in die Stadt. Die Polizei hielt uns an und alarmierte unseren Alten. Autofahren war für uns einfach ein Nervenkitzel und wir brauchten bald Vehikel, mit denen wir noch schneller unterwegs sein konnten. Ich machte mich an Freunde und Bekannte ran, die eine Pilotenlizenz hatten, und ging mit ihnen fliegen. Ich hing bei den Hangars am Flughafen rum und verdiente mir mit Gelegenheitsjobs kostenlose »Ausflüge«. Aber wenn ich selbst den Pilotenschein gemacht hätte, wäre ich wahrscheinlich längst tot. Bei dem Versuch, meine

Grenzen auszuloten, wäre ich garantiert zu weit gegangen – so wie ich es bis heute auf dem Motorrad tue. Schon als Teenager baute ich einen großen Crash, da schleuderte ich mit meiner ersten Maschine unter einen Toyota. Wenn ich mit dem Motorrad unterwegs war, dann hieß das: Vollgas. Ich konnte nicht anders. Mein zweites Motorrad, eine richtig schnelle Straßenmaschine, jagte ich mit 140 Sachen über eine T-Kreuzung mit Stoppschild – und landete wieder unter einem Auto. Heute bin ich stolzer Besitzer einer Harley Fat Boy mit Nitro-Boost, die rund 300 PS auf die Straße bringt. Neulich habe ich damit mit einem Kumpel vom Krabbenfischen eine Tour gemacht. Er gehört zu der Sorte Biker, die grundsätzlich ohne Helm unterwegs sind und es auch bei Tempo 140 noch schaffen, sich eine Zigarette anzuzünden. Das ist für mich wahre Hingabe. Ich selbst habe meinen Bock in diesem Frühjahr einmal mit dem Nitro-Boost auf 220 Kilometer pro Stunde hochgejagt – und dabei eine Schildkröte überfahren, die leichtsinnigerweise den Highway querte. Das hat mir einen Höllenschreck versetzt, doch der Adrenalinkick hat eben auch dafür gesorgt, dass ich den ganzen Alltagsfrust vergessen konnte – für einen Moment wenigstens.

Andy sagt es gerne so: »Wir waren fünf, als Dad uns alles beigebracht hat, was man wissen muss, um ein Motorrad zu fahren. Nur wie man bremst, hat er uns nie erklärt.« Gefahr war für uns nur ein anderes Wort für Spaß. In den Buchläden steht heute ein Buch mit dem Titel *The Dangerous Book For Boys*, das zu einem echten Bestseller geworden ist. Wir brauchten so etwas nie zu lesen. Gefahr war unser Leben, auch wenn uns das nicht bewusst war. Es fühlte sich einfach gut an. Einmal hat Andy einen Bienenstock entdeckt und ich fand, es wäre doch eine großartige Idee, das Ding anzuzünden. Ich wollte gerade eine Dose Benzin darüber auskippen, als Andy an mir vorbeisprang und wie ein Irrer mit einem Kantholz auf den Bienenstock einschlug. War natürlich klar, dass die Bienen auf uns losgegangen sind. Zu meiner großen Verwunderung konnten sie viel schneller fliegen, als wir rannten. Und sie waren richtig sauer.

Wir haben uns außerdem ständig Gefechte im Steinewerfen geliefert. Als Schilde dienten uns dabei die Blechdeckel von Mülleimern. Wir haben uns gegenseitig so viele Steine um die Ohren geschmissen, dass wir wahrscheinlich die Topografie der Halbinsel verändert haben. Gelegentlich haben unsere Geschosse ihr Ziel getroffen, und es gab einen Sommer, da waren wir schon so etwas wie Stammkunden in der Klinik. Unsere Mutter fuhr uns hin, wenn Wunden genäht werden mussten. Nach dem x-ten Mal sagte der Arzt zu ihr: »Mrs. Hillstrand, Sie haben jetzt oft genug gesehen, wie's gemacht wird. Warum nähen Sie die beiden beim nächsten Mal nicht selbst wieder zusammen und sparen sich den Weg hierher?«

Wir nahmen das alte Boot unseres Großvaters, die *Try Again*, als Spielplatz in Besitz. Das Wrack lag mit schwerer Schlagseite im Schlick vor der Halbinsel, gerade so weit draußen, dass wir bei Ebbe noch hinwaten konnten. Wenn die Flut kam, waren wir auf See und fuhren von Kontinent zu Kontinent. Wir wurden zu Piraten. Mit Holzschwertern, Steinen und den bewährten Mülleimerdeckel-Schilden herrschten wir über unsere imaginäre Welt. Wir schmetterten jeden Eindringling ab, der es wagte, unsere Vormachtstellung in Frage zu stellen. Für andere Jungs war es das Größte, wenn sie sich unserer Gang anschließen durften. Wir hatten schon als Kinder einen Ruf, der die Mütter von Homer erschaudern ließ – besonders die Mütter von Mädchen. Doch unser waghalsiges Leben zog die Kinder an wie die Flasche den Säufer.

Was unseren Ruf begründete, war möglicherweise die Episode mit dem Segelboot, als wir beinahe absoffen. Meine Brüder und ich hatten eine vier Meter lange Jolle aus Fiberglas geklaut, die mein Vater beim Anlegen demoliert hatte, weil sie jemand unerlaubterweise an seinem Liegeplatz festgemacht hatte. Die Nussschale hatte das Manöver zwar überlebt, allerdings einige Risse im Rumpf davongetragen – und die sollten uns zum Verhängnis werden.

Wir hatten das Boot früh am Morgen entdeckt und im Laufe des Tages war der Gedanke, damit eine kleine Spritztour zu unternehmen, unwiderstehlich geworden. Wir überlegten noch, was unser Vater sagen würde, wenn er uns dabei erwischte, aber je länger wir über das Projekt redeten, desto überzeugter wurden wir davon. Dass wir nicht den blassesten Schimmer hatten, wie man eine Jolle segelt, kam uns dabei nicht in den Sinn. Und so fuhren wir los. Wir trugen Jeans, T-Shirts und unsere Baseballkappen – an Schwimmwesten hatten wir natürlich nicht gedacht. Wir richteten den Bug unserer Jolle auf die gegenüberliegende Seite der Bucht, wo die geheimen Höhlen lagen, in denen wir uns oft rumtrieben. Manchmal blieben wir über Nacht da oder sogar gleich drei, vier Tage; wir lebten von Muscheln, jagten Eichhörnchen und Krähen, fingen Taschenkrebse und Fische.

Wir waren etwa 200 Meter vom Ufer entfernt, als Wasser durch die Risse im Rumpf drang. Erst war es nur ein Rinnsal, aber das Leck wurde schnell größer. Die Jolle kenterte, wir platschten ins Wasser. Es war eisig kalt und wir strampelten mit den Beinen, um nicht abzusaufen. Wir sahen, wie unsere Baseballkappen davontrieben. Um Hilfe zu schreien, wäre jetzt eine gute Idee gewesen, aber wir wollten andererseits auch nicht, dass herauskam, wie wir in diese Bredouille geraten waren. Es war ein echtes Dilemma: absaufen oder in Schimpf und Schande überleben. Oma Jo hatte von der Terrasse des Land's End Inn aus beobachtet, wie wir koppheister gegangen waren. Sie rannte los, um Hilfe zu organisieren, das konnten wir sehen. Aber wir hatten keine Ahnung, wie lange wir noch aushalten würden. In dem fünf Grad kalten Wasser fiel unsere Körpertemperatur rapide. Wir waren gerade dabei, in echte Panik zu verfallen, als wir hinter uns eine Frauenstimme hörten. Ich drehte mich um. Aus dem Nichts war die Rettung erschienen – unsere Sonntagsschullehrerin, die einen Ausflug mit ihrem Boot unternommen hatte. Sie hievte uns aus dem Wasser – wir zitterten vor Kälte und waren klatschnass – und nahm unsere gekenterte Jolle ins Schlepptau, als wäre es das natürlichste Ding der Welt. Mein Schutzengel hatte an diesem Tag wirklich sehr gut auf mich aufgepasst.

Dad liebte die Jagd, also gingen auch wir jagen. Wir waren noch nicht einmal zehn, als wir unsere ersten Gewehre bekamen – Doppelbockflinten, Kaliber 22 und 410. Neal liebte seine Knarren, immer schon. Bevor er seine erste richtige Waffe bekam, hatte er schon sein Luftgewehr aufgerüstet. Mit Klebeband befestigte er Schrotpatronen vor der Mündung; die Kügelchen des Luftgewehrs funktionierten wie der Schlagbolzen einer richtigen Knarre. Neal besaß damit das gefährlichste Luftgewehr der Welt. Einmal hat er sogar einen Waschbären mit dem Ding erlegt. Wir nannten ihn wahlweise »den Diabolischen« oder »Neal the Eel«, weil er sich schon mal einen lebenden Aal in die Hosentasche steckte; als Imbiss, wie er behauptete. Neal hatte jedenfalls eine echte Leidenschaft für alles, was knallte und krachte. Einmal wollte er unbedingt herausfinden, was passiert, wenn man eine Kaffeedose mit Benzin füllt und sie in ein offenes Feuer wirft. Eine gewaltige Stichflamme schlug ihm entgegen, er kippte sich vor Schreck Benzin übers Hemd – und fing Feuer. In seiner Panik rannte er einfach los, aber wir stürzten uns auf ihn und rollten ihn auf dem Boden hin und her, um die Flammen zu ersticken. Seine Verbrennungen waren trotzdem so schlimm, dass er ins Krankenhaus musste. Ein weiterer Wesenszug von Neal war, dass er sich blitzschnell unsichtbar machen konnte. Wenn Dad anfing zu brüllen, war Neal immer schon außer Reichweite. Er hatte sich rechtzeitig davongeschlichen. Andererseits war er immer gut für böse Überraschungen. Wie damals, als er auf dem Weg nach Buffalo aus dem Auto fiel. Ein anderes Mal klebte er seine Augenlider mit Sekundenkleber zu. Oder er fällte einen Baum, auf dem ich gerade herumkletterte. Als er 14 war, versteckte er sich eines Nachts mit einem Kopfkissenbezug und einem Stemmeisen in einer Spielhalle und knackte die Automaten. Seine Beute – 250 Dollar in 25-Cent-Münzen – stopfte er in den Kissenbezug. Etliche Straßen weit zog er eine Spur aus Münzen, die ihm aus seiner improvisierten Tasche geklimpert waren. Er wollte uns nie sagen, ob er das Geld ehrlich gewonnen oder gestohlen hatte, aber wir wussten natürlich, was

Sache war. So kam er zu seinem anderen Spitznamen – »der Diabolische«. Wir waren überzeugt, dass unser Bruder Neal wahrscheinlich der gerissenste Verbrecher unseres Jahrhunderts war.

Andy war aus ähnlichem Holz geschnitzt. Er glaubte fest daran, dass Träume wahr werden können. Und seit er im Fernsehen die Mondlandung gesehen hatte, wünschte er sich nichts sehnlicher, als selbst Astronaut zu sein. Er baute sich aus einer Blechmülltonne seine eigene Rakete. Es war meine Idee, Feuerwerkskörper und Spraydosen mit explosiven Aerosolen als Triebwerke unter der Tonne zu platzieren. Andy legte seinen selbst gebastelten Raumanzug und Astronautenhelm an und stieg mit feierlichem Zeremoniell in seine Rakete. Ich zündete die Lunte. Andy hob nicht ab, nicht einen Millimeter. Aber seine Reise in die Notaufnahme war schnell. Ein anderes Mal bastelte er sich Flügel aus Balsaholz und Zeitungspapier und zurrte sie mit Bindfaden an seinen Armen fest. Er sah aus wie eine Fledermaus, die man über und über mit Schlagzeilen bedruckt hatte. Wir glaubten auch dieses Mal nicht an den Erfolg seiner Flugexperimente, aber die Vorstellung, ihn abstürzen zu sehen, war einfach zu köstlich. Andy kletterte auf den höchsten Baum. Er wedelte mit den Armen und sprang. Das einzige Wunder an diesem Tag war, dass er sich bei der Aktion nicht umbrachte. Er kam mit einem gebrochenen Arm davon.

Als Kinder prügelten wir uns ständig, aber wenn wir von jemand anderem bedroht wurden, ging Andy wie eine Furie auf diesen Gegner los. Wenn es darauf ankam, war er an unserer Seite, immer. Wie damals, als ich mich auf gerader Strecke mit dem Wagen überschlagen hatte. Unter keinen Umständen wollte ich meinen Führerschein verlieren, doch blöderweise war ich nicht versichert. Also rief ich Andy an, ob er bitte zur Unfallstelle kommen könne, bevor die Polizei eintrudle. Nur wenige Minuten später war er da und tischte den Ordnungshütern ein wildes Märchen auf, wie er den Wagen zu Schrott gefahren habe. Die Bullen glaubten ihm kein Wort, aber sie konnten ihm auch nicht beweisen, dass er log.

Wenn unser Vater auf See war, schnappten wir uns unerlaubterweise seine Knarren. Wir suchten uns eine Stellung im Gelände und lieferten uns eine offene Feldschlacht. Wir fanden schnell heraus, wie wir uns in Deckung schmeißen mussten, wenn wir uns aus einer Entfernung von einer Viertelmeile mit den Kaliber-22-Gewehren beschossen. Wir fanden es richtig cool, wie die Kugeln über unsere Köpfe zischten. Glücklicherweise waren wir lausige Schützen und brachten uns nicht wirklich in Gefahr dabei. Richtig heikel wurde es erst, als Dad uns mit auf Entenjagd nahm. Jedes Mal, wenn wir zum Boot zurückkamen, ließ er uns die Gewehre entladen und sichern. Einmal reichte ich Andy meine Waffe und – Kawumm – das Ding ging trotzdem los. Direkt neben Andys Kopf. Er fing an, wie irre zu lachen. Es war ein seltsames, psychotisches Lachen, als würde er es wahnsinnig komisch finden, dass er noch am Leben war. Ich fand es nicht ganz so lustig, als er mich anschoss. Ich stand vor ihm, als die Enten aufschreckten und auf uns zuflogen. Ich dachte noch: »Er wird doch jetzt nicht schießen, oder?« Doch er schoss. Die Wucht der Schrotladung warf mich um. Ich rappelte mich wieder auf und pickte Schrotkügelchen aus meiner Regenjacke. Die letzten waren knapp unterhalb meines Gesichts eingeschlagen.

Es war übrigens Oma Jo, die uns beigebracht hatte, wie man schießt. Wir waren zu dem Zeitpunkt gerade einmal acht oder neun Jahre alt und hatten jedes Mal eine Scheißangst vor Bären und Elchen, wenn wir nachts raus zum Klohäuschen mussten. Also zeigte sie uns, dass sie uns verteidigen konnte. Opa Ernie war damals schon tot. Mit seiner 44er-Magnum hatte er zwei Schwarzbären direkt vor seiner Haustür abgeknallt – und diese Wumme hatte er Oma Jo hinterlassen. Wir guckten also genau zu, wie sie den Revolver hielt, ganz dicht vor dem Gesicht, um ihr Ziel besser ins Visier zu nehmen. Sie drückte ab – und der Rückstoß rammte ihr den Hahn der 44er ins Gesicht. Sie trug glücklicherweise nur eine leichte Gehirnerschütterung und ein paar Schmauchspuren davon.

Unser Vater war der festen Überzeugung, dass es für die Entwicklung unserer Persönlichkeit unverzichtbar sei, dass wir einen Elch töteten. Ich war gerade von See zurück und unendlich müde. Mir war wirklich nicht danach, mit meinen Brüdern und meinem Vater auf die Jagd zu gehen. Ehrlich gesagt schwebte mir eher vor, ein paar Tage im Hotel zu verbringen, Room-Service und eine Lady inklusive. Aber ich ging mit auf Elchjagd. Wir flogen an den Emerald Lake und bauten unser Lager am Seeufer auf. Gleich am ersten Tag schoss Dad einen Elch und ich dachte: »Cool, dann können wir ja bald wieder abhauen.« Aber zu früh gefreut. Der Pilot kam zwar, um uns abzuholen, doch er hob ohne uns wieder ab. »Was ist denn jetzt los?«, beschwerte ich mich bei meinem Vater. »Ich dachte, wir fliegen zurück.«

»Nicht, bevor jeder seinen Elch geschossen hat«, war seine Antwort.

In diesem Augenlick sah ich einen Elch auf einer Anhöhe nicht weit von uns entfernt. Ich rannte mit meinem Gewehr los, rannte und feuerte aus allen Rohren. Ich jagte dem Viech hinterher, bis ich mich kaum noch auf den Füßen halten konnte, und wäre dabei beinahe einen schroffen Abhang runtergesegelt. Ich kochte vor Wut und brüllte wie ein Irrer, aber je lauter ich brüllte, desto schneller rannte das Biest. Der Elch entkam unverletzt und mir ist es auf diesem Trip dann nicht mehr gelungen, noch einmal einen aufzuspüren. Unser Vater hatte schließlich ein Einsehen und ließ uns nach Hause fliegen.

Wenn Dad auf die Jagd ging, plante er alles ganz genau – bis auf die letzte Brezel Proviant. Einmal nahm er die Söhne eines Freundes mit. Er besorgte die Verpflegung und rechnete für jeden genau die Rationen aus, die es unterwegs geben sollte. Er kaufte sieben Steaks, sieben Äpfel, sieben Orangen und so weiter. Auf dem Menü standen allerhand Spezialitäten, die ich absolut nicht ausstehen konnte – Leberwurst zum Beispiel. Da sind mir sogar Moos und Blätter noch lieber. Jedenfalls gingen die Hillstrands – Vater und alle drei Brüder – einen Tag ohne die Gäste auf die Jagd. Und während wir in den Bergen rumstapften, fraßen unsere Kompagnons (die wir nur die »Gebrüder Cabelas« nannten, weil sie immmer die schicken Outfits des gleichnamigen Jagd-Ausrüsters trugen) *alle* Orangen auf. Unser Alter war total sauer. »Jetzt flippt er aus«, dachte ich und da hatte er die Jungs schon aus dem Camp gejagt.

Außer Elchen jagten wir auch die berühmten wie berüchtigten Braunbären der Insel Kodiak. Einmal liefen wir mit der *Bandit* auf die Küste der Insel zu, als wir mitten auf der Shelikof Strait einen Bären entdeckten. Er sah ziemlich fertig aus und schwamm auf unser Boot zu, um sich ein bisschen auszuruhen. Wir machten vorsichtshalber einen großen Bogen um das Vieh. Auf einer dieser Bärenjagden wurden wir von Andy getrennt. Wir hatten nicht die leiseste Ahnung, wo wir nach ihm suchen sollten. Es stellte sich heraus, dass er vor den Bären auf einen Baum geflüchtet war und dort die Nacht verbracht hatte. Ein anderes Mal, da waren wir noch jünger, saß Andy mit seiner Knarre in einem 20 Meter hohen Baum und wartete, dass ein Bär vorbeikam. Aus Jux fällten wir den Baum und Andy durfte seine Flugexperimente wiederholen. Kurz bevor der Baum auf dem Boden aufschlug, steckte Andy uns die Zunge raus – und biss sie bei der Landung beinahe ab. Eine Riesensauerei, überall war Blut.

Meine Brüder und ich waren acht Jahre alt, als wir mit dem Fischen anfingen, und für uns war das keine Minute zu früh. Ich erinnere mich genau, wie sauer ich war, wenn ich wieder einmal vom Strand aus beobachten musste, wie Dad rausfuhr mit seinem Schiff. Ich wollte arbeiten wie er, ich wollte fischen. Meine ersten Erinnerungen überhaupt hängen damit zusammen. Ich war vielleicht zwei und wir waren mit Dad zum Fischen rausgefahren. Wir hatten natürlich keine Ahnung, was wir da taten, aber es fühlte sich wie Fischen an. Irgendwann lag Andy heulend in der Koje und ich wollte zu ihm, um ihn ein bisschen zu trösten. Unser Vater steuerte das Schiff. Als ich vor Andys Koje stand, bellte er mich an: »Ich bring dich um, wenn du da nicht sofort verschwindest.« Ich konnte das einfach nicht verstehen, warum er mich nicht zu meinem Bruder lassen wollte. Und so ging ich trotzdem hin und tröstete Andy. Danach hat Dad mich nicht mehr mit zum Fischen genommen, bis ich acht Jahre alt war. Aus heiterem Himmel sagte er eines Morgens: »Los jetzt, lass uns rausfahren zum Fischen.« Das war mein erster Trip, bei dem ich wirklich auf dem Schiff arbeitete. Am Ende der Fangreise bekam ich als »Köderjunge« meinen Anteil der Einnahmen – 79 Dollar, die meine Mutter sofort auf ein Sparbuch einzahlte. Plötzlich war ich reicher als in meinen schönsten Träumen. Von diesem Moment an arbeitete ich jeden Tag. Sobald die Fischsaison eröffnet war, gingen Andy und ich fischen. Als ich zehn war, verbrachte ich meine gesamten Schulferien auf dem Boot – ohne auch nur einen einzigen Tag Pause zu machen. Es war für mich das natürlichste Ding der Welt. Wir liebten es. Wie junge Hunde hingen wir an den Fersen meines Vaters. Als wir in der Pubertät auf Abstand zu ihm gingen, guckten wir uns nach etwas anderem um, aber wir konnten nichts finden, was uns solchen Spaß bereitete – und so schnelles Geld versprach. Wir waren noch Teenager, doch schon in diesem zarten Alter waren wir draußen auf den Fanggründen den alten Fahrensleuten überlegen. Unsere Fische waren einfach größer als ihre und wir fingen erst noch mehr davon. Das war unser Sinn im Leben – wir waren wie besessen von diesem ewigen Wettstreit. Die Fischerei hatte mich fest am Haken.

Wenn wir nicht raus auf See konnten, angelten wir direkt vor der Tür, am Strand der Halbinsel. Die Kachemak Bay war sozusagen unser Hinterhof. Wir zogen den Fisch aus dem Wasser, zündeten zwischen den Steinen ein Lagerfeuer an und grillten unseren Fang. Und wenn dann noch etwas davon übrig war, verkauften wir unsere Beute auf dem Markt von Homer für einen Dollar pro Krebs und fünf Dollar pro Lachs. Einmal haben wir zusammen mit unseren Eltern am Strand aus Treibholz ein Floß gebaut. Leider wog es in etwa so viel wie ein Kampfpanzer und soff gleich beim Stapellauf jämmerlich ab. Aus lauter Mitleid bastelte Dad uns ein neues Boot und es wurde der absolute Gegenentwurf zu unserem Monsterfloß: ein cooles, schnittiges Gleitboot, das gleich von zwei 50-PS-Außenbordern angetrieben wurde. Der Rumpf dieses Geschosses war knapp vier Meter lang und aus dünnstem Bootsbausperrholz gefertigt. Wir jagten es mit einer solchen Todesverachtung übers Wasser, dass es selbst unserem Vater unheimlich wurde. Wenn wir weiter so rasen würden, das war ihm bald klar, würden wir uns umbringen mit dem Ding. Mit dem Bagger hob er ein tiefes Loch aus und begrub unseren Renner. Selbst wir haben verstanden, warum er das tat. Seine flapsige Erklärung: »Ich habe euch alles gegeben, was man braucht, um sich umzubringen. Und ihr habt leider versagt.«

Für uns hatte es nichts mit Glück zu tun, wenn wir fischen gingen. Fischen war für uns Fisch fangen, ganz simpel. Einmal kamen wir dazu, als sich am Spit Touristen mit ihren Angeln abmühten. Sie wirkten schwer frustriert, weil kein Fisch an den Haken ging. Homer nennt sich stolz die »Welthauptstadt des Heilbuttfischens« und kein einziges Exemplar aus dem Wasser zu ziehen, stellt für die erwartungsfrohen Angeltouristen, die jedes Jahr im Sommer anrücken, schon eine schlimme Enttäuschung dar. Einige der Typen schauten uns zu, als wir unser Netz auswarfen, und sie schienen regelrecht amüsiert, dass wir so naiv zu Werke gingen. Als in unserem prallvollen Netz die Lachse zappelten, guckten sie nicht mehr so freundlich. Einer der frustrierten Sportangler war so empört, dass er seine Angel wütend in den Sand rammte. Ein anderes Mal schauten wir bis Mitternacht einem Wettfischen der Touristen zu, die sich alle am »Fischloch« versammelt hatten. Der Königslachs kehrte jedes Jahr zu dieser Stelle zurück und deshalb hatte die Stadt Homer entschieden, diesen Fischgrund gesondert freizugeben. Es war ein Riesenspaß, die Angler zu beobachten; sie gingen alle mit großem Eifer und zu viel Ernst zur Sache. Sie warfen große, scharfe Haken aus – in der Hoffnung, dass die wild durcheinanderschwimmenden Fische irgendwie daran hängen blieben. Und tatsächlich schnappten die Lachse nach allem, was sie beißen konnten. Doch die Angler zerrten beim Anschlag viel zu hart an ihren Ruten: Sie rissen den Lachsen den Haken wieder aus dem Maul – und zwar mit einem solchen Schwung, dass die fliegenden Haken andere Angler verletzten. Das Blutbad versetzte die Stadtväter in eine regelrechte Panik und sie verfügten, dass künftig immer zwei Krankenwagen am »Fischloch« in Bereitschaft stehen mussten. Wir warfen ein paar Mal unsere Angeln aus, holten genau so viele Königslachse raus, wie wir brauchten, und zogen wieder ab. Wir konnten den Hass der Touristen förmlich im Rücken spüren.

Der Umgang mit Booten war für uns eine Selbstverständlichkeit. Wir waren auf Flößen unterwegs, mit Ruderkähnen und in Jollen. Die Älteren unter den Fischern nannten uns nur die »Skiff-Mäuse«. Wir frisierten Außenborder, fuhren Rennen, versenkten unsere Kähne, kauften neue, verscherbelten sie weiter. Mit Booten konnten wir machen, was uns mit Autos nicht erlaubt war. Denn damals gab es noch kein Gesetz auf dem Wasser. Als wir unseren ersten Außenborder bekamen, mussten wir noch auf einem Eimer sitzen, um überhaupt nach vorne über den Bug sehen zu können, wenn wir steuerten. Von Land aus konnte man nur unsere Köpfe sehen, die gerade noch über das Dollbord hinausragten. Wir sahen wahrscheinlich aus wie fünf kleine Affen im gelben Ölzeug, wenn wir so am Ufer vorbeizischten. Als wir später auf leistungsstärkere Außenborder umstiegen, wurden wir zum Schrecken der Bucht. Einmal lieferten wir uns ein Rennen mit einem anderen Boot – und Andy legte eine besonders radikale Kurve hin. Er drehte so scharf, dass unser 25-PS-Evinrude-Außenborder aus der Halterung flog und im Wasser versank. Das andere Boot kehrte um und bretterte mit solchem Speed durch eine Welle, dass der Außenborder den Heckspiegel des Kahns demolierte – und ebenfalls in der Tiefe verschwand. Wir fanden das alles saukomisch und paddelten mit einem Riemen zurück in den Hafen. Dad war nicht gerade begeistert.

Wir hatten einen unersättlichen Hunger auf dieses wilde Leben. Aber unsere permanente Vollgasfahrt steuerte unausweichlich auf einen kritischen Höhepunkt zu, den wir mit großen Schmerzen bezahlten. Andy und ich fanden nichts cooler, als in einem Auto oder auf einem Motorrad zu sitzen, das bei ordentlich Tempo über eine Rampe richtig abhebt. Keine Ahnung warum. Aber ich könnte nur bei den wenigsten Dingen erklären, warum wir sie damals getan haben. Einmal sind wir mit einem Auto so hoch und steil geflogen, dass wir brutal auf der Schnauze gelandet wären, wenn wir nicht unseren Freund Phil als Gegengewicht auf der Rückbank dabeigehabt hätten – er wog an die 150 Kilo. Leider hat er sich bei dem Stunt ziemlich den Rücken angeknackst und wollte danach nie wieder mit uns fliegen. Für das Auto war es übrigens auch das letzte Mal, dass es vom Boden abhob oder sich überhaupt irgendwie bewegte.

Andy kaufte sich dann ein Motorrad, eine Honda CR80, und raste mit 100 Sachen über eine Rampe. Bei der Landung wickelte sich der Lenker um den Tank – und eigentlich hätte er sich bei dem Manöver den Hals brechen müssen. Ein Integralhelm hat ihn gerettet, was man schon einen Riesenzufall nennen kann, denn soweit ich mich erinnere, war es das einzige Mal in seinem Leben, dass er so ein Ding aufgesetzt hat. Ein Freund rannte rüber zu ihm und schrie: »Mann! Das ist echt der weiteste Sprung mit einem Bike, den ich je gesehen habe! Alles ok.?« Andy hat den Crash zwar überlebt, aber seine Wirbelsäule dabei ziemlich demoliert, er konnte danach kaum noch gehen. Er hatte außerdem einen Milzriss davongetragen, eine Gehirnerschütterung und ein paar gebrochene Rippen. Als er sich wieder aufrappelte, schnappte er hilflos nach Luft. Sein Leben sei in diesem Moment noch einmal wie im Zeitraffer an ihm vorbeigezogen, sagte er.

Ein paar Tage später sprang ich vom Deck der *Frieda K.* auf den Strand, was mir nicht besonders hoch vorkam, so an die anderthalb Meter. Vielleicht war es auch ein bisschen mehr, aber ich war 19 Jahre alt und fühlte mich unsterblich. Auf halbem Weg nach unten dachte ich noch: Hey, ich hätte eigentlich längst landen müssen. Doch der Aufprall kam erst nach mehr als acht Meter freiem Fall. Ich schlug mit dem Kinn so zwischen den Füßen auf, dass Steine und Sand wegspritzten. Ich brach mir außerdem beide Fußgelenke und eine Hand. Wie betäubt von dem Schmerz fuhr ich mit dem Auto zu einer Party und machte sogar noch mit einer Frau rum, bevor ich mich endlich auf den Weg nach Hause machte. »Scheiße, Andy«, sagte ich, »ich glaube, ich muss damit ins Krankenhaus.« Warum ich nicht gleich auf die Idee gekommen und selbst hingefahren bin, kann ich auch nicht erklären. Möglicherweise schwebte mir so eine Art Selbstversuch vor: Mal gucken, wie lange ich die Schmerzen aushalte. Das hatte ich schon einmal ausprobiert, als ich mir das Handgelenk gebrochen hatte. Damals bin ich ein Jahr nicht zum Arzt gegangen – und habe mir damit einen Knochenabszess eingehandelt. Ich wollte einfach partout nicht ins Krankenhaus. Aber dieses Mal brachte Andy mich hin. Er war ja selbst noch ein völliges Wrack und krumm wie ein Fragezeichen vor Schmerzen. Trotzdem schaffte er es, mich an meinem einen gesunden Arm den Korridor entlangzuschleifen. Die Krankenschwestern starrten uns völlig entgeistert an. »Was zum Teufel ist denn mit euch beiden passiert?«, fragten sie wieder und wieder. Sie konnten einfach nicht glauben, was sie sahen. Der Arzt brachte es auf den Punkt: »Ihr beide habt gerade acht von euren neun Leben verspielt.«

Nachdem ich aus der Klinik entlassen worden war, lebte ich die nächsten sechs Wochen in einem Einkaufswagen aus dem Supermarkt. Meine Brüder sägten ein Loch in den Boden, damit ich aufs Klo gehen konnte, und schoben mich in dem Wägelchen in der Gegend herum. Ich konnte das Ding auch selbst manövrieren, indem ich mit einem Stock wie ein Gondoliere durchs Haus stakte. Es war eine elende Zeit. Einmal gingen wir sogar zu einem Rockkonzert. Die Night Ranger spielten und ich kam im Einkaufswagen angerollt. Brad Gillis, der Mann an der Gitarre, zeigte von der Bühne auf mich und sagte: »Das nenne ich einen wahren Fan!«

Als ich zwölf war, hatte meine Mutter genug von Dad, und möglicherweise hat die Scheidung ihren Teil dazu beigetragen, dass wir uns mit solcher Todesverachtung ins Leben stürzen. Aber sie hat ihn und seine mitunter sonderbaren Gewohnheiten wirklich lange genug ertragen. Er sah ja ein, dass sie recht hatte mit ihrer Kritik, aber er war einfach nicht bereit, sich zu ändern. »Euer Vater war ein echter Spinner«, sagte sie. »Aber ein verdammt guter Fischer.«

Wir zogen wie die Zigeuner mit ihr durchs Land. Erst nach Binghampton im Bundesstaat New York, zurück nach Homer, dann nach Anchorage. Und als sie sich in Bob Phillips verliebte, der bald auch unser Stiefvater werden sollte, siedelten wir nach Coeur d'Alene in Idaho um. Wir saßen zusammen im Auto, als die beiden uns eröffneten, dass sie heiraten wollten. Andy reagierte total verstört – er kletterte aus dem Fenster und verschwand im Wald neben der Straße. Wir brauchten eine ganze Weile, bis wir ihn wiedergefunden hatten. Tatsächlich taten wir uns alle schwer, die neuen Umstände zu akzeptieren, aber jeder von uns zeigte es auf seine Weise. Mein Bruder David fing plötzlich an zu stottern. Andy und ich entwickelten eine wortlose Kommunikation, wie man sie sonst nur von Zwillingsbrüdern kennt. Neal war eigentlich kaum noch zu sehen und Michael, mein jüngerer Bruder, zog sich ganz in seine eigene Welt zurück. Wir konnten uns auf niemanden sonst mehr verlassen – so kam uns das vor. Wir hielten als Brüder jetzt noch fester zusammen als je zuvor.

Das Leben in Idaho war für uns etwas komplett Neues: Unsere Mutter war fromm, Bob ganz sanft. Unser Dad in Alaska war in allem anders. Er war gottlos und roh. In Idaho saßen wir brav am Tisch, wenn Mom das Essen servierte. Wenn wir im Sommer mit Dad fischen waren, grillten wir unser Steak auf dem Schiff zur Not mit dem Schweißbrenner. Bob gab sich ja alle Mühe zu verstehen, was mit uns los war. Aber wir waren eben hin- und hergerissen zwischen einer Mutter und einem Vater, die in komplett anderen Welten lebten. Wir hatten plötzlich ein Zuhause hier und ein Zuhause da – und dazu auch noch Eltern hier und da. Wir wussten nicht, wo wir hingehörten und wer uns wirklich liebte.

Bob wirkte auf seine Weise wahre Wunder – indem er aus uns anständige und zuverlässige Menschen machte. Unser richtiger Vater wusste nicht einmal, was das war. Bob war sowieso fantastisch. Er brachte selbst drei Jungs aus früherer Ehe mit, was bedeutete, dass nun eine Bande von acht Kids durchs Haus tobte. Bob baute einen Unterstand für zehn Fahrräder und neun Motorräder. Unsere Zimmer waren wie Schlafsäle in einer Jugendherberge – komplett zugestellt mit Etagenbetten und Kleiderschränken. Unseren Nachbarn war der Schrecken ins Gesicht geschrieben, wenn sie aus dem Fenster schauten. Sie lebten in permanenter Furcht, was wir wohl als Nächstes anstellen würden. Dabei dachten wir uns meist harmlose Spiele aus. Wir zurrten Taue zwischen den Bäumen fest, installierten ein System von Flaschenzügen und Hochseilen. Ich schwang mich mit Gebrüll von Ast zu Ast und Baum zu Baum wie Tarzan. Wenn wir nicht draußen spielten, inszenierten wir drinnen unsere Traumwelten – dann wurden aus großen Kisten Schiffe. Wir wurden nicht müde, uns immer neuen Quatsch auszudenken, und uns war niemals langweilig. Zum Schrecken unserer Mutter: Einmal kam sie in die Waschküche, um den Trockner auszuräumen – und Andy purzelte ihr aus der Maschine entgegen. Sie kreischte vor Entsetzen und wir lachten uns fast kaputt. Andy hatte versucht, den Familienrekord zu brechen: Wie viele Umdrehungen im Trockner konnte man aushalten, ohne zu kotzen? Er schaffte 52.

Im Winter waren wir fast jeden Tag draußen. Wir kletterten die steilsten Hänge hoch und rasten mit unserem Schlitten bergab. An den Wochenenden gingen wir regelmäßig Ski fahren. Bob zeigte uns, wie es ging, und wir lernten schnell.

Einmal sagte ich zu Bob: »Dad, ich habe eine Wahnsinnsabfahrt gefunden, komm mit!«

Er: »Werde ich dabei umkommen?«

Ich: »Nee, ist nur ein kleiner Hopser dabei.«

Bob fuhr mir also hinterher und mit solchem Schwung über meine Sprungschanze, dass er fast in einer Gondel des Sessellifts landete, der meine Piste querte. Danach erklärte er mich endgültig für verrückt. Unsere Mutter tat ihren Teil dazu, dass uns nie langweilig wurde. Sie bestand beispielsweise darauf, dass wir unsere Schlafzimmer wie auch die Badezimmer immer selbst aufräumten und putzten. Wir hatten ein großes Haus und vier Badezimmer, aber mit acht Jungs im Teenager-Alter wird es selbst im größten Mannschaftsquartier eng. Mom kam auch mit der Idee an, Seifenkisten zu bauen und damit Rennen zu veranstalten. Und einmal legten wir im Winter sogar eine Eislaufbahn im Garten an. Im Frühling und Herbst fuhren wir Wasserski, wir rasten mit unseren Motorrädern durch den Wald und wenn das Wetter mies war, spielten wir im Keller am Kickertisch. Bob schenkte uns Flinten und zeigte uns, wie man mit Pfeil und Bogen Fasanen jagte. Zur Übung ließ er uns auf Frisbees schießen, die er immer wieder als Zielscheiben in die Luft warf. Als wir einigermaßen mit dem Bogen umgehen konnten, nahm er uns mit auf die Jagd. Ich habe allerdings mit allen Mitteln versucht, meine Brüder davon abzuhalten, die Vögel wirklich umzubringen. Ich schleppte einen Käfig und ein Netz mit auf die Pirsch, als wollte ich Fasane fischen und nicht jagen. Wenn ich ganz ehrlich bin: Mir ist es immer schwer gefallen, Tiere zu töten. Einmal habe ich eine Möwe angeschossen, die dann einen erbärmlichen Tod gestorben ist. Ich fühlte mich ziemlich elend danach; es war schon ganz schön krank, auf die Möwe anzulegen.

Inzwischen jage ich gar nicht mehr. Ich denke, die Gleichung sieht doch ungefähr so aus: Die Möwe beißt, hackt und kratzt, um durchzukommen auf der Beringsee. Und dann kommt ein Typ wie ich daher und – Kawumm – knallt sie über den Haufen, weil er gerade Bock auf Schießübungen hat. Auch die Möwe hat ein Recht zu leben. Selbst Killermaschinen wie der Hai haben das. Nur bei Ameisen, das muss ich allerdings zugeben, sehe ich das nicht ganz so eng. Aber ich kann zum Beispiel einen Kraken nicht umbringen, wenn er mich mit seinen großen Augen flehend anschaut. Ich fühle mich mies, wenn ich einen Hering töte. Ja, auch der guckt dir direkt in die Augen. 500 000 Heringe in einem Netz – das sind eine Million Augen, die dich anstarren und anbetteln, sie doch wieder freizulassen. Ich fühle mich schuldig dabei, als ob ich ein Verbrechen begehe. Vielleicht ist es auch meine eigene Sterblichkeit, die mir in diesem Moment ins Ohr flüstert, Nachsicht zu zeigen. Ich denke, je näher ich selbst dem Tod komme, desto mehr Respekt erweise ich dem Leben.

Andy war in der Schule richtig gut und ein schneller Leser. Er brauchte keinen Druck von Mom, dass er endlich seine Hausaufgaben machte. Ich erledigte das immer gleich in der Schule und bei mir muss man wirklich von einem Wunder reden, dass ich das Abschlusszeugnis trotz meiner negativen Einstellung bekommen habe. Als ich bei der Abschlussfeier nach vorne ging, um den Wisch in Empfang zu nehmen, klatschte und jubelte die ganze Klasse – aus Überraschung, vermute ich, dass ich es überhaupt geschafft habe.

Es gab eine Menge Dinge, die wir vor Mom und Bob geheim halten mussten. Wie zum Beispiel, dass wir regelmäßig von der Eisenbahnbrücke in den See sprangen. Leider hat Neal uns dabei einmal fotografiert und Mom hat die Bilder per Zufall gefunden. Es war ein echter Schock für sie zu sehen, wie hoch die Brücke war, wie winzig wir im Vergleich wirkten. Das größte Geheimnis aber war, was wir in der Schule taten – oder eben nicht. Ich habe schnell herausgefunden, dass es extrem clever ist, gleich die erste Entschuldigung für verpassten Unterricht selbst zu schreiben. Danach konnte ich mir dann beliebig oft in derselben Handschrift einen Freifahrtschein ausstellen, wenn ich die Schule schwänzen wollte. Die Fälschungen gingen beim Direktor, der immer fleißig die Unterschriften kontrollierte, ohne Beanstandung durch. Mathe habe ich überhaupt nur deshalb gelernt, weil ich rückwärts kalkulieren musste, wie viele Tage Unterricht ich verpassen durfte, ohne von der Schule zu fliegen. Ich schwänzte sogar an dem Tag, als das Klassenfoto von unserem Abschlussjahrgang gemacht wurde. Meine Mitschüler setzten eine Schaufensterpuppe auf den Platz, an dem ich gesessen hätte. Dabei war es gar nicht so, dass ich die Schule hasste – ich konnte einfach den Sinn nicht erkennen, was ich da noch sollte. Ich wusste genau, was ich mit meinem Leben anfangen wollte.

Jeder Sommer, den ich mit meinem Vater verbrachte, bewies in Dollar und Cent, dass ich meinen Lebensunterhalt auch so wunderbar bestreiten konnte. Meine lukrativen Ferienjobs haben jeden Ehrgeiz ausgebremst, nach dem Highschool-Abschluss weiter Schulwissen zu pauken. Im Alter von 17 Jahren, das war in den frühen Achtzigern, arbeitete ich zehn Monate auf See und brachte 128 000 Dollar mit nach Hause. Ich kaufte mir von dem Geld drei Pick-ups – und fuhr zwei davon sofort zu Schrott. Keinen Cent habe ich zurückgelegt, weder investiert noch Land gekauft. Steuern habe ich natürlich auch nicht gezahlt. Ich habe das Geld innerhalb eines Jahres komplett durchgebracht, ohne mit der Wimper zu zucken. Wenn die Kohle weg war, würde ich in der kommenden Saison eben dafür sorgen, dass wieder Geld reinkam. Meine Brüder und ich waren schon als Teenager immer flüssig; als wir in den Siebzigern noch auf der *Bold Ruler* unseres Vaters fischten, haben wir jeden Sommer an die 8000 Dollar verdient, und ich kam einmal sogar auf 12 000 Dollar. Ich kaufte mir Motorräder, Stereoanlagen, Geländewagen, neue Ski, Klamotten – einfach alles, was mein Herz begehrte. Ich hatte mehr Geld in der Tasche als meine Lehrer. Klar, Geld allein macht nicht glücklich, aber man kann sich davon einen Jetski kaufen, und ich möchte den Typen sehen, der nicht selig von einem Ohr zum anderen grinst, wenn er die erste Ausfahrt mit seinem nagelneuen Jetski unternimmt. Ich verschwendete keinen Gedanken an die möglichen Konsequenzen. Ich würde mein ganzes Leben fischen. Was sollte ich da mit einem College-Abschluss anfangen?

Was Mädchen betrifft, war ich übersättigt, bevor ich nur die Bedeutung dieser Vokabel kannte. Ich konnte mich kaum retten vor Angeboten, weil ich jedes Jahr wieder der Neue war, wenn ich im Sommer nach Homer kam. Und wenn ich nach der Fischsaison im Herbst nach Coeur d'Alene zurückkehrte, hatte ich die Taschen voller Geld. Die Mädchen fanden mein abenteuerliches Leben einfach cool. Meine Brüder und ich waren wie Honig für die Bären. Ich ging immer mit mehreren gleichzeitig – Mädchen, nicht Bären. Und ich sorgte dafür, so gut es ging wenigstens, dass sie nichts voneinander wussten. Aber ehrlich gesagt machte ich mir auch nichts aus der Sorte Mädchen, die zum Schulball ging oder Mitglied in einer Ehrenverbindung war. Nur einmal, im letzten Jahr vor dem Abschluss, ging ich dann doch zum Ball. Als ich meine Flamme zu Hause abholen wollte, stolperte sie auf der Treppe mit ihren High Heels über den Saum des Ballkleids und riss sich dabei irgendwie auch das trägerlose Oberteil vom Leib. Während ich auf ihre prächtigen Titten starrte, beäugten ihre Eltern noch misstrauisch mein Winnebago-Wohnmobil, das ich vor ihrem Haus geparkt hatte. Als ob das nicht schon genug für ihre brave christliche Vorstellungskraft gewesen wäre, fielen auf dem Rasen vor dem Wohnmobil ein Rüde und eine Hündin übereinander her, als würde von ihrem Fortpflanzungsdrang das Überleben der Rasse abhängen. Damit war meine Ballnacht vorbei. So nicht, sagte ihr Vater, keine Chance. Ich legte mich erst gar nicht mit ihm an.

Mom dachte, sie könnte uns mit Hilfe der Kirche »retten«, jedenfalls hat sie es versucht. Sie zog uns im christlichen Glauben auf, aber für mich war das alles eine ziemlich verlogene Veranstaltung. Eine Zeit lang gingen meine Brüder und ich in Coeur d'Alene auf eine konfessionelle Schule und die christlichen Mädchen hatten nur das eine im Sinn, auch wenn es kaum je dazu kam. Die braven christlichen Jungs waren mindestens genauso schlimm und rauchten dauernd Gras. Am Ende meiner religiösen Erziehung – sorry, Mom! – war ich leider so, wie ich jetzt bin. Ich habe meinen eigenen Frieden mit Gott geschlossen und halte nichts davon, andere Menschen zu bekehren. Mir ist es egal, was andere glauben. Wenn Muslime darauf hoffen, dass im Himmel 72 Jungfrauen auf sie warten, dann sollen sie das von mir aus eben tun. Dafür verlange ich im Gegenzug nur eines: Niemand soll darüber richten, wie ich lebe.

KAPITEL

4

JOHNATHAN

RAUF & RUNTER

Früher am Tag, bevor Heulsuse Dido ihren nervigen Song »Down with this ship« im Radio trällerte, ging es mir eigentlich noch ganz gut – ich ließ die schönsten Geschichten aus den vergangenen Jahren noch einmal Revue passieren. Wie meinen skurrilen Fund aus der letzten Fangsaison: Da hatte ich Ausschau nach springenden Rotlachsen gehalten und kurvte mit der *Fishing Fever* um einen großen Baumstamm, den die Strömungen weit rausgetrieben hatten. Ich nahm die Fahrt raus, um das Treibgut genauer zu inspizieren. An den Stamm hatte jemand ein Blechschild genagelt, es war von Gewehrkugeln durchlöchert. Die Aufschrift: »Unbefugtes Betreten, Jagen und Fischen verboten.«

Krass auch die Episode zum Ende einer anderen Fangsaison, da war ich an der Mündung des Kenai Rivers. Es wehte nicht der leiseste Windhauch und das Thermometer zeigte an die 27 Grad. Plötzlich verdunkelte sich die Sonne – und eine Wolke von Millionen schwarzer Fliegen umhüllte das Schiff. Es war eine Plage von biblischen Dimensionen und die Viecher waren auch noch bissig. Sie gehörten zur Sorte »Fiese-einsame-Fliege-sucht-Partner« und hatten sich offenbar in meine Visage verliebt. Keine Fliegenklatsche war groß genug, um die Biester zu erledigen, da brauchte man schon eine ausgewachsene Fliegenkanone. Ich versteckte mich auf der Brücke und verrammelte alle Türen und Fenster. Sie versuchten sich noch durch die kleinste Ritze zu quetschen. Meine Fenster waren komplett dicht, ich konnte nicht mehr rausgucken, so viele Fliegen hatten sich draufgesetzt. Kann sein, dass ein Waldbrand sie aufs Wasser rausgetrieben hatte, aber mir kam es eher so vor, als hätte sie mir der Teufel persönlich auf den Hals gehetzt. Ich versuchte, sie mit Clorox zu vertreiben, ich ging mit dem Wasserschlauch auf sie los – nichts wirkte. »Ich kann so nicht arbeiten«, sagte ich meiner Crew. Wir ließen das Netz zurück und dampften mit Volldampf aus der Gefahrenzone.

Kurze Zeit später war ich auf Lachsfang, ungefähr an derselben Stelle, wo ich jetzt mit meinem Motorschaden treibe. Ich lief von Sitka in Richtung Heimathafen, als ich querab von Kodiak über Funk einen Notruf hörte: »MAYDAY! MAYDAY!« Die Stimme war nur sehr schwach zu hören, es klang wie ein UKW-Handfunkgerät. Ich fragte, was los sei. »Ein Mann mit einer Schusswunde«, kam die Antwort. »Er hat sich in die Hand geschossen.« Es war die hysterische Stimme einer Frau. »Und er hat große Schmerzen.«

Das Funksignal wurde schwächer. Ich leitete den Notruf an die Küstenwache in Kodiak weiter. Der Verletzte hatte seine Hand offenbar bei dem Versuch zerschossen, eine wilde Theorie über die Sicherheit von Gewehren zu beweisen. Er hatte behauptet, man könne mit einer Knarre nicht feuern, wenn man die Hand nur fest genug vor die Mündung hielt. Er war mit seiner Frau auf Bärenjagd. Mit meiner Hilfe als Relaisstation erkundigte sich die Küstenwache nach dem Zustand des Jägers. Wie groß waren seine Schmerzen auf einer Skala von 1 bis 10? Die Antwort lautete: 15. Die Küstenwache evakuierte den Verletzten per Hubschrauber; sie hievten ihn mit dem Rettungsgeschirr direkt aus dem Wald an Bord. Während er ins Krankenhaus geflogen wurde, machte ich mich wieder auf den Weg nach Homer; ich hatte noch zwölf Stunden Fahrt vor mir – und Pech mit dem Wetter. Die Williwaws pusteten mir entgegen und türmten die Wellen zu einer Höhe auf, wie ich es vor Kodiak noch nie gesehen habe. Das Wetter spielte mir übel mit. Eis an Deck, 13 Meter hohe Wellen, richtig finster. Mit letzter Kraft schaffte ich es nach Homer. Und war froh, diese Episode überlebt zu haben.

Ich frage mich, ob ich es nicht schaffe, doch noch ein letztes bisschen Saft aus den Batterien zu quetschen, um mein Funkgerät anschmeißen zu können. Ein zweites Mal zwänge ich mich zwischen Maschine und Bordwand. Aber alles umsonst, die Batterie ist absolut leer, nix zu machen. Immerhin gelingt es mir, mich komplett mit Maschinenöl einzusauen. Das Reduziergetriebe ist wirklich im Eimer und mein Schiff wird sich keinen Meter mehr aus eigener Kraft bewegen. Ich klettere an Deck zurück und verschaffe mir einen Überblick über meine Lage. Das Wetter verschlechtert sich weiter, aus Norden rückt ein Tiefdruckgebiet an. Ich halte Ausschau nach anderen Schiffen, aber die meisten anderen Skipper bleiben offensichtlich lieber im Hafen, bis diese Front durchgezogen ist. Ich teile mir noch eine Ration Winstons zu und suche mir schon mal zusammen, was ich im Ernstfall zum Überleben brauche. Eingerollt in meine Schwimmweste – Wunder geschehen! – finde ich eine Flasche Crown Royal, die natürlich nur für rein medizinische Anwendungen gedacht ist. Aber wenn ich mich jetzt besaufe, bringt mich das auch nicht einen Meter näher an den sicheren Hafen. Ich zünde mir eine Zigarette an und höre, wie mein Magen knurrt. Also hole ich mir den Lachs wieder raus, den ich eigentlich schon mittags hatte grillen wollen. Jetzt schneide ich die Filets in schmale Streifen und esse sie eben roh, wie Sashimi. Japaner, die übrigens einen Großteil unseres Rotlachsfangs aufkaufen, würden wahrscheinlich viel Geld zahlen, um in diesem Moment mit mir tauschen zu können. Ich genieße den wilden Geschmack des frischen Lachses, rauche noch eine Zigarette und mache mir Sorgen.

Diese Drifterei finde ich überhaupt nicht entspannend und das leise Klatschen der Wellen verstärkt nur mein Gefühl der Einsamkeit. Normalerweise, wenn alles unter Kontrolle ist, hilft mir das Geplätscher sogar beim Einschlafen, aber jetzt macht es mich richtiggehend nervös. Dabei bin ich das Getöse und Gedonner der Beringsee eigentlich doch gewohnt. Ein seltsamer Gedanke schleicht sich ein: Das könnte noch richtig haarig werden. Wenn ich Krabben fische oder Lachse fange, bin ich ständig in Bewegung, muss ich ständig reagieren. Ich denke in diesen Momenten nur an die Krabben und an den Lachs, ich habe keine Gelegenheit, auch nur einen klitzekleinen Moment zu reflektieren, was ich tue. Jetzt habe ich nichts, was meine Gedanken ablenken könnte. Ich sitze hier – und warte, dass jemand kommt. Ich bin allein und das hasse ich eigentlich. Wenn ich nämlich allein bin, fange ich an, über alles mögliche nachzudenken – und das ist gefährlich. Aber was soll das, hämmere ich mir ein. Hier steht doch nicht dein Leben auf dem Spiel. Es ist nur eine Frage der Zeit, bis mich jemand aus diesem Schlamassel befreit.

Also rechne ich im Kopf einmal durch, was mich diese Angelegenheit hier kosten wird. Wie jeder Fischer lasse ich den Berg meiner Rechnungen wachsen, so lange es nur geht. Meine Gläubiger werden zu allerletzt bedient und wenn das Geld weg ist, muss ich eben durchhalten, bis ich wieder fischen kann. Es geht rauf und runter, du bist pleite und dann wieder flüssig. Das kaputte Reduziergetriebe wirft mich jedenfalls erst einmal zurück, die Reparatur wird ein Loch von 10 000 Dollar in die Kasse reißen. Andererseits habe ich den Laderaum voll mit Lachs und der wird mir an die 2000 Dollar einbringen. Außerdem hat die Saison ja gerade erst begonnen. Wenn ich die Maschine schnell wieder flottkriege und dann fünf Wochen draußen bleibe, habe ich die 10 000 Dollar wieder drin. Und dann wird die Saison vielleicht doch noch ein Erfolg – trotz dieser Pleite gleich am Anfang. Normalerweise verdiene ich in einer Saison um die 20 000 Dollar mit Rotlachs, abzüglich Steuern und Wartung für das Boot. Das dürfte in diesem Jahr schwer werden.

Wie ernst die Sache mit den Steuern werden kann, habe ich vor 20 Jahren auf die ganz harte Tour gelernt. Als junger Fischer habe ich weder Vorauszahlungen ans Finanzamt geleistet noch Geld zurückgelegt, um meine Steuerschuld am Ende des Jahres zu begleichen. Ich war jung. Ich redete mir auf jeder Fahrt ein: »Die Steuern bezahle ich dann nach dem nächsten Trip.« Aber das habe ich leider nie getan. Bis ich nach dem Besäufnis zum Ende der Fangreise wieder nüchtern denken konnte, war das Geld auch schon wieder weg. Bei der nächsten Tour vergaß ich dann wieder, Geld für die Steuern zurückzulegen oder mich beim Finanzamt zu melden. Pech nur, dass die Beamten nicht genauso vergesslich waren. Sie präsentierten mir eine Rechnung, wonach ich dem Staat 130 000 Dollar schuldete. Für den ausstehenden Betrag musste ich außerdem Zinsen zahlen, gefühlte 3000 Prozent im Monat. Und auf das Geld, das ich verdiente, um meine Schulden abzutragen, musste ich auch wieder Steuern zahlen. Es fühlte sich an, als würde mein Leben im Rückwärtsgang verlaufen. Ich schickte dem Finanzamt einen Scheck über 6000 Dollar – und im nächsten Monat wuchs mein Steuerschuldenberg wieder auf 130 000 Dollar an. Ich hatte nicht den geringsten Schimmer, wie es dazu kommen konnte – aber für das Finanzamt lief es ausgezeichnet. Im Alter von 25 leistete ich meinen ersten Offenbarungseid, ich war pleite. Die Regierung schnappte sich meine Autos, meine Motorräder und ein Haus. Ich brauchte fünf Jahre, um alle Schulden abzutragen. Damit mir so etwas nicht wieder passierte, überschrieb ich mein gesamtes Vermögen (mit Ausnahme der *Time Bandit*, die ja zu gleichen Teilen auch meinen Brüdern gehörte) einer Frau, mit der ich damals in Homer zusammenlebte. So gelang es mir zwar, meine Schätze vor dem Finanzamt zu verbergen, aber dafür konnte sich meine Flamme ungehindert bedienen. Am Ende ließ sie mir nur einen Pick-up. Es gibt nichts Gefährlicheres als eine betrogene Frau und sie besaß nicht ein Gramm mehr Mitgefühl als die Steuereintreiber. Als wir noch zusammen waren, ließ ich mir einen Hochzeitsring auf den Ringfinger tätowieren, »Autumn« stand da, das war ihr Name. Seit Jahren schabe ich mit dem Messer an diesem Tattoo herum, in der Hoffnung, dass es irgendwann komplett unter dem Narbengewebe verschwindet. Ein schmerzhafter Prozess. Manchmal wache ich nachts auf und merke, wie ich versuche, das Ding wegzukratzen. Es tut weh, wenn man sich tätowieren lässt. Und es verursacht noch mehr Schmerzen, das Tattoo wieder loszuwerden. Wer hätte gedacht, dass so ein buntes Bildchen sich bis auf den Knochen einbrennt.

Mit diesen elenden Gedanken im Kopf ziehe ich mich auf die Brücke zurück. Ich rolle mich in der Hundekoje zusammen und lasse meine Erinnerung zu glücklicheren Tagen wandern – zum Beginn der Saison im vergangenen Jahr.

Mitte September nahmen wir Abschied von Homer, endlich. Wir winkten noch einmal unseren Freundinnen und Frauen und sonstigen Fans zu und dampften aus dem Hafen auf die Kachemak Bay raus. Dann nahmen wir Kurs auf die Aleuten und das Zentrum der Krabbenfischerei in Dutch Harbor auf der Insel Unalaska. In diesem Moment fieberte wirklich jeder an Bord der neuen Saison entgegen. Der Sommer neigte sich dem Ende zu, die lästigen Zubringerdienste mit der *Time Bandit* waren erledigt. Alle Vorbereitungen waren gründlich wie immer getroffen und jetzt fuhren wir los. Schon bald würden wir diese wunderbare Zufriedenheit spüren, die sich einstellt, wenn die Pots und die Tanks im Laderaum voll sind, und den Stolz, dass wir wieder allen Unwägbarkeiten ein Schnippchen geschlagen hatten. Als Kachemak Bay im Kielwasser lag, richteten wir unseren Bug auf die Nordküste von Kodiak Island.

Der kalte Wind und die Gischt zischten um die Brücke und ich war fast überwältigt von einem tiefen Gefühl der Freude. Ich hatte meine unmittelbare Vergangenheit erst einmal abgehakt; mein »Landleben«, in dem Frauen und Schulden und andere Verpflichtungen, Familie und Freunde, Sorgen und Kinder, ihre Rolle spielten, lag jetzt hinter mir. An Land war das alles wichtig, doch da, wo ich jetzt hinfuhr, konnte mich keiner mehr erreichen. Mein Kopf war klar. Ich war so frei, wie ein Mann es auf diesem Planeten nur sein konnte, und ich machte mich daran, das zu tun, was ich wirklich liebte: im eigenen Boot auf diesem unwirtlichen Meer Krabben fangen.

Manche Leute sind nur deshalb hier draußen, weil sie Geld verdienen wollen. Meine Vorstellung von Reichtum ist es, genau das tun zu können, was ich tun möchte. Mein Leben ist gut, ich habe alles, was ich brauche. Wenn morgen mein letzter Tag sein sollte, hätte ich nichts zu jammern: Ich habe genau so gelebt, wie ich es wollte. Das Hochgefühl einer neuen Krabbensaison – so war es letztes Jahr, so wird es immer sein – ist unbeschreiblich. Man kann es nur im eigenen Herzen spüren.

Die Fahrt von Homer zu den Aleuten und nach Dutch ist 750 Meilen lang und man braucht fast eine ganze ereignislose Woche dafür. Es geht vorbei an Inseln, denen das Volk der Aleuten einen Namen gegeben hat – Unga, Sanak, Sutwik, Unimak und Akutan – und solchen, die von den Russen getauft wurden wie Popow, Korowin und Ivanow. Es ist wie eine Reise durch die Geschichte der Inselkette. Wir waren richtig aufgeregt, als wir endlich wieder in Dutch Harbor einliefen. Die Insel Unalaska und sein riesiger Fischerhafen Dutch Harbor sind für uns jedes Mal wie eine mysthische Erfahrung, dass wir alle Verbindungen zum normalen Leben gekappt haben. Man kann sich Dutch in etwa so vorstellen, wie die Grenzposten nach Mexiko einmal waren – und zum Teil auch heute noch sind. Es ist ein Ort, an dem alle Hemmungen fallen. Dutch steht für echte Maloche, aber in Dutch wird nach der Arbeit auch intensiv gefeiert. An diesem Hafen ist nichts schön, er hat keine sanfte Seite – er ist die Abschussrampe ins Ungewisse. Wenn man im Winter nach Dutch Harbor kommt, dann fühlt man sich wie auf einem Schiff im Sturm.

Wir machten im äußeren Hafen fest, in der Nachbarschaft von Schiffen mit typischen Trawlernamen wie *Storm Petrel*, *Morning Star*, *Golden Alaska*, *Northeast Explorer*, *Chelsea K.* und *Aleutian Challenger.* So schnell, wie wir unsere Festmacher an Land hatten, waren auch wir auf festem Boden und auf dem Weg zum Latitudes, einer Bar der Krabbenfischer, die es zu einiger Berühmtheit gebracht hat. Früher hieß die Spelunke Elbow Room, also Ellenbogenfreiheit, und galt als der »zweitgefährlichste Ort auf dem Planeten« – wirklich grausige Prügeleien waren garantiert. Das Latitudes hat wirklich nichts Einladendes, aber die gesamte Krabbenflotte zieht es hierher, wenn es gilt, den Durst nach Alkohol zu löschen und den Hunger auf Gesellschaft zu stillen.

Das Latitudes ist ungefähr so groß wie ein Wohnanhänger doppelter Breite, auf dem Boden liegt billiges Linoleum, es gibt eine lange, zerkratzte Theke und eine winzige Bühne, die jetzt als Vorratslager dient. Früher hat hier mal der Countrysänger Jimmy Buffett gespielt, da war er noch deutlich jünger und nicht so bekannt. Heute dröhnt die Musik aus einer Jukebox, und zwar so laut, dass einem das Trommelfell platzt. Das Dekor, wenn man es so nennen mag, ist also stimmig, bis auf ein kleines Detail – ein großes Gemälde von einem Mann, der gerade auf See ersäuft. Kaum vorstellbar in einer Spelunke für Seeleute, aber da hängt es an der Wand. Um dieses Kunstwerk vor seiner sicheren Zerstörung zu bewahren – denn Typen wie ich hassen diese Art von Symbolik –, hat man einen Schutzschild aus Plexiglas davor montiert. Über der Theke ist eine bronzene Schiffsglocke angebracht, samt Klöppel an einem geflochtenen Tampen. Wer die Glocke läutet, gibt eine Runde für alle aus. Das kommt vor, wenn einer beim Krabbenfang fette Beute gemacht hat – oder einfach nur hackevoll ist und sich entsprechend großzügig fühlt.

Wer uns nicht näher kennt, wundert sich vielleicht, warum Fischer und Krabbenfänger saufen wie die Löcher. Ich sage es einmal ganz ehrlich: Wenn wir uns nach einer Fangreise auf der Beringsee nicht volllaufen lassen, können wir nicht vergessen, was wir gerade durchgestanden haben – und würden möglicherweise nie wieder rausfahren. Wenn wir im Hafen sind, wollen wir einfach nicht nüchtern sein, egal ob wir gerade eingelaufen sind oder bald wieder losmüssen. Wir fahren zur Arbeit raus auf die Beringsee und bevor wir uns dieser gefährlichen Wirklichkeit stellen, müssen wir uns eben noch ein wenig stärken. Außerdem gehen wir natürlich in die Kneipen, um Freunde zu treffen, und dann trinken wir einen, weil man das eben so macht in einer Kneipe. Zu unserem Sozialleben gehören die Kneipe und Bier und Schnaps. Gelegentlich übertreiben wir es mit dem Sozialleben, schon klar, und dann trinken wir auch mal einen über den Durst. Dafür gibt es keine Entschuldigung, aber es gibt eben Dinge in unserem Universum, die rätselhaft und unerklärlich bleiben, wenn man ihnen mit der Vernunft kommt.

Hinter der Theke im Latitudes stehen junge Frauen und sie schenken nicht einfach die Drinks aus, sie bezirzen ihre Kundschaft mit bezauberndem Lächeln und ihrem Gezwitscher. Geduldig hören sie sich unsere Märchen an und manchmal kommt es einem vor, als würden sie sich tatsächlich für unsere Abenteuer interessieren. Wenn sie lachen, reicht das für uns meistens schon als Anreiz, das nächste Bier zu bestellen. Wie die Krabbenfischer müssen auch die Mädels hinter der Theke in der kurzen Saison genug Geld verdienen, dass es für den Rest des Jahres reicht. Für mich gehören auch diese Frauen zur Spezies der Abenteurer, sie sind jedenfalls genauso unerschrocken wie wir Krabbenfischer. Ihre Kundschaft ist nicht unbedingt von der pflegeleichten Sorte, aber mit schwesterlicher Zuneigung, Humor und dem richtigen Dekolleté managen sie auch die schwierigsten Fälle.

Lisa beispielsweise steht im Grand Aleutian hinter der Theke und sie hat mir im vergangenen Jahr gesagt, dass es wahrscheinlich ihre »Bestimmung im Leben ist, sich um die Krabbenfischer zu kümmern. Diese Typen sind doch Herz und Seele dieses ganzen Geschäfts.« Sie sorgt dafür, dass jeder immer einen neuen Drink vor sich stehen hat, bevor das letzte Glas geleert ist. Irgendwer wird die Zeche schon bezahlen, ich gebe einen aus, die Kneipe schmeißt eine Runde – auf wundersame Weise geht die Rechnung immer auf. Die Frauen hinter der Theke lieben uns, weil wir mit dem Geld um uns werfen wie mit Konfetti. Wir glauben fest daran, dass Großzügigkeit und eine anständige Versorgung mit Getränken zum Überleben in etwa so wichtig sind wie die Luft, die wir atmen. Ex und hopp – die Mädels hinter der

Theke unterstützen unsere Einstellung aus ganzem Herzen. So wie bei uns finden sie das sonst nirgends.

Die Leute in Alaska haben ganz generell ein Alkoholproblem, das weiß ich aus eigener Anschauung. In ironischer Selbsterkenntnis haben die Einheimischen Homer immer einen »idyllischen Alkoholhafen mit einem Fischproblem« genannt und dasselbe könnte man auch über Dutch und tausend andere Dörfer in Alaska sagen. Vielleicht sind die langen Winter daran schuld oder die elende Kälte, dass wir saufen müssen? Wie sonst soll man erklären, dass sie im Latitudes nie heizen und es trotzdem so schön warm ist? Die Wärme fließt hier aus den Flaschen mit Crown Royal und den Budweiser-Dosen, dazu kommt die Hitze der auf engstem Raum zusammengepferchten Fischer. Der Elbow Room war berühmt und berüchtigt dafür, dass die Seeleute quer über den Parkplatz Schlange standen, um an die Tränke zu kommen. Heute ist der Andrang längst nicht mehr so groß, aber die Kneipe hat ihren Charakter nicht verloren. Wenn die Krabbenfischer einlaufen, kommt Leben in die Bude.

Dutch und die Insel Unalaska haben versucht, ihr hart erarbeitetes Wildwest-Image wieder abzuschütteln. Vor 1960 hatte die Insel überhaupt kein Image, mit dem sie werben konnte. Da hatte sie nichts als ihre Geschichte, und die war nicht gerade triumphal. Unalaska war nämlich der einzige Flecken in Amerika, abgesehen von Pearl Harbor, der im Zweiten Weltkrieg von japanischen Zero-Langstreckenjägern bombardiert wurde. Die Zeugnisse der Kriegsgeschichte sieht man bis heute – die grünen Hügel Unalaskas sind übersät mit Bunkern und Unterständen, Baracken und Wellblechhütten aus dieser Zeit. Aber zurück zu den Bemühungen, das Image der Insel aufzupolieren: Das Resulat kann man nur als widersprüchlich bezeichnen.

Vor 20 Jahren stand die Verwaltung Unalaskas kurz vor dem Bankrott; man hatte sich mit dem Bau des Flughafens komplett überhoben und konnte die fälligen Raten für die Kredite nicht mehr überweisen. Den Flughafen haben sie schließlich fertig gebaut, er ist heute ein wichtiges Drehkreuz für die gesamte Inselkette, allerdings gilt die Landebahn als die gefährlichste der USA, wenn nicht sogar der ganzen Welt. Auf jeden Fall jagt keine andere den Passagieren eine solche Angst ein. Selbst wenn kein Wind in Orkanstärke über die vereiste Piste weht oder kein Blizzard heult, sieht man trotzdem die zerklüfteten Felsen nur wenige Meter neben den Flügelspitzen. Die Flieger kommen über das Meer rein oder über den Hafen und sie müssen die Landebahn beim Aufsetzen punktgenau treffen, weil sie so verdammt kurz ist. Bevor ein Pilot zur Landung ansetzt oder startet, rast ein offizieller Airport-Pick-up zum Ende der Piste, um den Straßenverkehr zu stoppen, der dort die Bahn quert. Sonst droht den Fliegern auch noch eine Kollision mit Autos oder Lastwagen. Sofern es überhaupt zu einer Landung kommt, denn die Piloten müssen den Anflug oft in letzter Sekunde abbrechen, weil die Wetterverhältnisse sich auf Unalaska einfach nicht an die Vorhersagen der Meteorologen halten. Ausweichflughafen ist dann Cold Bay, 40 Minuten zurück in die falsche Richtung. Die Piste dort ist in einem hervorragenden Zustand, weil sie von der Nasa hingebungsvoll gepflegt wird – als Notlandebahn für das Spaceshuttle. Für Überraschung ist jedenfalls gesorgt, wenn man nach Dutch Harbor fliegt, irgendetwas ist immer. Neulich saß ich im Flugzeug neben einer Frau, die aus dem Fenster starrte und plötzlich kreischte: »Wahnsinn, was für ein riesiger Fisch!« Ich guckte aus dem Fenster. »Lady, das ist ein Buckelwal.«

So eine Art Zivilisation kam erst vor Kurzem nach Unalaska, als die weltgrößte Fischfabrik, Unisea, eine Herberge auf der Insel baute – das Grand Aleutian Hotel mitsamt seinem großartigen Restaurant Chart Room. Nach der Krabbensaison im vergangenen Jahr feierten die Crews der *Cornelia Marie* und der *Time Bandit* an benachbarten Tischen. Alles war gut, es gab reihenweise witzige Trinksprüche und man war sich selbst für die fadesten Kalauer nicht zu schade. Kostprobe gefällig? »Wann weißt du, dass du ein Krabbenfischer bist?« – »Wenn sich deine Frau plötzlich Sharon Peters nennt.« Sharon ist, ich sage es mal diplomatisch, ein meistens sehr blondes Pin-up-Girl mit üppiger Oberweite.

Der Küchenchef im Chart Room war zu Recht stolz auf sein zweieinhalb Meter langes Dessertbuffet. Bis die Crew der *Cornelia Marie* plötzlich und ohne Anlass oder Vorwarnung eine Tortenschlacht begann. Es flogen Windbeutel, Klumpen von Tiramisu, Schokoladen-Mousse und feinstem Speiseeis. Die Sicherheitsleute des Hotels und die Inselpolizei rückten mit Pistolen und Elektroschockern an. Sie sorgten umgehend für Ordnung, aber es war ihnen offenbar schwer peinlich, uns so zu sehen, cremeverschmiert und mit dem Nachtisch in den Haaren. Der Küchenchef schmiss alle hochkant raus, deren Frisur irgendwie mit Zuckerguss garniert war, und das traf leider für die meisten von uns zu. Die Party ging notgedrungen eine Treppe tiefer in der Hotelbar weiter, aber da wollten wir früher oder später sowieso hin.

Diese kompromisslose Ordnungshüterei verhindert natürlich die ganz große Randale, aber sie raubt der Insel auch ein Stück ihrer Seele. Das ist wohl der Preis des Fortschritts. Auch das Latitudes soll dichtgemacht werden, noch ein Signal, welcher neue Geist auf Unalaska herrscht. Neulich haben mich die Cops von Dutch angehalten, weil ich offenbar zu schnell gefahren bin: eine Meile über dem Tempolimit von 25. Die Polizistin muss neu sein hier, dachte ich und sagte: »Sie wollen mich doch verarschen, oder?« Sie erwiderte, ich solle gefälligst im Wagen sitzen bleiben. »Ich bin Ihr Lebensretter«, sagte sie. Mit einem Strafzettel und ernsthaftem Mitleid für die Insel fuhr ich davon.

Ein weiterer Beweis für den Wandel: Die Kneipen schließen jetzt um ein Uhr nachts. Damit es auch die Durstigen am nächsten Morgen zur Messe in die russisch-orthodoxe Kirche zur Heiligen Himmelfahrt schaffen. Ein schönes, historisches Gotteshaus mit blauen Zwiebeltürmen – und dicken Betonmauern, um die Kirchengemeinde vor dem garstigen Eiswind zu schützen. Die Insel feiert ein Gefühl familiärer Zusammengehörigkeit, das für uns Krabbenfischer doch sehr ungewohnt ist – und nicht unbedingt willkommen. Ein Großteil der rund

50 Straßenkilometer auf der Insel ist asphaltiert, doch jeder frostige Winter verwandelt den schönsten Straßenbelag bis zum Frühling wieder in eine Buckelpiste aus Schutt und Schlaglöchern. Ich vermute, dass die Bemühungen, Unalaska zu zivilisieren, über kurz oder lang ebenfalls auf dem Schutthaufen gelandet wären, wenn nicht auch die Flotte der Krabbenfischer vor drei Jahren einen dramatischen Wandel durchgemacht hätte. Und der war im Prinzip lange überfällig.

Bis in die Siebzigerjahre dominierten Russen und Japaner mit ihren Fabrikschiffen den Krabbenfang vor der Küste von Alaska. Als ich gerade anfing, mit meinem Vater zum Fischen rauszufahren, sah ich diese gigantischen russischen Trawler, die in ihren »roten Netzen« 20 bis 30 Tonnen Fisch und Krabben mit einem Hol aus unseren Fischgründen zogen. Mein Vater und seine Generation konnten nichts weiter tun, als das Spektakel hilflos aus der Ferne zu beobachten und sich bei ihrem Kongressabgeordneten zu beschweren. Die Einheimischen waren eben gezwungen, näher an der Küste auf Krabbenfang zu gehen. Allein 1973 fingen die Russen eine Million Tonnen Fisch in unseren Gewässern und die Japaner holten sich weitere zwei Millionen – und zwar innerhalb der 200-Meilen-Zone. Die einheimischen Fischer kamen in derselben Zeit gerade einmal auf 635 000 Tonnen. Die Generation meines Vaters versuchte noch, den Russen aus dem Weg zu gehen, und wagte sich so kaum einmal auf die Beringsee raus. Ich hörte immer wieder, wie mein Dad sich darüber beklagte, dass die Russen unsere Fischgründe ausbeuteten. Und wie sie, wenn es so weiterginge, die gesamte Fischerei in Alaska ruinieren würden. Ich entwickelte einen regelrechten Hass auf die Russen und malte mir aus, wie wir uns rächen könnten. Es herrschte außerdem der Kalte Krieg, sie waren also gleich in zweifacher Hinsicht meine Feinde.

Erst in den frühen Neunzigerjahren kam meine Gelegenheit zur Revanche. Auch wenn der Kalte Krieg fast vorbei war, fuhr die russische Marine auf ihrer Seite der internationalen Gewässer nach wie vor

Patrouille. Ihre Fischtrawler plünderten schon längst nicht mehr unsere Fischgründe, doch nun ging ich auf Raubzug vor ihrer Haustür. Für mich war es ein symbolischer Akt der Vergeltung – die *Time Bandit* gegen den Rest der russischen Marine.

Wir wagten uns also in ihre Gewässer. Acht Meilen weit fuhren wir auf die sibirische Küste zu, dann brachten wir unsere Pots aus, es herrschte dicker Nebel an diesem Tag. Aber dann tauchte aus dem dichten Grau plötzlich ein graues Kriegsschiff auf und hielt direkt auf uns zu. Ich habe mir fast in die Hosen geschissen vor Schreck. Ich bin eher von der Sorte verrückter Typ als wirklich heldenhaft, nur war in dieser Lage jetzt wirklich Mumm gefragt – und zwar Mumm auf Anabolika. Die Russen, das wusste jeder, waren absolut paranoid, sie dachten wahrscheinlich, wir wären ein Spionageschiff, auch wenn ihnen selbst nicht ganz klar war, was es an dieser Stelle denn zu spionieren gab. Vor ein paar Jahren haben sie genau hier einen amerikanischen Krabbenfischer aufgebracht und die wollten nicht einmal in russischen Fanggründen wildern wie wir. Die Crew hatte auf der Kleinen Diomedes-Insel einen Zwischenstopp eingelegt, um T-Shirts als Souvenir zu kaufen, und war dabei drei Meilen in russische Gewässer vorgedrungen. Die Russen sperrten alle ein und brachten sie vor Gericht – nackt, wie es in der Legende heißt. Die Amerikaner wurden sogar verknackt und saßen monatelang im Knast, bis es der Diplomatie endlich gelang, sie rauszuhauen. Die Russen beschlagnahmten allerdings das Boot, und so weit ich weiß, haben sie es bis heute nicht rausgerückt. Mir war also schon klar, welches Risiko ich mit meiner Aktion einging. Aber ich machte mir keine Sorgen – bis ich den Bug der *Potemkin* auf uns zukommen sah.

Satellitengestützte Navigation (GPS) war damals noch eine völlig neue Technologie und die US-Airforce stellte sie nicht jedem zu Verfügung; öffentlich zugänglich wurde GPS erst 1993. Bis dahin machte ich mir nur selten die Mühe, Breiten- und Längengrad zu bestimmen, wenn ich auf der Beringsee fischte. Die Macht der Gewohnheit lenkte mich zu unseren Fanggründen – oder der Kompass der *Time Bandit*. Ich wusste, wo die besten Stellen waren, um Opilio zu fangen, allein darauf kam es an.

Die Russen quakten mich über Funk an – ich solle mich bitte schön identifizieren. Sie sprachen nur gebrochen Englisch, deshalb nuschelte ich schnell eine Antwort in den Hörer, die sie hoffentlich nicht verstanden. Dann verständigte ich über SSB-Funk die US-Küstenwache. Die Jungs kriegten fast einen Herzkasper, als sie kapierten, was los war. Ich wollte natürlich am liebsten, dass sie mir Abfangjäger der Luftwaffe zur Unterstützung schickten, aber so tickt die Küstenwache leider nicht. Ihre Order war kurz und präzise: »NICHT AUFSTOPPEN! UNTER KEINEN UMSTÄNDEN ENTERN LASSEN. KOMMEN SIE ZURÜCK ÜBER DIE GRENZE!«

Offensichtlich sorgte mein Anruf für Aufregung und die schien bis nach Washington zu reichen. Es war schon etwas heikel, in diesen Gewässern rumzukurven, nicht zuletzt, weil US-Luftwaffe und -Marine auf Adak, einer der äußersten Inseln der Aleuten-Kette, Raketen und U-Boote stationiert hatten. Das war nicht weit von der Position entfernt, wo ich meine Pots ausgelegt hatte.

Ich sagte also den Russen, ich würde meine Maschinen selbstverständlich wie verlangt sofort stoppen und ihr Enterkommando an Bord lassen. Kaum hatte ich das Gespräch beendet, legte ich den Hebel auf den Tisch. Volle Kraft voraus.

Ich wusste nicht genau, wie schnell die *Time Bandit* maximal laufen konnte, aber das Kriegsschiff war schneller. Die Dinger haben ein Tempo drauf wie ein Motorboot in Gleitfahrt. Wie lange würde ich brauchen, um aus der Gefahrenzone zu kommen? Acht Meilen, bei meiner Geschwindigkeit war das etwa eine Stunde. Es wurden die längsten 60 Minuten meines Lebens. Als die *Time Bandit* schließlich unter Volldampf über die Seegrenze lief und damit die sicheren amerikanischen Gewässer erreichte, war der Russe bis auf eine Viertelmeile herangekommen. Wir klatschten uns gegenseitig ab und sprangen an

Deck herum, als hätten wir gerade höchstpersönlich den Kalten Krieg gewonnen. Das Kriegsschiff legte eine Vollbremsung hin und drehte ab in Richtung der Diomedes-Inseln. Wir warteten, bis es dunkel wurde. Auf dem Radar konnten wir erkennen, wie immer mehr Schiffe auf der anderen Seite der Grenze erschienen, erst waren es fünf, dann neun. Sie saßen da und lauerten darauf, dass wir zurückkommen würden, um unsere Pots einzusammeln.

Ihre Schiffe schlichen von Nord nach Süd und wieder retour, direkt an der Seegrenze entlang. Wir blieben brav ein paar Meilen weiter weg. Sie gingen bestimmt davon aus, dass wir unsere Reusen samt Beute nicht einfach so aufgeben würden. Wenn wir es tatsächlich wagen sollten, die Pots zu holen, würden sie uns schnappen und so schnell nicht wieder ziehen lassen. Sollte ich wirklich einfach abhauen und unsere Pots sausen lassen? Nein, entschloss ich mich. Ich würde die Ehre der amerikanischen Nation verteidigen, die in diesem Moment an vier Reusen in russischen Gewässern hing.

Ich ließ die Cew abstimmen – und sie stand hundertprozentig hinter mir und meinem geplanten Kommandounternehmen. Sie waren sogar geradezu begeistert, wobei die Geste nicht ganz uneigennützig war, denn die Kosten für die verlorenen Pots würden ja auch ihre Einnahmen schmälern. Das Geld wollten sie bei der Rückkehr nach Dutch lieber im Latitudes investieren. Also schmiedeten wir unseren Plan.

Wir hatten die Pots in einem Abstand von einer Viertelmeile ausgelegt. Unsere Deckscrew braucht etwa drei Minuten, um einen Pot raufzuholen, 45 Minuten Fahrtzeit mussten wir veranschlagen, um den ersten zu erreichen. 15 Minuten, um alle reinzuholen, noch einmal 45 Minuten, um wieder über die Grenzlinie zu kommen. Und die russischen Kriegsschiffe waren in diesem Moment nirgends auf dem Radar zu sehen. Außerdem waren wir noch wie berauscht von unserer erfolgreichen Flucht und redeten uns ein, die Russen würden uns schon in Ruhe lassen, wenn sie erkennen würden, dass wir wirklich Fischer und keine Spione sind und tatsächlich Reusen aus dem Wasser ziehen. Aber da war wohl eher der Wunsch Vater des Gedankens als die Vernunft.

Wir fuhren bis an die Seegrenze heran und dann parallel dazu, bis wir einen Punkt erreicht hatten, von dem wir auf kürzester Strecke den ersten Pot ansteuern konnten. Dann legte ich Ruder, 90 Grad Backbord, und die *Time Bandit* dampfte wieder über die Grenzlinie. Kein Zeichen der russischen Armada, nichts. Wir erreichten den ersten Pot, die Crew stand schon bereit mit dem Kran, die Männer arbeiteten routiniert und schnell. Ich steuerte die *Time Bandit* zum nächsten Pot, dann zum dritten – und fragte mich schon, ob die Russen aufgegeben hatten. Ich fühlte mich fast entspannt und locker, als ich auf den vierten und letzten Pot zuhielt, die Crew wollte ihn gerade mit dem Kranhaken packen, da sah ich sie am Horizont. Anscheinend hatten wir jetzt die ganze verdammte Flotte am Hals. Ich gab volle Kraft voraus und brüllte der Crew über Deckslautsprecher zu, dass sie den letzten Pot vergessen und so schnell wie möglich reinkommen sollten. Nur eine Geste konnten wir uns nicht verkneifen. Uns war klar, dass die Russen uns durch ihre Fernrohre beobachteten. Also reihten wir uns an der Heckreling auf und zeigten ihnen den Stinkefinger. Zum krönenden Abschluss drehten wir uns um, zogen die Hosen runter und präsentierten ihnen unsere nackten Ärsche. Dann Kurs Ost, volle Pulle. Die Russen verschwendeten dieses Mal keine Zeit auf freundliche Grüße per Funk. Sie wollten uns nur noch schnappen und die *Time Bandit* einkassieren.

Was, wenn jetzt die Maschine streikte? Das Ruder klemmte? Ein Mann über Bord ging? Dann war alles vorbei. Während die Russen näher rückten, gewöhnte ich mich schon mal an den Gedanken, nackt vor einem ihrer strengen Richter zu stehen. Die gesamte Crew stand auf der Brücke und zitterte mit mir. Wir fluchten und brüllten, aber es half nichts, die Verfolger holten weiter auf. Es war nur eine Frage der Zeit, bis sie uns kriegen würden. Ich wusste nicht, wie weit es war bis zur Seegrenze. Wir starrten bang auf die Schiffe hinter uns. Und dann drehten sie ab, wir hatten es geschafft. Ich drosselte die Maschine und ließ die *Time Bandit* treiben. Wir genossen unseren Triumph. Das Gefühl war mindestens so gut, wie mit einer vollen Ladung Krabben in den Heimathafen einzulaufen.

Mir ist schon bewusst, und so geht es bestimmt vielen Fischern, dass der Aberglaube nur deshalb erfunden wurde, um uns vorzugaukeln, dass es eine Macht gibt, die regelt, was sich nicht regeln lässt – Wellen, Wetter, der Fang, das Boot, unsere eigene Sterblichkeit. Klar, manche Sprüche sind auch mir zu doof, etwa die Vorhersage, dass es einem Fischer Unglück bringt, wenn er Bananen an Bord hat. Aber meine Einstellung zum Aberglauben hat sich radikal geändert, als ich vor zehn Jahren im Sturm auf der Beringsee war und eine Eismöwe direkt über uns segelte. Elegant machte sie das, hielt sich ziemlich genau über unseren Abgasrohren im Wind. Auf ihrem gelben Schnabel prangte ein blutroter Fleck. Ein Vorbote des Unglücks, dachte ich spontan.

Denn die Möwe gehörte da nicht hin. Seevögel begleiten uns die ganze Zeit, sie gleiten über unseren Köpfen dahin und warten darauf, dass Fischinnereien oder Überreste vom Köder über Bord gehen. Aber wenn der Wind erst einmal mit mehr als 70 Knoten weht wie an diesem Tag, dann lassen sie sich auf dem Wasser nieder und warten, dass der Sturm sich auspustet. Dass dieser Vogel also weiter in der Luft blieb, als alle anderen längst auf dem Wasser saßen, fand ich anfangs kurios, aber es weckte gleichzeitig eine dunkle Vorahnung, dass irgendetwas nicht stimmte. Ich stand allein auf der Brücke und erinnerte mich plötzlich an den uralten Aberglauben, dass die Seele eines ertrunkenen Seemanns aufsteigt und mit einer Möwe fliegt. Und nicht nur einfach fliegt, sondern auf der Stelle schwebt – so wie diese hier. Mir lief es kalt den Rücken hinunter.

Die Möwe drehte ab, raste mit dem Wind über uns hinweg, drehte wieder und konnte gegen den Sturm kaum mit unseren gemächlichen acht Knoten mithalten. Aber sie blieb dran. Die Wellen können in der Beringsee wirklich brutal sein, das habe ich ja bereits erwähnt. An diesem Tag waren es vom Wellental bis zum Wellenberg an die 15 Meter und einige Kaventsmänner bäumten sich sogar bis zu 20 Meter hoch über uns auf. Ich musste Vollgas geben, um das Schiff bergauf auf geradem Kurs zu halten, und dann hinter dem Wellenkamm sofort das Tempo rausnehmen für die Schlittenfahrt ins nächste Tal. Ganz unten sah ich dann die Wasserwand der nächsten Welle vor mir, die sich höher und immer höher vor uns aufbaute, dass einem zittrig in den Knien wurde. Bei der Schlüsselszene im Spielfilm *Der Sturm* klettert die *Andrea Gail* eine 30-Meter-Welle rauf und kippt dann rückwärts in ihr Verderben. Eine Übertreibung, klar, aber von diesem Bild die Hälfte – so sah es aus an diesem Tag.

Die Beringsee ist ein flaches Meer, und Wind und Strömungen peitschen das Wasser über einem Schelf nördlich und südlich der Diomedes-Inseln zu enormen Wellen auf. Ein Kubikmeter Wasser wiegt eine Tonne. Wenn ein Brecher auf Deck knallt, dann ist das wie ein 100-Tonnen-Hammerschlag. In einem Sturm wird das Schiff zudem im selben Moment in verschiedene Richtungen geworfen – Bug, Heck und Rumpf versuchen es den Wellen irgendwie recht zu machen, was eine verstörende Schiffsbewegung ergibt, auf die man sich kaum einstellen kann.

Die Beringsee ist außerdem ein dunkles, garstiges Meer. Es ist, als ob der Himmel die See erdrückt, Grau türmt sich über Grau und man wird das morbide Gefühl nicht los, dass man wie in einem Sarg gefangen ist. Wenn man eine Weile auf der Beringsee unterwegs war, lernt man, die verschiedenen Schattierungen dieses schrecklichen Graus auseinanderzuhalten. Es gibt das bläuliche Grau, wie ein Bluterguss, ein schwarzes Grau, helle Graustufen und verschiedene Grünstiche im Grau. Und irgendwie ist keines ein gutes Grau. Für mich bedeutet Grau schlechtes Wetter und je dunkler die Schattierungen sind, desto schlimmer wird der Sturm, mit dem ich rechnen muss. An diesem Tag war es so schlimm, dass ich breitbeinig auf der Brücke stand. Mit einer

Hand klammerte ich mich an einem Regal fest, mit der anderen bediente ich den Gashebel. Wenn ich die Balance verloren hätte, wäre ich wahrscheinlich quer über die Brücke geflogen und gegen das acht Meter entfernte Backbordschott geknallt.

Die Eismöwe hätte jedenfalls längst Schutz suchen müssen, in der driftenden Gischt zum Beispiel oder auf den öden, windgepeitschten Pribilof-Inseln, die etwa 25 Meilen westlich von uns lagen. Es gab keinen Grund, warum dieser Vogel uns folgen sollte. Ich hatte die Crew reingeholt. Wenn die erste grüne Welle über den Bug geht, ist es Zeit einzupacken. »Okay, Jungs, es reicht. Runter vom Deck«, verkündete ich über Lautsprecher. Sollte ich jemals für den Tod eines Besatzungsmitglieds verantwortlich sein, würde ich nie mehr zum Fischen rausfahren können. Ich kann es ja kaum aushalten, wenn ich über Funk die Maydays der anderen Schiffe höre, denen etwas passiert ist. Unser Deck war absolut sauber, keine Innereien oder blutigen Überreste von Kabeljau oder Hering mehr zu sehen, nichts, was eine Möwe anlocken könnte.

Was die meisten Landeier nicht wissen: Manche Seevögel, und das gilt besonders für diese Spezies der Eismöwe, können dem Menschen gegenüber sehr aggressiv sein und sogar gefährlich werden. Wenn ein Seemann über Bord geht, nimmt die Möwe sofort an, es sei Beifang oder Müll, den die Besatzung über Bord kippt. Sie wird über ihm schweben und versuchen, ihm die Augen auszupicken, gerade so, als hätte sie es mit einem Lachskadaver zu tun.

Für einen kurzen Moment landete der einsame Vogel bei uns an Deck, dann hob er wieder ab und segelte in Höhe des Kranauslegers über dem Schiff. Er schien ungeduldig, als würde er auf etwas warten. Und machte dabei einen elenden Eindruck, wie ein alter Mann, der in einen Platzregen geraten ist und den Kopf zwischen die Schultern zieht. Die Möwe flog weiter in den Wind und die beißend kalte, gefrierende Gischt.

Meine Crew versuchte, es sich so bequem zu machen, wie es unter diesen Umständen geht. Die Männer glotzten DVDs, blätterten in

Magazinen, machten sich eine Kleinigkeit zu essen, quatschten oder dösten vor sich hin und gaben sich große Mühe, ihr Frühstück unten zu behalten. Wer es nicht mehr schaffte, hing über den Toiletten der *Time Bandit*. Wir waren auf der Suche nach Opilio, Schneekrabben. Wir legten hier und da Pots aus, um zu sehen, wo sie gerade am Meeresgrund wanderten. Außer uns waren noch ein paar andere Fischer draußen und wahrscheinlich sogar unmittelbar in der Nähe, aber wir konnten sie selbst oben auf dem Wellenkamm nicht sehen.

Wir waren zu diesem Zeitpunkt schon eine Woche unterwegs und hatten nur selten Gelegenheit für ein kurzes Nickerchen gehabt. Und das bedeutete, dass wir uns alle eigentlich nur noch wie die Zombies bewegten. Wir sahen aus wie die Untoten, wild und unrasiert, die Klamotten von Fischblut und Innereien verdreckt. Doch so war es eben, wenn man mit einer vollen Ladung Krabben nach Hause fahren wollte. Wir stanken wie die Otter und spürten jeden schmerzenden Knochen im Leib. Alles egal, wir dachten nur an das eine: an Geld, viel Geld, bergeweise Geld.

Ich wartete eigentlich nur noch auf die Prognose der Wetterbehörde, um mich endgültig zu entscheiden, ob ich zu den Pribilof-Inseln abdrehen und dort Schutz suchen sollte, bis sich der Sturm ausgeblasen hatte. Ich fühle mich im Windschatten der Inseln immer wie in einem sicheren Hafen, außerdem bieten sie einen sicheren Ankerplatz für das Fabrikschiff, das unseren Fang übernehmen sollte. Es spart viel Zeit und Treibstoff, wenn wir nicht jedes Mal zum Löschen unserer Ladung bis nach Dutch zurückdampfen müssen. Ich steuerte den Bug der *Time Bandit* gerade wieder in eine dieser Riesenwellen, als das Funkgerät mit einem lauten Kreischen zum Leben erwachte. Eine Stimme brüllte über die Lautsprecher: »MAYDAY! Wir haben einen Wassereinbruch. MAYDAY! Hier ist das Fischereifahrzeug *Troika* …«

Meine Knie zitterten vor Anspannung. Ich schaute auf den GPS-Plotter, die *Troika* war nicht weit weg. Wenn ein Schiff in dieser schweren See einen »Wassereinbruch« hatte, dann hieß das, dass auf diesem

Kahn sehr bald jemand sterben würde, wenn nicht rechtzeitig Hilfe kam. Wir waren etwa 25 Minuten von dem Havaristen entfernt. Ich drückte den Knopf für das Alarmsignal, das sofort durchs ganze Boot gellte und auch noch den hintersten Winkel erreichte. Dann brüllte ich den Niedergang runter: »Leute, wir haben ein Mayday.«

Meine Crew wusste genau, was jetzt zu tun war, ohne dass ich das noch sagen musste; wir hatten das oft genug durchgespielt und geprobt. Einer von uns zog den Überlebensanzug an, die anderen gingen auf ihre Positionen auf dem Schiff. Andy stand vorn an der Steuerung des Hydraulikkrans bereit; Neal positionierte sich in seinem Überlebensanzug an der Rampe, von der aus die Pots ausgelegt werden; er sollte Rettungsringe und Leinen ausbringen, wenn es so weit war. Zwei Männer schickte ich als Ausguck ans Heck, sie sollten das Geschehen auf beiden Seiten des Schiffs im Auge behalten. Ich selbst hielt Funkwache und koordinierte den Rettungseinsatz aller beteiligten Schiffe. Die Küstenwache morste ich gar nicht erst an. Bis die hier sein könnte, würden der Kapitän und seine Leute auf der *Troika* längst ersoffen sein.

Zehn Boote nahmen umgehend Kurs auf die *Troika*, zehn kleine Punkte auf meinem Radarplotter. Ich kannte den Kapitän der *Troika* nicht persönlich – aber sein Schiff. Ein Krabbenfänger, etwa 24 Meter lang, Heimathafen war Sand Point. Nach dem, was ich so gehört hatte, war der Kapitän ein Koloss – bei 1,80 Meter Größe sollte er an die 175 Kilogramm auf die Waage bringen. Sein Schiff nahm über das Heck Wasser auf, das Achterschiff war schon vollgelaufen, auch der Maschinenraum stand offenbar unter Wasser. Als wir nahe genug rangekommen waren, um durchs Fernrohr etwas sehen zu können, hatte das Schiff bereits bedenklich Schlagseite nach Backbord. Mit jeder Minute, die verstrich, sackte die *Troika* weiter weg. Ich drückte unseren Gashebel bis zum Anschlag und die Dieselmotoren der *Time Bandit* brüllten. Auf der Beringsee hängt so viel vom richtigen Timing ab. Heute war es das Leben dieser Crew.

Das Mörderische war die See selbst: Die Wassertemperatur lag bei etwa zwei Grad Celsius. Von der Jagd- und Fischereibehörde Alaskas gibt es ein Faltblatt, das beschreibt, was einem Menschen passiert, wenn er hier über Bord geht:

Bei einem Sturz ins kalte Wasser löst der erste Schock ein reflexartiges Schnappen nach Luft aus, dabei gelangen zwei bis drei Liter Luft in die Lunge – oder Wasser, wenn der Kopf nicht mehr über der Oberfläche ist. Wer einmal Wasser einatmet, kommt nicht mehr an die Oberfläche, es sei denn, er trägt eine Schwimmweste. Wenn das Risiko besteht, dass man ins Wasser fällt, ist unbedingt eine Schwimmweste zu tragen! Die Phase des ersten Schocks ist durch Hyperventilation und einen rasenden Puls gekennzeichnet, was eine Panik auslösen kann. Diese Phase dauert insgesamt etwa drei bis fünf Minuten. Der anfängliche Schock kann außerdem einen Herzinfarkt auslösen, was es den Betroffenen noch einmal schwerer macht, sich selbst zu helfen. In dieser Phase unmittelbar nach dem Überbordgehen sollte man sich darauf konzentrieren, den Kopf über Wasser zu halten, während man sich auf den Schock einstellt, um dann in Folge effektiver handeln zu können.

Ich habe es mit meinen eigenen Augen gesehen, wie so etwas passiert, und die Jagd- und Fischereibehörde hat es im Prinzip auch richtig beschrieben. Wenn man ohne Überlebensanzug ins Wasser fällt, bleibt wenig Zeit. Die offizielle Darstellung lässt jedoch den Willen des Menschen aus. Manche geben sofort auf; andere klammern sich bis zum letzten Moment an das Leben. Manche verlassen sich in einem kritischen Moment auf das, was sie gelernt und trainiert haben; andere verlieren ihren Verstand. Wenn man unter diesen Bedingungen über Bord geht, hängt alles davon ab, dass man seine Gedanken und seine Emotionen unter Kontrolle behält. Denn die Regel lautet: Auf der Beringsee muss dein Wille zu überleben stärker sein als die Absicht der See, dich umzubringen. Seltsamerweise ist dieser Wille nicht bei allen Menschen gleich stark ausgeprägt.

Ich richtete mein Fernglas auf die *Troika*. Sie lag jetzt so tief im Wasser, dass die Wellen schon durch die Fenster und Türen der Brücke schwappten. Ich blieb auf Distanz, denn ein anderer Krabbenfänger, die *Marchovi,* hatte das sinkende Schiff noch vor uns erreicht. Die Wellen schlugen erbarmungslos auf den Havaristen ein und raubten ihm den letzten Auftrieb. Der Kapitän konnte es vielleicht selbst noch nicht erkennen, aber sein Schiff war verloren. Im blieb jetzt wirklich nichts mehr, außer den Kahn so schnell wie möglich zu verlassen und zu beten, dass seine Crew gerettet wurde.

Genau in diesem Moment gingen seine vier Leute in Überlebensanzügen von Bord. Ich sah, wie sie aus den Wellen auftauchten. Mit Erleichterung registrierte ich, dass sie alles genau richtig machten. Keine unnötigen Bewegungen, das sparte Kraft und Körperwärme. Außerdem nutzten sie die Rettungsleinen der Anzüge, um als Gruppe zusammenzubleiben. Ich schwenkte mein Fernglas zurück zum Havaristen.

Die *Troika* schluckte eindeutig mehr Wasser, als ihre Pumpen wieder ausspucken konnten. Sie war kurz davor abzusaufen. Der Kapitän hatte unter diesen Umständen keine Chance mehr, das Leck zu finden. Und eine Reparatur kriegte er so erst recht nicht mehr hin. Ihm lief jetzt die Zeit davon. Ich beobachtete, wie er die Rettungsinsel auf dem Achterschiff losmachte. Der Container poppte auf und das Rettungsfloß füllte sich mit Luft. Endlich, dachte ich, macht er sich daran, sein eigenes Leben zu retten.

Dann verlor ich ihn einen Moment lang aus den Augen, weil ich selbst mit den Wellen zu kämpfen hatte. Die *Time Bandit* holte weit über. Wenn ich auf einer Position bleiben wollte, um den Schiffbrüchigen zu helfen, konnte ich nicht gleichzeitig gegen die Brecher andampfen. Mein Schiff bekam einen gewaltigen Schlag ab und ich flog auf der Brücke hin und her. Ich suchte den Punkt, wo ich die Eismöwe zuletzt gesehen hatte. Sie war nicht mehr da.

Jetzt wieder ein Blick durchs Fernrohr: Der Kapitän der *Troika* hatte nun auch seinen Überlebensanzug rausgeholt – aber warum zog er das verdammte Ding nicht an? Ich sah das Signalrot des Anzugs und dachte: Ja, komm, du schaffst es! Aber er machte keine Anstalten, in den Anzug zu steigen und seiner Crew zu folgen. Stattdessen verschwand er wieder im Maschinenraum, wahrscheinlich um in der trüben Suppe noch einmal nach dem Leck zu tauchen. Sein Schiff lag schon zur Hälfte unter Wasser. Wenn er sich jetzt nicht bald in Sicherheit brachte, saß er in der Falle. Dann sah ich in wieder, er rannte durch die Kombüse zur Brücke. Er kam aus der Tür raus, den Überlebensanzug hielt er immer noch in den Armen. Es war ganz offensichtlich, dass er nicht mehr rational handelte, er glaubte wohl immer noch, dass sein Kahn eine Chance hätte.

In diesem Moment knallte ein besonders großer Brecher auf sein Schiff und die Macht der Welle erdrückte ihn förmlich. Der Überlebensanzug wurde ihm aus den Händen gerissen und segelte im hohen Bogen mit der Gischt davon. Jetzt hatte er wirklich ein Problem. Es war einfach zu viel für ihn und es passierte alles zu schnell. Mir war klar, wie das ausgehen würde. Ich musste ihm helfen, und zwar fix.

Die *Marchovi* war als erstes Schiff bei den Männern, die ins Wasser gesprungen waren. Der Kapitän der *Marchovi* hatte sein Schiff so positioniert, dass er die Schiffbrüchigen an Backbord aufnehmen konnte. Komplette Fehleinschätzung, dachte ich, warum macht er das so? Denn die *Marchovi* rollte im Wellental genauso verrückt wie wir. Der Ausleger des Krans sauste unkontrollierbar rauf und runter. Außerdem ragte an der Backbordseite noch ein zusätzlicher Wellenschutz hoch über den Schiffbrüchigen auf, der die Deckscrew vor den überkommenden Brechern bewahren sollte. Jetzt verhinderte die übermannshohe Wand aus Stahl, dass der Mann am Kran und die Helfer mit den Rettungsringen die Schiffbrüchigen auch nur sehen konnten.

Ein Decksmatrose warf die Rettungsringe über den Wellenschutz, ein zweiter im Überlebensanzug sprang hinterher, um den Männern zu helfen, die zu schwach waren, selbst nach den Ringen zu greifen. Im Wasser befestigte der Matrose von der *Marchovi* den Haken des Krans an den Metallaugen der Rettungsringe. Der Mann am Hydraulikkran fummelte an seinen Hebeln und hievte die Schiffbrüchigen einen nach dem anderen aus dem Wasser. Es dauerte nur ein paar Sekunden, dann lagen sie an Deck, wo sie sofort ein weiterer Helfer von der *Marchovi* schnappte und unter Deck in Sicherheit brachte. In der warmen Kabine würden die Geretteten nun ausgezogen, abgetrocknet und in einen Schlafsack verfrachtet werden, bis sie anfingen zu zittern. Das war das Zeichen, dass sie die Unterkühlung wirklich überwunden hatten und überleben würden. Die ganze Aktion dauerte trotz der ungünstigen Position der *Marchovi* nur wenige Minuten. Die Überlebensanzüge – und die unerschrockene Crew der *Marchovi* – hatten vier Typen vor dem sicheren Tod gerettet.

Der Kapitän auf der *Troika* hatte endlich geschnallt, dass sein Boot verloren war und es nur noch um sein Leben ging. Er griff nach einer Boje, die vor ihm an der Bordwand hing, und versuchte, eine Schlinge um seine Taille zu knoten. Aber eine Welle riss ihm die Boje aus der Hand. Er stand jetzt auf dem Brückenhaus seines Schiffs, eigentlich guckte nur noch der Bug der *Troika* aus dem Wasser. Er krabbelte auf dem Seitendeck nach vorne, aber das Schiff gluckerte schneller weg, als er klettern konnte. Als er gerade über die Ankerwinsch steigen wollte, sackte der Kahn endgültig ab. Das Schiff sank ihm förmlich unter dem Arsch weg.

Jetzt war es futsch. Und er hatte nichts mehr, auf dem er stehen konnte, nichts mehr, das ihn trug. Ohne Schwimmweste und Überlebensanzug trieb er in der eiskalten See. Die Brecher waren riesig und der Sturm peitschte die Wellenkämme in einer stechenden Gischt vor sich her. Das Wasser war dunkel, der Himmel finster. Mit jeder Sekunde, die der Mann alleine da draußen war, wuchs meine Anspannung. Ich war etwa 50 Meter entfernt und überlegte fieberhaft, ob ich nicht einfach dazwischengehen sollte, um ihm zu helfen. Das ist eigentlich genau meine Art: Ich warte nicht lange auf eine Einladung, ich platze einfach rein in die Veranstaltung. Aber was, wenn mein Manöver die

Lage nur noch verschlimmerte? Andererseits stand ich so nur da und glotzte, während das Leben eines Menschen auf dem Spiel stand. Ich konnte mich nicht entscheiden.

Die Crew der *Marchovi* warf dem Mann im Wasser eine Leine zu, die er auch tatsächlich fing und irgendwie um seine Taille knotete. Aber dann rollte das Schiff, zog ihm das Tau über seinen Bauch runter und zerrte ihn am Bein aus dem Wasser. Der Kranhaken sauste rauf und runter wie ein Jojo und riss dem Kapitän der Troika einen Stiefel vom Fuß. Dann flog der Mann plötzlich durch die Luft, es sah aus wie bei einem Killerwal, der mit seinem Opfer spielt und es hochwirft, bevor er es zermalmt. *Verdammte Scheiße!* So etwas hatte ich noch nie gesehen. Die *Marchovi* holte wieder weit über. Der Kapitän der *Troika* versuchte, den Ausleger vom Kran zu fassen, irgendetwas zu packen, sich festzuklammern, irgendwie. Wieder wurde die *Marchovi* von einer Welle auf die Seite geworfen, wieder riss es den Kapitän aus dem Wasser. Als er wieder landete und nach Luft schnappte, kriegte er Seewasser in die Lunge.

»Achtung, Leute!«, brüllte ich. »Wir holen ihn.«

Schlechter als die *Marchovi* konnte ich mich jetzt auch nicht anstellen. Ich brachte die *Time Bandit* so in Position, dass ich den Kapitän an Steuerbord bergen konnte. Ich wusste, dass ich nur Sekunden brauchen würde, um ihn mir zu schnappen. Meine Crew war bereit. Neal sprang im Überlebensanzug ins Wasser, sofort waren Rettungsschlinge und Kranausleger da. Neal griff sich den Kapitän und hakte ihn ein, Andy hievte beide zusammen an Bord. Die Rettungsaktion dauerte keine 30 Sekunden, dann war es geschafft.

Der Kapitän war in sehr schlechter Verfassung. Er war stark unterkühlt und das Wasser in der Lunge brachte ihn um. Seine Körperkerntemperatur war im Keller. Wir schleppten ihn unter Deck und legten ihn gleich in der ersten Kabine links rücklings auf den Boden. Ich konnte mir nicht vorstellen, wie er das überleben sollte: Er hatte schon auf der *Troika* bis zur Brust im kalten Wasser gestanden, er war im Maschinenraum getaucht, um das Leck zu finden. Als er dann das Wasser einatmete, war er schon so weit ausgekühlt, dass sein Körper sich nicht mehr wehren konnte. Was sollten wir noch für ihn tun? Er war bewusstlos, doch er schnaufte noch zweimal, dann war Schluss. Neal kniete neben ihm und versuchte, ihn wiederzubeleben. Aber wir schafften es nicht, ihn wieder zum Atmen zu kriegen.

Er machte noch einmal »Pffff«, wie ein Ballon, aus dem die letzte Luft entweicht.

Wir versuchten es weiter. Zwei Stunden Herzmassage und Beatmung. Alle fünf Minuten rannte ich zur Brücke, wir hatten die Küstenwache angefunkt und um Rat gebeten. Warm halten, Körpertemperatur mit dem Thermometer überwachen, das war die Empfehlung, der wir folgten. »Dass er kalt und tot wirkt, heißt nicht, dass er wirklich tot ist«, sagte ein Notarzt der Küstenwache. »Erst wenn er warm und tot ist, ist er wirklich tot.«

Schließlich gaben wir auf. Die traurige Wahrheit war auf jedem Gesicht zu sehen. Alle heulten. Ich konnte buchstäblich *fühlen*, wie die Seele des Mannes an mir vorbeiglitt.

Wenn man sich das nur überlegt: Er hatte keine Ahnung, dass er heute sterben würde. Dann stand der Tod plötzlich vor ihm und er bekam noch zweimal eine Chance, sich selbst zu retten. Wenn die *Marchovi* ihn gleich beim ersten Versuch erwischt hätte, wäre er jetzt noch am Leben. Aber die fatale Entscheidung, noch einen letzten Versuch zu wagen, sein Schiff zu retten, die traf er selbst. Fairerweise muss man zugeben, dass er in seiner Lage möglicherweise nicht beurteilen konnte, wie schlimm es um seinen Kahn stand. Und wenn wir gleich dazwischengegangen wären, um ihn zu bergen, hätte er vielleicht noch eine bessere Chance gehabt. Das war mir schon klar und ich machte mir große Vorwürfe deswegen.

Wir brachten seine Leiche zu den Pribilof-Inseln. Die Rettungssanitäter, die uns an der Pier erwarteten, erklärten ihn offiziell für tot. Mit dem Kran hoben wir ihn an Land. Dann standen wir verloren im

Schnee und rauchten eine Zigarette. Keiner sagte ein einziges Wort, keiner konnte den anderen auch nur in die Augen sehen. Eine Frau kam auf uns zu und fragte, wer wir seien. Ich hatte sie hier auf St. Paul noch nie gesehen. Ich erzählte ihr, was passiert war, und sie begann zu weinen. »Ich kenne seine Familie«, sagte sie. »Vielen Dank für alles, was ihr getan habt. Jetzt hat die Familie wenigstens eine Leiche, die sie begraben kann. Er hat sechs Kinder, kleine Jungs.« Ich drehte mich weg, damit sie meine Tränen nicht sehen konnte.

In dieser Nacht blieben wir an Land, keiner wollte zurück auf die *Time Bandit*, das wäre uns irgendwie respektlos vorgekommen. Am nächsten Morgen schaute ich in den dunklen Sturmhimmel und plötzlich kam Leben in die Düsternis, leuchtend weiße Möwen, überall. Ich nahm meine Mütze ab, als wäre ich gerade in eine Kirche getreten, und in diesem Moment fand ich meinen Glauben.

Ein Fischer verliert seine Seele an die See, eine Möwe schnappt sie sich, bevor sie versinkt, und folgt nun Schiffen wie meinem bis an das Ende aller Tage.

Beklommen kehrten wir auf die *Time Bandit* zurück. Auf dem Teppich in der Kabine, wo der Kapitän gestorben war, fanden wir eine getrocknete Salzkruste. Die Umrisse eines Menschen – der Anblick ließ mich erschaudern. Keiner sagte etwas, keiner machte Anstalten, den Fleck wegzuwischen. Auch ich konnte es nicht über mich bringen, dieses Symbol zu tilgen. In der Kombüse fand ich den Schlüssel zu der Kabine. Ich verriegelte die Tür und hängte mir den Schlüssel an einer Kordel um den Hals. Da hing er dann, wie der Albatros in der Ballade vom alten Seemann, bis zum vergangenen Jahr.

Andy Hillstrand, Kapitän der Time Bandit

KAPITEL 5

WIE Gezeiten im BLUT

Wenn die Leute das sehen könnten, würden sie wahrscheinlich schallend lachen: der Kapitän eines Krabbenfängers, und er schaufelt bei 30 Grad Hitze Pferdeäpfel. Aber das bin ich, und es ist auch noch mitten in der Nacht. Ich habe mein Hemd ausgezogen, weil mir der Schweiß nur so aus den Poren läuft. Ich trage Shorts, einen Cowboyhut aus Stroh und Cowboystiefel. Das elektrische Licht im Stall zieht die Motten an, die Viecher sind so groß wie meine Faust. Außerdem atme ich statt Luft nur einen Gestank, der so ätzend ist, dass es in meiner Kehle brennt. Mein Hengst Rio steht in einer Ecke des Stalls und nickt mir aufmunternd zu, wie ein gutmütiger Vorarbeiter. Wenn es nach ihm ginge, dann könnte es ruhig schneller gehen, damit er endlich weiterschlafen kann.

Dieses Leben ist kein Urlaub, den ich mir nach der Saison auf der Beringsee gönne. Ich bin Andy Hillstrand und das ist die andere Hälfte meiner Existenz, die ich weder mit den Krabben noch mit meinem Bruder Johnathan teile.

Normalerweise erledige ich diesen »Hausputz« nachmittags, doch nach Russells Anruf konnte ich keine Minute länger still auf meinem Hintern sitzen.

Ich habe allen Grund, mir Sorgen zu machen, auch wenn es sehr wahrscheinlich ist, dass Johnathan einfach nur besonders spät reinkommt. Ein Freund von uns, Chris Heuker, Präsident der Beringsee-Krabben-Kooperative, ist erst vor zwei Wochen auf der

Bristol Bay ertrunken und niemand kann mit Gewissheit sagen, was denn eigentlich passiert ist. Er war allein zum Fischen rausgefahren – so wie Johnathan. Chris hatte ein kleines Boot – etwa von der Größe von Johnathans *Fishing Fever.* Er hat sein ganzes Leben als Fischer gearbeitet, er war klug und sehr erfahren. Aber vielleicht hatte er einen Herzinfarkt. Kann auch sein, dass er das Schiff beim Einholen des Fangs vom Steuerstand am Heck manövriert hat. Wie Johnathan hat er da eine zusätzliches Konsole mit allen Instrumenten und einem zweiten Steuer, damit er nicht jedes Mal nach vorne rennen muss. Vielleicht hat er die Balance verloren und ist über Bord gefallen.

Kann doch sein. Er fällt, das Boot fährt weiter. Alleine im Wasser, wahrscheinlich ohne Überlebensanzug, hat er keine Chance. Es war niemand da, der ihn retten konnte, niemand, der seinen Hilferuf hören konnte. Johnathan und ich waren unendlich traurig, dass wir ihn verloren hatten. Schlimmer noch war es für seine Familie, er hatte Söhne im Teenageralter. Er war ein klasse Typ, als Manager der Kooperative engagiert und äußerst professionell. Er ist sein ganzes Leben zur See gefahren und die Fischerei lag ihm im Blut. Also bleibt uns wenigstens dieser Trost: Wie auch immer er gestorben ist – er hat bis zuletzt getan, was ihm wirklich wichtig war.

Nach Russells Anruf sagte ich zu Sabrina: »Es ging um Johnathan.«

»Was ist denn?«, fragte sie müde und es klang nach »Nicht schon wieder diese Nummer.«

Also erzählte ich ihr, was Sache war.

»Und was willst du jetzt tun?«, fragte sie.

»Mir Sorgen machen«, erwiderte ich. »Er ist mein Bruder.«

Sie sagt es immer so: »Andy, ich würde niemals mit Johnathan zusammen in Lebensgefahr an einer Klippe hängen wollen und dich vor die Qual der Wahl stellen müssen, wen du zuerst rettest. Ich weiß, wie du entscheiden würdest. Ich habe mich damit abgefunden, dass ich es nicht sein werde.« Normalerweise macht sie dann noch eine kurze

Pause, bevor sie hinzufügt: »Verstehe mich nicht falsch, das ist kein Vorwurf. Es ist einfach so und du kannst das nicht abstreiten.«

Kann ich auch nicht. Ich liebe Sabrina. Ich liebe Johnathan. Dass sie nicht dauernd in lebensgefährliche Situationen gerät wie Johnathan, bedeutet ja nicht, dass ich sie weniger liebe. Ich weiß nicht, wie ich an ihrer Stelle reagieren würde. Die Frage, wen ich zuerst retten würde, ist einfach nicht fair. Aber die Frage stellt sich Sabrina auch nicht wirklich, sie weiß, wie ich denke und fühle, sie ist längst in meiner Wirklichkeit angekommen. Ich bin eben Fischer – also ein Optimist, der von Verdrängung lebt. Was Lebensphilosophien betrifft, stammen wir von unterschiedlichen Planeten. Sie ist die Frau eines Fischers und sie hat mein Leben gerettet, indem sie mich dazu gezwungen hat, mich mit meinem eigenen Dasein auseinanderzusetzen. Aber dafür musste sie erst einmal zu der schmerzhaften Erkenntnis gelangen, dass eine Frau, die einen Fischer heiratet, ihn immer teilen muss – mit der See, mit seinem Schiff. Wenn es nicht gerade um Leben oder Tod oder die Geburt eines Kindes geht, kommt er nicht heim, bis das letzte Netz eingeholt ist. Und wenn ich es mir recht überlege, können wir auch die Geburt noch streichen. Einmal ist Sabrina fast an einem toxischen Schocksyndrom gestorben und selbst da habe ich es nicht geschafft, nach Hause zu kommen – was sie von mir aber auch nicht erwartet hätte. Es ist wie beim Militär: Die Generäle legen im Krieg nie eine Pause ein, wenn die Frauen ihrer Soldaten Kinder bekommen. Man kann es also für eine Frau durchaus als einen schlechten Deal bezeichnen, wenn sie einen wie mich abkriegt. Die Scheidungsrate unter Fischern ist hoch, weil viele Frauen nicht verstehen, wie die Männer ticken, die sie geheiratet haben. Sie bilden sich ein, sie könnten sie irgendwie zähmen und dazu bringen, ihr Verhalten zu ändern. Vielleicht versuchen sie sogar, ihnen die Fischerei ganz auszureden. Und das ist genau der Punkt, an dem sie den falschen Kurs einschlagen. Sabrina weiß, dass sie mich niemals überzeugen wird, die See aufzugeben.

Ich gebe Rio einen Klaps, greife mit einer Hand in seine Mähne und schwinge mich auf seinen Rücken, um ihn zu seiner Koppel zu reiten. Ich lehne mich nach unten, um das Tor zu öffnen, und dann halten wir auf den Teich zu. Das Mondlicht glitzert auf dem Wasser, die Nacht ist sommerheiß und absolut still. Das Einzige, was ich hören kann, ist das Quaken der Frösche vom anderen Ende des Teichs, der komplett mit Seerosen zugewuchert ist. Das Leben auf einer Farm hat schon etwas sehr Ruhiges, Beständiges. Ich habe es noch nicht einen Moment bereut, dass wir hierhergezogen sind.

Die Entscheidung dazu fiel, nachdem Dad gestorben war, und die Wahl des Zeitpunkts war natürlich kein Zufall. Sabrina mochte meinen Vater, sehr gerne sogar. Aber sie sah eben auch seine Unzulänglichkeiten. Sie konnte es nicht ausstehen, wie er mich behandelte. Als wir Brüder unserem Vater zusammen das Schiff abkauften, fand sie den Preis zu hoch. Kein anderer Interessent hätte bezahlt, was wir dafür hingeblättert haben – das war ihre Ansicht. In Homer sahen sie es sonst eher andersherum: dass Dad uns die Zukunft auf einem Silbertablett präsentierte. Die Wahrheit ist, dass wir härter schuften mussten als alle anderen, weil er es so wollte. Hilfe und Unterstützung? Nicht von ihm. Ja, er hat uns beigebracht, wie man auf dem Wasser überlebt, hat uns eingebläut, dass wir niemals jammern und erst recht nie aufgeben dürfen. Aber er war eben auch ein verdammter Sklaventreiber. Sabrina hat ihm das im Laufe der Zeit richtig übel genommen. Es machte ihr Angst, wenn er sich volllaufen ließ. Sie hasste den Vollrauschzoff an Weihnachten oder wie er seine Jungs immer wieder aus dem Haus schmiss. Auch unsere Kinder hatten Angst vor ihm. Dass er mich irgendwie gern hat, brachte er in seinem ganzen Leben nur dreimal über die Lippen. Trotzdem konnte ich ihm nicht den Rücken kehren. Ich liebte ihn, ganz gleich, was passierte.

Vor vier Jahren also kauften wir uns diese Farm. Wir nennen sie »Hobby Horse Acres«, was frei übersetzt etwa »Paradies für Pferdefreunde« heißt. Die Farm ist so weit vom Ozean entfernt, wie es in den

USA überhaupt nur geht. Wir haben zwölf Morgen Land und einen Teich, der von einem kleinen Wald umgeben ist. Dazu gehören außerdem Reitbahnen und Reitpfade durchs Gelände. Besonders stolz bin ich auf unsere Reithalle, die wir in diesem Jahr fertiggestellt haben. Unser Geschäft soll das ganze Jahr über laufen – im Sommer wie im Winter. Es ist harte Arbeit und Hobby. Horse Acres ist noch lange nicht in den schwarzen Zahlen, aber Sabrina und ich haben uns fest vorgenommen, das Geschäft zu einem Erfolg zu führen; wir haben die Ausdauer, das durchzuziehen. Für mich selbst ist das Landleben buchstäblich die Erdung, die ich brauche, der andere Blick auf das Leben, den ich auf See und in der Berufsfischerei nie haben würde. Mit großer Distanz zu den Gefahren der Krabbenfischerei leben und arbeiten zu können, gibt mir eine Art Gleichgewicht. Man könnte also sagen, dass ich es dem Pferdemist verdanke, dass ich noch bei Verstand und überhaupt am Leben bin.

Wir wir auf die Pferde gekommen sind? So, wie die meisten Leute etwas Neues entdecken – per Zufall. Wenn jemand mir vor 20 Jahren gesagt hätte, dass ich bald auf einer Farm in Indiana leben, Pferde züchten und Kindern das Reiten beibringen würde, hätte ich ihn ausgelacht. Aber das war eben vor dem achten Geburtstag unserer Tochter Cassie. Damals lebten wir in Homer und zum Geburtstag wünschte sie sich ein Pferd. Alle achtjährigen Mädchen wollen ein Pferd haben. Mir wäre es damals auch lieber gewesen, sie hätte sich ein Boot gewünscht oder dass ich sie zum Fischen mitnehme. Aber wie brave Eltern eben sind, kauften wir ihr ein Pferd, das sie auf den Namen »Champ« taufte.

Im ersten Jahr nach der Anschaffung von Champ war ich den ganzen Sommer mit der Fischerei beschäftigt und Sabrina kutschierte Cassie samt Pferd zu den Landjugendtreffen und Reitturnieren. Im Laufe der folgenden zwei Jahre zog ich mich im Sommer immer mehr aus der Fischerei zurück, um Sabrina zu entlasten und mit Cassie zu den Veranstaltungen zu fahren. Das Ganze interessierte mich allerdings nur deshalb, weil es meine Tochter beschäftigte. Überhaupt konnte ich mit Pferden nichts anfangen, bis ich eines Tages einen echten Pferdekenner traf, einen dieser so genannten »Pferdeflüsterer«. Er fragte mich, ob ich nicht vielleicht wissen wolle, wie es sich mit Pferden wirklich verhält. Wirklich? Ich hatte nicht den blassesten Schimmer, wovon der Typ eigentlich redete. Aber dann erklärte er mir, was Pferde für Wesen sind. Als ich erst einmal kapiert hatte, wie sie denken, verstand ich auch ihr gesamtes Universum. Ich sah sie plötzlich mit ganz anderen Augen, als ob wir uns auf einer Ebene begegneten. Ich entdeckte meinen Respekt für diese Tiere und sie merkten, was ich von ihnen wollte. Ich denke, dass manche Leute ihr Pferd für ein Gerät halten, bei dem sie nur den richtigen Gang einlegen müssen, um es auf die gewünschte Geschwindigkeit zu bringen – als ob sie es mit einem Motorrad zu tun hätten.

Meine Faszination für das Pferd war geweckt. Je mehr ich über diese Kreaturen lernte, desto tiefer wurde ich in ihre Welt gezogen. Das war etwas ganz anderes als das Universum, in dem ich mich als Fischer bewegte. Ich genoss es, dieses neue Feld zu erkunden, das immer größer wurde, je weiter ich vorstieß. Und ich genoss die Gesellschaft meiner neuen Freunde – der Pferde. Sie verhalfen mir zu einer völlig neuen Sichtweise, und zwar in jeder Hinsicht. Ich sah die Menschen, die ich liebte, aus einer neuen Perspektive und auch meine Freunde und Geschäftspartner.

Nach nur zwei Wochen Arbeit mit dem Pferdeflüsterer, als alles noch ganz neu war für mich, gewann ich beim Rodeo bereits mein erstes Dreiecksrennen, ein so genanntes »Barrel Race«. 1998 holte ich in dieser Disziplin sogar den Meistertitel im Bundesstaat Alaska – und verteidigte ihn gleich die folgenden zwei Jahre. Ich wurde einfach richtig gut, weil ich verstanden hatte, dass ich gar nicht kämpfen musste, um diese 500 Kilo schweren Tiere zu dirigieren. Ein Pferd wirklich zu reiten ist eine wunderbare Erfahrung und fast schon wie Fliegen. Pferde nahmen einen immer größeren Platz ein in meinem Leben. Allerdings beendete ich meine Karriere als Barrel Racer, als ich merkte, dass es bei diesen Wettkämpfen eigentlich nur um mein Ego ging und nicht um die Tiere. Je mehr ich lernte, desto größer wurde mein Verlangen, noch mehr zu wissen. Die Reiterei machte aus mir einen besseren Menschen. Wenn ich beispielsweise die Körpersprache eines Pferdes interpretieren kann – die Haltung des Unterkiefers, wie sich die Ohren bewegen oder die Augen blinzeln, was der Schwanz macht –, dann kann ich auch einem Menschen ins Gesicht sehen und die Signale erkennen, die er mit seinen Augen oder Mundwinkeln aussendet. Von da war es nur ein kleiner Schritt, anderen Pferdebesitzern zu helfen, wenn sie Probleme mit ihren Tieren hatten. Inzwischen ist mir diese Arbeit mit Pferden so wichtig, wie es früher nur die Fischerei war.

Und dennoch … gibt es im Leben nicht immer ein »und dennoch …«? Obwohl ich hier bei den Pferden in Indiana so zufrieden und glücklich bin, sehne ich mich immer auch nach Alaska. Ich werde das Fischen niemals aufgeben können, es wird immer einen zentralen Platz einnehmen in meinem Leben. So sehr ich auch die Pferde und diese Farm liebe, nur auf dem Boot habe ich dieses Gefühl der absoluten Freiheit, nur auf See spüre ich diese essenzielle Intensität des Seins. Und daran wird sich nie etwas ändern. Es ist, als würde mein Herzblut zwischen diesen beiden Extremen fließen wie die Gezeiten: Eben noch wirkt die Anziehungskraft des Landlebens, im nächsten Moment zieht es mich raus aufs Meer. Ich bin buchstäblich hin- und hergerissen.

Und: So sehr ich die Pferde auch liebe, sie bezahlen keine einzige Rechnung. Krabben aber schon.

Die Ästhetik des Fischens hat mich nie in dem Maße berührt, wie sie Johnathan in ihren Bann zieht. Wenn er über Fisch und das Werk des Fischers spricht, klingt er manchmal geradezu wie ein Poet. Johnathan erkennt Schönheit in den einfachsten Dingen, er bricht in eine wahre Schwärmerei aus, wenn er die grandiose Farbe eine Rotlachses beschreibt. Meine Tochter Chelsey ist 26 Jahre alt, klug und gebildet und seit Kurzem Mutter eines Jungen – Dylan, mein Enkel.

 Sie hat diese Ader auch, diese Antenne für das Besondere im ganz Gewöhnlichen.

Wie Johnathan hat sie eine geradezu spirituelle Beziehung zur See und das hat sie zum ersten Mal in der Nacht gespürt, als unser Vater starb. Sie war überzeugt, das die *Time Bandit* – ja, das Schiff, das unser Dad gebaut und geliebt hat – etwas wie eine Vorahnung hatte, dass er dieses Leben verlassen würde. Die *Time Bandit* war wieder einmal als Fischfrachter unterwegs und Chelsey hatte gerade die Brückenwache übernommen. Kapitän auf dieser Reise war unser Bruder David. Aber jetzt war Chelsey eben allein auf der Brücke. Sie hatte noch keine große Erfahrung und musste sich einige Mühe geben, überhaupt wach und aufmerksam zu bleiben. Ein Radarplotter zeigte ihr alle Schiffe an, die in einem Radius von 48 Seemeilen um die *Time Bandit* unterwegs waren. David hatte ihr eingeschärft, dass sie ihn unbedingt wecken solle, wenn ein anderes Schiff näher als zwei Meilen herankam. Plötzlich tauchte tatsächlich ein Punkt auf dem Bildschirm auf, den der Plotter als Fischtrawler *Guardian* identifizierte. Chelsey schätzte, dass er noch etwa drei Meilen entfernt war. Der Autopilot steuerte die *Time Bandit* und Chelsey war in Gedanken schon bei ihrer geplanten Europareise.

Leider war die *Guardian* da bereits nur noch zwei Meilen entfernt – und sie kam schnell näher.

Chelsey versuchte, mit dem Fernglas in die Dunkelheit zu spähen, aber die Distanz war unter diesen Bedingungen nur schwer einzuschätzen. Nach der Decksbeleuchtung zu urteilen war die *Guardian* wirklich nicht mehr weit weg. Chelsey war sich einfach nicht sicher – und wie sie die genaue Entfernung am Plotter ablesen kann, hatte sie noch nicht gelernt. »Es kam mir schon komisch vor«, sagte sie mir später, »aber richtig ernst sah es auch noch nicht aus.«

Sie kletterte den Niedergang runter und weckte einen Matrosen, der Chance hieß und sich gerade erst in die Koje verkrümelt hatte. Ob er mal kurz gucken könnte? Chance kam sofort auf die Brücke – doch da war die *Guardian* schon direkt vor dem Bug der *Time Bandit*. Chelsey zog die Gashebel zurück, nur leider nicht weit genug, statt auf »Volle Kraft zurück« standen sie nur auf »Leerlauf«. Die *Time Bandit* schob also unter ihrem eigenen Gewicht weiter vorwärts und die beiden Schiffe steuerten ungebremst aufeinander zu – »wie zwei Magneten auf großer Fahrt«. Chance versuchte noch, den Rückwärtsgang reinzuhauen, aber da war es schon zu spät. Die beiden Schiffe krachten zusammen, »es war wie bei der *Titanic*, nur nicht ganz so doll«. Chelsey guckte noch verwirrt durchs Fernglas, als die Dampfer schon mit dem lauten Kreischen von Metall auf Metall aneinander vorbeischrammten. Der Bug der *Time Bandit* war ganz schön zerknautscht, die Reparatur schlug mit 60 000 Dollar zu Buche. Chelsey sprach ein stilles Gebet, dass ihr jemand die Schuld für das Schlamassel abnahm, doch sie musste noch acht Stunden Funkstille ertragen, bis ich sie endlich auf dem Satellitentelefon anrief. Ich schluchzte ins Telefon, was sie bei mir noch nie erlebt hatte, und sie dachte, es wäre wegen der Kollision, bis ich ihr schließlich erzählen konnte, dass ihr Großvater gerade gestorben war. In diesem Moment wurde ihr die erstaunliche Koinzidenz der Ereignisse bewusst.

Am nächsten Morgen kletterte Chelsey auf das Deck hinter der Brücke und heulte sich richtig aus. Sie hatte das Gefühl, dass sie die Schuld an *allem* trug. Es war ihr, als hätte sie den Mann tödlich enttäuscht, der wie kein anderer sein Herzblut für die *Time Bandit* gegeben hatte. Doch dann schwamm plötzlich eine Gruppe Wale in ihre finstere Welt. Sie glitten neben dem Schiff entlang und schnaubten durch ihre Blaslöcher. Chelsey sah es als ein Zeichen, dass die Wale in diesem Moment erschienen waren, als Signal, dass alles okay war. »Danke, Opa«, sprach sie in den Wind. Kein Ereignis in ihrem jungen Leben hat sie so aufgewühlt wie diese Begegnung mit den Walen.

Danach erzählte sie mir, was sie für die See empfand, und die Tiefe ihrer Gefühle war für mich eine wirkliche Überraschung: »Wenn ich da draußen bin und meine Verletzlichkeit spüre, dann ist das für mich ein spiritueller Moment, wie ich ihn sonst nirgendwo erleben kann. Der Ozean hat eine solche Macht, eine solche Präsenz. Wenn Mutter Natur auf See in Wut gerät, bin ich ihr komplett ausgeliefert.« Und was denkt sie über Krabbenfischer wie mich, ihren Vater? »Fischer leben in dem Bewusstsein, dass ihre Existenz jeden Moment ausgelöscht werden kann; das schweißt sie zu einer Überlebensgemeinschaft zusammen. Sie wissen, dass sie zusammenarbeiten und vor allem zusammenhalten müssen, wenn sie auf See überleben wollen. Allein haben sie keine Chance. Fischer liefern sich ihrem Beruf aus, total. Es ist ihnen klar, dass sie ihr Leben aufs Spiel setzen, sobald sie an Bord eines Trawlers gehen, aber sie wissen eben auch, dass sie sich in der Not immer auf die Hilfe ihrer Crew verlassen können. Sie bilden so eine Art Bruderschaft und andere Menschen spüren das instinktiv. Sie bringen dieser Bruderschaft der Fischer großen Respekt entgegen – und beneiden sie gleichzeitig um die Exklusivität ihrer Gemeinschaft. Es ist außerdem ein echter Urtrieb, dieser Kampf gegen die Elemente, dieses wiederholte Anrennen gegen Hindernisse. Aber Fischer haben das im Blut. Sie leben und atmen, um genau das zu tun. Fischen ist kein Beruf, es ist eine Lebensweise.«

Große Worte. Ich wünschte, ich hätte diese Fähigkeit, so auszudrücken, was ich tue.

Aber es kam noch mehr: Sie erklärte mir die Bedeutung meines Berufs – und das Konzept, das meiner Arbeit offenbar zugrunde liegt. Sie begann mit der Frage, ob ich die Krabbenfischerei für eine würdevolle Beschäftigung halte. Ich war mir nicht ganz sicher, wie ich darauf antworten sollte. Mir ist bewusst, dass es ein dreckiger, gefährlicher und anstrengender Job ist. War es das, was sie mit Würde meinte? Sie las mir einen Artikel vor, den sie im Internet gefunden hatte. Der Text ging, was ich schon reichlich merkwürdig fand, mit einem Zitat von Karl Marx los, dem Vater des Kommunismus. Marx hatte geschrieben, dass der Dichter John Milton sein episches Gedicht »Das verlorene Paradies« aus demselben Grund »produziert« habe, der auch eine Seidenraupe antreibt, Seide zu spinnen: »Es lag in seiner Natur.« Krabbenfischen lässt sich kaum mit dem Schreiben eines Gedichts vergleichen, aber im Kern würde ich der Aussage schon zustimmen. Zur See zu fahren ist für Johnathan und mich ein Teil unserer Natur. Der Artikel ging noch weiter: Manche Berufe, wie zum Beispiel das Krabbenfischen, stehen für eine »männliche Mythologie und eine klar definierte Stellung im Universum«. Wenn ein Job nur darin besteht, Zahlen auf einer Excel-Tabelle hin- und herzuschieben, kann man nicht von »Würde« sprechen, dazu braucht es auch keinen exklusiven Kodex.

Und damit hat Chelsey natürlich recht. In meinem »Büro«, also auf der *Time Bandit*, kann man sich den folgenden Ausruf schwerlich vorstellen: »Was für eine Aufgabe ich heute wohl übertragen bekomme? Waaaaahnsinn! Ich darf eine Excel-Tabelle ausfüllen!«

Chelsey hatte einen weiteren Spruch parat: »Vertreter anderer sozialer Klassen mögen den gesellschaftlichen Status einer Person nach akademischem Erfolg, Einkommensniveau und beruflichem Ansehen bewerten«, erklärte sie, doch Männer wie Johnathan und ich würden »eine komplett andere Hierarchie aufstellen«. Für uns zähle vor allem, ob jemand in der Lage sei, für sich selbst zu sorgen, ob er den Mut mitbringe, wie ihn Feuerwehrleute, Soldaten oder Polizisten in ihrem Job brauchen. Und ob jemand die Disziplin besitze, auch unter widrigen Umständen dafür zu sorgen, dass es jeden Abend etwas zu beißen gibt. »Alle anderen«, schloss Chelsey, »sind nur Schwätzer.«

Ich selbst halte die Zusammenhänge für nicht gar so kompliziert. Ich mache meinen Job, weil ich ihn liebe. Andere Typen brauchen Sport, die Jagd oder die Angelei als seelischen Ausgleich. Der Mensch wird die Woche über den fiesesten Job ertragen, wenn er sich auf eine Runde Golf am Wochenende freuen kann. So sieht doch die Überlebensstrategie der meisten Leute aus. Wenn solche Menschen dann Typen wie Johnathan oder mich treffen, dann regt sich etwas bei ihnen – und dabei ist es egal, aus welcher Schicht sie stammen oder wie viel Geld sie verdienen. Man sieht es ihnen an, dass sie denken: »Mein Gott, was würde ich dafür geben, wenn ich so leben könnte wie ihr.«

Mir geht es gut, wenn ich arbeite. Ich liebe es, wenn ich Sachen reparieren kann. So einfach ist das. Und mir gelingt es meistens, Krabbe oder Lachs auszutricksen. Ich bin eigentlich ständig dabei, irgendetwas zu reparieren. Ich kriege es hin, dass die Dinge wieder laufen, wie sie sollen. Damit verbringe ich meine Zeit, und die Leute brauchen mich genau dafür. Ich werde gebraucht, um Dinge zu tun, nicht, um sie zu denken. Wobei ich beides sinnvoll kombiniere, damit etwas daraus wird, das auch wirklich funktioniert. Ich weiß mit meinen Händen umzugehen, und jeder, der von seiner Hände Arbeit leben muss, weiß genau, was ich tue und wer ich bin. Auch auf der *Time Bandit* bin ich immer derjenige, der Sachen reparieren muss. Doch diese Art von Arbeit erfüllt mich wie keine andere. Dinge zu flicken oder zu kitten oder zu kleben, verschafft mir ein Selbstwertgefühl, das einen ganz simplen Ursprung hat: Funktioniert es wieder? Geht es jetzt? Hält es? Manchmal muss ich meine Talente sogar bei meiner Frau anwenden, wie zum Beispiel, wenn ich sage: »Du siehst fantastisch aus. Diese Hose steht dir wirklich gut.«

»Findest du nicht, dass sie einen dicken Hintern macht?«

»Überhaupt nicht, Liebling!« So geht das, schon wieder etwas in Ordnung gebracht.

Auf der *Time Bandit* habe ich keinen Boss, der mich rumkommandiert. Niemand, der dauernd an mir rumnörgelt. Typen sehen das sofort.

Wenn ich Bauarbeiter sehe, Klempner oder Elektriker oder Lieferanten, die zur Erholung Barsche fangen, dann weiß ich sofort, welchen Mist die jeden Tag zu ertragen haben – den Stau auf dem Weg zur Arbeit, nervige Chefs, winzige Büros. Warum hauen sie nicht einfach ab? Weil sie Verantwortung und vielleicht auch Schulden haben, weil sie ihre Frauen und ihre Kinder lieben. Und sie halten den ganzen Ärger aus und sagen keinen Ton, wenn sie nur zwei Wochen im Jahr kriegen, um angeln zu gehen oder zu tun, wonach auch immer ihre Seele verlangt. 50 Wochen Durchhalten für zwei Wochen Glück! Aus der Perspektive dieser Typen gesehen bin ich frei. Und sie selbst liegen an der Kette. Wenn Johnathan und ich die Krabbensaison hinter uns gebracht haben, dann lassen wir uns einfach treiben, wohin der Wind uns weht. Und wenn ich draußen auf See beim Fischen bin, dann bin ich wie der Cowboy, der am Ende des Films in den Sonnenuntergang reitet – und alles hinter sich zurücklässt, Frauen und Kinder, die Ranch, das ganze Leben. Das ist wahrscheinlich auch der Grund, warum unser Dad so gerne diese Louis-l'Amour-Schundromane las. Der Cowboy zieht einfach los … allein oder in Begleitung einer verschworenen Bruderschaft. Das ist es, wozu Männer gemacht sind. Frauen hören das nicht so gerne, da bin ich mir sicher. Aber sie verstehen auch, dass dieses primitive Verlangen zu unseren elementaren Bedürfnissen zählt, die sich niemals ändern werden.

Und das erklärt auch, warum mir dieser Impuls, mir Sorgen um Johnathan zu machen, so natürlich erscheint – es ist eine der ungeschriebenen Regeln unter Männern.

Es ist Zeit, wieder reinzugehen. Ich schnalze mit der Zunge und Rio wiehert leise. Er weiß, dass es jetzt zurück in den Stall geht. Ich gebe ihm einen kräftigen Klaps auf den Hals – und muss wieder an Johnathan denken. Das wird mich jetzt die ganze Nacht nicht schlafen lassen. Immer dasselbe Muster, sagt Sabrina, und es stimmt ja auch. Die Rollen in einer Familie sind fest vergeben, daran ändert sich so schnell nichts. Ich passe auf Johnathan auf, ich decke ihn, ich stehe für ihn ein – so war es und so wird es immer sein. Bevor eine Prügelei richtig gemein wird, schlage ich ihn raus. Gelegentlich habe ich an seiner Stelle weitergekämpft. Ich passe auf ihn auf, weil das meine Rolle ist, auch wenn es andersherum nicht so ist, dass er sich auch um mich kümmert. Ich glaube tatsächlich, dass es seine Rolle in der Familie ist, niemals erwachsen zu werden. Wenn Peter Pan mir nicht zu Hilfe kommt, habe ich wirklich niemanden, der mich raushaut. Das wissen wir beide. Ich habe mal von zwei 50 Jahre alten Brüdern gehört, die sich auf der Geburtstagsparty für ihre 80-jährige Mutter geprügelt haben. Warum? Weil der eine dachte, dass die Mutter den anderen mehr liebte. So ist es eben manchmal und daran ist auch nichts zu drehen.

Mit unserer Mutter haben wir keine Probleme, wir machen uns keinen Kopf, ob sie uns auch wirklich liebt. Es ist sogar eher so, dass sie uns zu sehr liebt. Es vergeht kaum eine Gelegenheit ohne Mahnung von ihr, wie gefährlich unser Job sei – als wenn wir das nach den vielen Jahren in der Krabbenfischerei nicht selbst wüssten. Wenn wir auf der Beringsee sind, betet sie für uns. Wenn wir wieder im Hafen sind, fleht sie uns an, doch endlich sichere Jobs an Land zu suchen. Neulich hat sie allerdings zum ersten Mal verkündet, sie habe jetzt alle Hoffnung aufgegeben, dass ihr Wunsch in Erfüllung gehe. Und dass sie sich künftig keine Sorgen mehr machen wolle. Johnathan sah mich nur an und sagte: »Das sind mal wirklich schlechte Neuigkeiten.«

Was unsere Rollen früh festlegte, war der Altersunterschied von nur einem Jahr. Wir sind wirklich zusammen aufgewachsen, wobei Johnathan bis zum Ende seiner Teenagerzeit immer eher der kleinere war. Da habe ich eben auf ihn aufgepasst. Die Welt der Teenager kann sehr grausam sein und er hatte immer diesen verletzlichen Zug. Er ist natürlich ein starker Kerl, aber er hat auch diese weiche Seite. Genau da versuche ich, ihn zu beschützen. Ich will nicht, dass diese Seite von ihm unter die Räder kommt, so wie ich selbstverständlich überhaupt nicht will, dass ihm irgendetwas zustößt. Deshalb stehe ich jetzt hier und werde mir so lange Sorgen machen, bis ich seine Stimme wieder höre.

Ich sage Rio im Stall gute Nacht und gehe durch den Garten, den Sabrina mit wahrer Hingabe hegt und pflegt. Auf dem Weg zum Haus empfängt mich der nächtliche Duft der *Mirabilis jalapa*, die Sabrina ihre goldene Blume nennt. Und dann sitze ich die nächsten Stunden schlaflos da und warte, dass unser Telefon klingelt.

Und dann flogen die Fäuste

Kapitel 6

Johnathan

Ich bin *nicht* in Seenot. Ich habe zwar keine Ahnung, wo ich gerade stecke, aber ich denke nicht, dass ich in ernsthaften Schwierigkeiten bin – oder wenigstens noch nicht. Ich rolle mich in der Koje auf der Brücke zusammen. Es wird dunkel draußen und der Wind hat zugenommen. Außerdem klatschen die Wellen deutlich lauter aufs Schiff. Ich zünde mir eine Winston an und starre aus den Fenstern an Backbord. Ich sehe nichts außer einer endlosen Fläche Wasser, die nahtlos in den Himmel überzugehen scheint. Ich könnte genauso gut ein Bauer sein, der in einem riesigen Maisfeld steht. Nein: Ich *bin* ein Farmer, mein Feld ist die See und mein Traktor zickt.

Vor zwei Tagen habe ich in Anchorage noch gemütlich über die Krabbenfischerei gequatscht. Fisch ist für einen Mann ein erstklassiger Vorwand, ein Gespräch anzufangen. Es ist wie ein sicherer Hafen der Konversation, von dem aus man einen wahren Ozean an Möglichkeiten erreicht. Über Fisch zu reden, bietet eine hervorragende Grundlage für wunderbare Übertreibungen und Märchen aller Art, man kann dabei humorvoll über Volksweisheiten debattieren und sogar ohne Probleme persönliche Ansichten unterbringen. Fisch ist als Einstieg in eine Unterhaltung eine ganz sichere Nummer, weil es ein so unverbindliches Thema ist. Man kann sein Gegenüber sehr gut kennenlernen, ohne es gleich offen auszuhorchen. Und mit einem Berufsfischer zu quatschen, ist für viele Hobbyangler ungefähr so, als würde sich ein Gelegenheitssoftballspieler mit einer Baseballlegende wie Barry Bonds zusammensetzen:

Das ist spannend, wahnsinnig informativ – und doch irgendwie alles nur Quatsch mit Soße. Bei manchen Typen, die ich in den Kneipen treffe, sehe ich sogar so etwas wie Ehrfurcht in den Augen. Sie wollen von mir natürlich immer sofort wissen, wie das ist mit der Fischerei in unserer Liga, und ich kann ihre Neugier ja verstehen. Für sie ist die Krabbenfischerei auf der Beringsee wie der ultimative Extremsport, vergleichbar nur mit einer Soloklettertour ohne jede Sicherung auf den El Capitan oder dem Ritt auf einer 30-Meter-Welle vor Palau. Also tue ich den Leuten den Gefallen, wenn sie mich so höflich bitten, von unserem Job auf der Beringsee zu erzählen. Ich muss allerdings zugeben, dass es mir auch sehr leicht fällt. Nach der Fischerei, meiner Frau und meinen Kindern liebe ich nichts so sehr, wie Seemannsgarn zu spinnen. Meine schönsten Geschichten habe ich schon so oft erzählt, dass ich sie manchmal noch nachts im Schlaf vor mich hinbrabble. Aber selbst die x-te Wiederholung geht mir nicht auf die Nerven.

Für Frauen ist der Krabbenfischer-Bullshit noch einmal ganz besonders interessant – er ist wie ein Fenster in die Welt der Männer. Sie können sich einfach zurücklehnen und die Show genießen. In Anchorage hat mich einmal eine attraktive Frau angesprochen, die absolut nichts mit der Fischerei zu tun hatte und die ich in dieser Kneipe vorher noch nie gesehen hatte. Sie fragte mich, woran man erkenne, ob man es mit einer männlichen oder weiblichen Königskrabbe zu tun habe – die eine darf gefangen werden, die andere nicht. Die Frage hatte also durchaus ihre Berechtigung, dachte ich, aber ich entschied mich trotzdem, keine ernsthafte Antwort zu geben. »Man kann die männliche von der weiblichen Krabbe gut unterscheiden«, sagte ich also, »weil die männliche Krabbe in der Regel immer oben ist.« Sie wusste erst nicht, wie sie darauf reagieren sollte, und beäugte mich mit Vorsicht. Aber dann lächelte sie – und, wie ich fand, sehr verführerisch.

Ihr Unwissen ist absolut verständlich und es verweist gleichzeitig auf einen größeren und wichtigen Zusammenhang: Viele Menschen wissen doch heute kaum noch, wie zu Lande oder zu Wasser unsere

Nahrung beschafft wird. Wo kommt die Kartoffel her? Oder der Lachs? Aus dem Supermarkt, ist doch klar. Wir Fischer sind in dieser Hinsicht wie die Bauern – wir wissen, was wir essen. Wir sehen, was wir ernten und fangen, wie es auf den Markt gelangt. Uns Krabbenfischern ist natürlich bewusst, was für eine seltsame Kreatur wir da vom Meeresboden holen. Wer diese gruseligen Wesen betrachtet, kann schon mal an Jonathan Swift und seinen berühmten Spruch denken: »Das war ein mutiger Mann, der zuerst eine Auster aß.« Ja, wer hat bloß entdeckt, dass sich unter diesem hässlichen Panzer überhaupt etwas Essbares verbirgt?

Krabben haben zehn Beine und sie sehen aus wie Spinnen. Am ersten Beinpaar tragen sie ihre Scheren; eine dient als Zange zum Festhalten der Beute und Zerkleinern der Nahrung, die andere, meist deutlich größere Schere nennen wir »Crusher«, weil die Krabbe damit ihre Beute fängt und knackt. Die folgenden drei Beinpaare dienen der Fortbewegung, das fünfte Paar ist sehr klein und liegt meist versteckt unter dem hinteren Teil des Panzers. Erwachsene Weibchen putzen damit ihre befruchteten Eier, Männchen benutzen sie, um während der Paarung ihr Sperma an das Weibchen weiterzugeben.

Die Königskrabbe lebt in einer Tiefe jenseits der 130-Meter-Marke, wo es stockfinster ist und das Wasser so kalt wie flüssiges Eis. Das Aleuten-Becken ist reich an Nährstoffen, die Krabben werden hier richtig satt. Ihre Beute spüren sie in der Dunkelheit mit Chemorezeptoren auf. Sie haben eine erstaunliche Widerstandsfähigkeit und damit ist nicht allein ihr dicker Panzer gemeint. Ihr Blut ist nahezu weiß, es besteht aus Hämocyanin und enthält starke, schnell wirkende Gerinnungsmittel, mit deren Hilfe es den Krabben gelingt, auch die schwersten Verletzungen oder sogar Amputationen zu überstehen. Ihr stacheliger Panzer schützt sie vor Fressfeinden wie dem Kabeljau und ihre wachsamen Augen, die auf kurzen Stielen direkt vor ihrem Hirn stehen, decken ein ausreichend großes Sehfeld ab, um Gegner rechtzeitig zu erkennen und mit den Scheren zu bekämpfen.

Die Beine der Krabbe, in Salzwasser gegart und mit etwas Butter serviert, schmecken köstlich und sind selbst unter Krabbenfischern immer wieder Geprächsthema. Während der letzten Saison hatte unsere Crew eine längere Diskussion über die »Scherenbeine« der Königskrabbe – vor allem den Crusher fanden alle faszinierend. Einen Kugelschreiber knipst die Krabbe damit lässig durch. Wissenschaftlich nicht überprüfbar war die Behauptung von Andy, dass »die Viecher damit schon manchem Fischer in den Schwanz gekniffen haben«. Russells Augen leuchteten, als er nachfragte: »Und ist das eine bewährte Fangmethode für Krabben, Andy?«

Um die Frage der Frau in Anchorage ernsthaft zu beantworten: Es ist sehr leicht, das Geschlecht der Tiere zu bestimmen. Das Abdomen, das sich direkt hinter dem Schlund der Krabbe wölbt, ist bei den Männchen sehr schmal. Bei den Weibchen ist es deutlich breiter ausgeprägt, weil sie darauf zigtausend befruchtete Eier transportieren muss. Königskrabben haben wie andere Krebse einen Schwanz, der fächerförmig ausgebildet und unter dem hinteren Ende des Bauchpanzers eingeklappt ist. Erwachsene Weibchen produzieren bis zu 30 000 Eier, aus denen Larven schlüpfen, die sich mit Strömungen und Gezeiten treiben lassen. Sie ernähren sich von Plankton, von winzigen Algen und Kleinstlebewesen – und ihr Körper macht dabei eine rapide Verwandlung durch. Später lassen sich die Larven am Meeresboden in eiskaltem Wasser nieder. In dieser Phase wachsen die Krabben schnell und müssen immer wieder ihr Außenskelett abstreifen. Ausgewachsene Männchen behalten ihre stachelige Außenhaut etwa zwei Jahre, bevor sie sich einen neuen und größeren Panzer zulegen. Die größte der Krabben nennen wir Red Alaskan Kingcrab, die Wissenschaftler sagen Paralithodes camtschaticus. Den Größenrekord hält ein 24 Pfund schweres Weibchen, das Durchschnittsgewicht bei den Männchen beträgt knapp fünf Kilogramm. Ihre Lebenserwartung liegt bei ungefähr 20 bis 30 Jahren. Die Spannweite der Beine kann bei einem ausgewachsenen Männchen schon einmal 1,80 Meter erreichen. Exemplare mit einer Spannweite von 1,20 Metern und mehr fangen wir regelmäßig.

Wenn sie nicht gerade ihr Außenskelett abstoßen oder Paarungszeit ist, leben erwachsene Krabben in der Gruppe, streng nach Geschlecht getrennt. Männchen wandern bis zu 100 Meilen im Jahr, manchmal legen sie an einem Tag eine ganze Meile zurück. Gelegentlich türmen sie sich zu großen Haufen auf, die wie riesige Bälle am Meeresgrund entlangrollen – die Wissenschaft weiß bis heute nicht, warum sie das tun. Sie fressen Würmer, Muscheln, Schnecken, Schlangensterne und Seesterne, außerdem Seeigel, Sanddollars, Rankenfüßer, sonstige Krebse, Aas, ertrunkene Menschen, wenn sie welche finden können, auch Schwämme und Algen – sowie *andere* Königskrabben. Sie selbst haben kaum Feinde, eigentlich sind nur Jungtiere gefährdet. Sie werden von Kabeljau und Heilbutt gefressen, von Kraken, Seeottern und Schnurwürmern – und *anderen* Königskrabben.

Die Ureinwohner Alakas haben diese Meeresspinnen schon lange vor unserer Zeitrechnung verspeist, aber wer hätte gedacht, dass die Biester einmal Erfolg als international gesuchte Delikatesse haben würden? Als kommerzielle Fischerei gibt es den Fang der Königskrabben in Alaska seit den Fünfzigerjahren. Hunderte von Fischern stürzten sich damals auf die neue Beute, es war wie zu den Zeiten des Goldrauschs. Das Geschäft wuchs rasend schnell und in den Achtzigerjahren brachte es der Kapitän eines Krabbenschiffs pro Saison mit schöner Regelmäßigkeit auf ein Einkommen jenseits der 150 000 Dollar. So viel Geld hatte in Alaska vorher noch nie jemand mit der Fischerei verdient, die Straßen im hohen Norden waren wie mit Gold gepflastert. Aber dann krachte 1983 alles zusammen. Bis heute weiß niemand, was passiert ist. Hatte es eine Veränderung der Wassertemperatur gegeben, die die Krabben nicht vertrugen? Waren sie von einem Virus befallen worden? Oder hatte die Fischerei einen kritischen Punkt überschritten, von dem sich die Spezies nicht erholen konnte?

Von einem Jahr aufs nächste waren die Krabben verschwunden. Wir hatten alle gedacht, wir seien bestens gerüstet für diese Schlacht – mit unseren großen Schiffen, großen Tanks, Kränen, Sonaren und Kartenplottern. Aber da lagen wir falsch. Wir nennen die Krabbenfischerei zwar eine Industrie, aber es bleibt eben doch Fischerei und das bedeutet, dass wir uns in der Natur bewegen. Und die lässt sich von niemandem zähmen, ordnen, planen oder manipulieren. Die Natur entzieht sich jeder Kontrolle, genau so wird es immer sein. Wir leben nach *ihren* Regeln, nicht umgekehrt. Wir bilden uns natürlich gerne ein, dass wir die Sache unter Kontrolle haben, und als Seeleute müssen wir uns das auch tapfer einreden, sonst würden wir nicht den Mut aufbringen, immer wieder raus in den Sturm zu fahren. Tief in unserem Herzen wissen wir natürlich, dass wir nicht sagen können, ob es weiterhin Krabben geben wird oder ob sie verschwinden. Wir können auch keine endgültigen Aussagen über ihren Lebensraum treffen, über mögliche Veränderungen in der See. Mit Gewissheit können wir nur sagen, dass wir nichts mit Gewissheit sagen können. Kann sein, dass wir weiterfischen können; kann sein, dass wir nicht mehr rausfahren. Ich kann mir schon denken, dass diese Erklärung manchen Leuten zu simpel ist, und vielleicht gehöre ich sogar dazu. Aber was bleibt, ist eine große Verunsicherung.

Ich war einer von den Fischern, die an die Ostküste gegangen sind, als die Krabbenfischerei in Alaska kollabierte – der Einbruch gilt übrigens als der schlimmste, den die US-Fischerei jemals zu verzeichnen hatte. Ich hatte in einem Fachmagazin gelesen, dass New Bedford in Massachussetts die Nummer eins unter den Fischereihäfen der Staaten war. Also machte ich mich auf den Weg. Ich kaufte die *Hannah Boden*, das Schwesterschiff der *Andrea Gail*, die später durch einen »perfekten Sturm« traurige Berühmtheit erlangte. Den Kaufvertrag schrieben wir auf eine Serviette. In den ersten vier Monaten machte ich einen Umsatz von 800 000 Dollar, ich riss mir wirklich den Arsch auf. Doch der Voreigner der *Hannah Boden* hielt sich nicht an unseren

Vertrag und ich beschaffte mir ein neues Schiff. Mit der *Canyon Explorer*, einem knapp 30 Meter langen Hummerfänger, fischten wir in den Gewässern von Cape Cod, und zwar rund um die Uhr. Leider waren die Leute, die ich vor Ort anheuerte, zum größten Teil absolut unbrauchbar, schlafen war ihnen wichtiger als fischen. Also setzte ich sie wieder an der Pier ab und suchte mir im Obdachlosenasyl eine neue Crew zusammen. Ich war bereit, jeden zu nehmen, wenn er nur halbwegs fit war. Ich hatte nur ein altes Holzschiff ohne richtiges Geschirr, aber ich wollte es den Typen hier zeigen.

Wenn ich die Fischer an der Ostküste mit den Kollegen in Alaska vergleiche, kommen sie mir schon sehr stur und beratungsresistent vor – typisch sind da die Hummerfischer aus Maine, die seit Generationen denselben Job machen. Mit vielen bin ich inzwischen gut befreundet, obwohl sie gerne mal so tun, als sei der Atlantik ihr privater Ozean. Sie sahen es überhaupt nicht gern, dass ich mit meinem Kahn auf ihren Fischgründen vor der George's Bank erschien. »Wieso denn?«, fragte ich sie. »Seid ihr George?« Viele konnten mich anfangs nicht ausstehen und es ist im Prinzip unmöglich, mich nicht zu mögen. Irgendwann haben sie es dann auch kapiert. Ist schon ein sehr stures Völkchen da im Osten.

Kein Wunder also, dass ich genau dort in die schlimmste Prügelei meines Lebens geriet. Ich saß mit zwei Freunden aus Alaska an Heiligabend in Providence im Bundesstaat Rhode Island in einer netten Kneipe. Ein anständiges Etablissement, so eine Art Piano-Bar. Einer von beiden schlug vor weiterzuziehen, er kannte da noch einen tollen Club. Ich hatte eigentlich schon Nein

Die **Andrea Gail** *war ein 22 Meter langer Schwertfischfänger aus Gloucester, der am 28. Oktober 1991 vor Sable Island in einem Unwetter sank. Der Sturm hatte sich aus den Überresten des Hurrikans Grace und zweier weiterer Wettersysteme über dem Festland gebildet. Die genaue Ursache des Unglücks konnte nie geklärt werden, doch es gilt als wahrscheinlich, dass die* **Andrea Gail** *in rund 20 Meter hohen Wellen gekentert ist. Der Journalist Sebastian Junger hat den Hergang recherchiert, soweit es möglich war. Bei seinen Nachforschungen sprach er auch mit einem Meteorologen, der die unglückliche Wetterkonstellation den »perfekten Sturm« nannte. Es wurde der Titel für Jungers Buch.*

gesagt, weil ich lieber noch in Ruhe ein paar Drinks kippen wollte, um mich dann in mein Hotelbett zu verziehen. Aber dann ging ich doch mit – und lag ein paar Stunden später in meinem eigenen Blut. Der Schuppen hieß Club Hell – Höllenclub. Wir gaben unsere Jacken ab. Einer meiner Kumpels trug eine 500-Dollar-Lederjacke, auf die er besonders stolz war. Wir bekamen unsere Garderobenmarken und gingen rein.

Es war ein netter Abend, wir tanzten, lachten über die üblichen alten Kalauer und genehmigten uns noch ein paar Drinks. Doch als wir schließlich unsere Jacken wieder abholen wollten, behauptete der Typ an der Garderobe, er hätte uns niemals Marken gegeben. Unsere Jacken waren weg. Wir zeigten ihm unsere Marken und er zuckte nur mit den Schultern. Das war der Moment, in dem alles aus dem Ruder lief. Ich sagte ihm, dass wir nicht ohne unsere Scheißjacken abziehen würden – und dann rückten seine Rausschmeißer an. »Ihr haut jetzt ab, klar?«, sagte einer von ihnen. Schon hagelte es Hiebe und es flogen die Fäuste. Plötzlich mischte sich dieses Riesenarschloch in den Kampf ein, ein Kerl wie der Beißer aus James Bond, eine üble Laune der Natur. Er war der größte Scheißkerl, dem ich je begegnet bin, und er ging ausgerechnet auf *mich* los. Jetzt schnallte ich, warum sie den Club die Hölle nannten.

Der Beißer schnappte mich im Schritt und am Kragen und schleuderte mich auf einen Porsche, der vor dem Eingang zum Club parkte. Ich bin mit meinen knapp 100 Kilo nicht gerade ein Leichtgewicht, aber für diesen Kerl war es wahrscheinlich nur so, als würde er seine kleine Schlampe auf den Arm nehmen. Ich konnte einfach nichts gegen ihn ausrichten. Die Alarmanlage im Porsche heulte los und die Freunde der Rausschmeißer traten auch noch auf mich ein. Beißer griff wieder nach mir und klatschte mich gegen eine Mauer. Wie bin ich bloß auf die blöde Idee gekommen, in diesen Höllenclub zu gehen? Einer meiner Kumpel – Clark Sparks, der einen Monat später über Bord ging und ersoff – versuchte noch, mir zu Hilfe zu kommen, doch einer der Rausschmeißer knockte ihn aus. »So eine Scheiße«, dachte ich. »Jetzt werde ich an Heiligabend in Providence im Bundesstaat Rhode Island sterben.« Als die Cops endlich auf der Bildfläche erschienen, umarmte ich sie dankbar. Sie chauffierten mich in mein Hotel. Ich hatte eine offene Wunde an der Hüfte, das Blut lief und lief und suppte sogar durch die Matratze. Ich hab's überlebt, aber an diesem Tag reifte der Plan, so bald wie möglich wieder ins ruhige und friedliche Alaska zurückzukehren.

Als wir im vergangenen Jahr unseren Abschied vom Latitudes genommen hatten, gab es vor dem Start der eigentlichen Krabbensaison noch viel zu tun. Wir schleppten kistenweise Hundslachs und Buckellachs als Köder für die Königskrabben in die Gefrierkammern im Vorschiff. Für die Opilios, die später in der Saison dran sind, nehmen wir lieber Kabeljau und Hering, aber die Könige der Krabben bekommen Lachs, zwei Stück pro Pot. Die Fangsaison dauert genau 30 Tage, doch wir gehen davon aus, dass wir unsere Quote schon in sieben Tagen ausgeschöpft haben. In der Zeit bringen wir jeden Tag etwa 120 Pots aus, macht insgesamt 840 Pots. Das bedeutet, dass wir bei etwa zehn Pfund Lachs pro Pot für die gesamte Fangreise gute vier Tonnen an Köder vorhalten müssen. Wir versuchen immer, die ganze Ladung Köder in einer Saison aufzubrauchen, denn sonst müssen wir den Rest zum Ende als Verlust abschreiben und über Bord kippen oder tiefgekühlt für die nächste Saison aufbewahren.

Dann müssen wir noch die Inspektionen der Küstenwache über uns ergehen lassen – die Überprüfung der Crewlisten und der Sicherheitsausrüstung und so weiter. Wobei wir mit den »Coasties«, wie wir sie nennen, eigentlich sehr gut auskommen. Wir sitzen mit ihnen zusammen in der Kneipe und betrachten sie eher als unsere Verbündeten, und manche zählen sogar zu unserem erweiterten Freundeskreis. Wir respektieren sie und schätzen ihre Arbeit. Denn es kann jederzeit passieren, dass unser Leben von ihnen abhängt.

So habe ich letztes Jahr beispielsweise Matthew Thiessen in einer Bar auf Kodiak getroffen. Matthew ist Rettungsschwimmer bei der Küstenwache und auf Kodiak stationiert. Seine Vorstellung einer netten Freizeitbeschäftigung ist es, Wellen zu reiten – und zwar in den eisigen Gewässern Alaskas. Nur um zu illustrieren, wie unglaublich hart dieser Bursche ist. Im selben Jahr ist er im Winter ins Wasser gesprungen, um die vier Matrosen der *Hunter* zu bergen, die in der Shelikof Strait abgesoffen war. Seine Geschichte von diesem Einsatz ist möglicherweise nur eine von Hunderten, die sie einem bei der Küstenwache aus dem Stegreif erzählen können, aber sie zeigt, wie ich finde, besonders schön, was diese Leute auf sich nehmen, um uns aus der Scheiße zu holen.

Matt hat den Kahn überhaupt nicht mehr gesehen, die *Hunter* sank sehr schnell. Ihre Seenotfunkboje löste in der Zentrale der Küstenwache in Juneau Alarm aus; dort dirigierte man sofort eine CG C-130 Hercules, die bereits in der Luft war, zur Unglücksstelle um. Die Crew sollte aus einer Flughöhe von etwa 600 Metern Ausschau nach Überlebenden halten. Tatsächlich entdeckte sie eine Rettungsinsel und forderte Matt und seinen Hubschrauber an. Die Rettungsmannschaft rannte von ihrem Bereitschaftsraum zum Helikopter, der militärischen Version eines HH-60 Jayhawk. Matt saß hinten im Chopper und koordinierte den Funkverkehr. Er trug bereits seinen Fleece-Overall und den Trockentauchanzug, dazu feste Stiefel und Helm. Als der Helikopter über der Unglücksstelle schwebte, blinkten im Cockpit die Warnlampen: Bei Temperaturen von zehn Grad minus begann sich auf den Spitzen der Rotorblätter Eis zu bilden. Die Crew der *Hunter* war zu diesem Zeitpunkt bereits eine Stunde in der Rettungsinsel. Matt nahm den Helm ab und zog seine dicke Neoprenmaske über den Kopf. Er hakte das Förderseil des Helikopters in den Klettergurt, den er über seiner Tauchermontur trug, schnallte sich sein Rettungsgeschirr mit Seenotraketen und Funkgerät auf den Rücken und seilte sich ab in die Tiefe. Das eisige Wasser war auch für ihn ein Schock. Als er auftauchte, sah er, wie die Insel der Schiffbrüchigen mit einem Tempo von etwa vier Knoten von ihm wegtrieb. Also kraulte er los, so schnell er konnte, und schaffte es so eben, die Rettungsinsel mit einer Hand zu erwischen. Unter dem Verdeck starrten vier Gesicher hervor. Die Männer trugen ihre Überlebensanzüge, aber er sah auf einen Blick, dass zwei von ihnen in sehr schlechter Verfassung waren. Sie zeigten Symptome eines Schocks und in die Anzüge war bereits kaltes Wasser gedrungen. Der Kapitän der *Hunter* hatte sich die Montur sogar bis zur Hüfte runtergerissen; ein klares Zeichen von Schock und Realitätsverlust. Es kommt tatsächlich vor, dass Menschen, die unter starker Hyperthermie leiden, sich einbilden, ihnen sei viel zu heiß. Eine tödliche Illusion.

Matt schnappte sich den ersten Matrosen und nahm ihn in Schlepp. Ein mannsgroßer Korb wurde vom Helikopter herabgelassen. Doch Matt hatte große Probleme, den Mann hineinzubugsieren. Zum einen warfen die Wellen ihn ständig wieder aus dem Korb und zum anderen machte der Matrose selbst alles noch schlimmer, weil er in seiner Panik völlig verkrampft war und sein rechter Arm sich nicht beugen ließ. Matt musste ihn regelrecht in den Rettungskorb falten. Aber dann war es geschafft und der erste Schiffbrüchige war auf dem Weg nach oben. Matt wollte sich den nächsten greifen, doch der Wind hatte die Rettungsinsel weggetrieben. Auch der Helikopter war plötzlich weg. Ohne Ansage, ohne Warnung, einfach weg. Matt hielt sich Wasser tretend auf der Stelle und fragte sich während der folgenden 15 Minuten, was eigentlich los war. Er schilderte mir, wie ihm die Gedanken nur so durch den Kopf schossen: »Noch drei Typen, die ich rausziehen muss, und ich bin schon ziemlich kaputt. Außerdem habe ich keinen Hubschrauber. Keine Ahnung, was ich jetzt machen soll.«

Aber der Jayhawk kam zurück und schwebte wieder über den Schiffbrüchigen und ihrem Retter. Matt half dem zweiten Matrosen in einen Bergegurt und ließ ihn nach oben winschen. Danach nahm er selbst eine kurze Auszeit, um sich im Helikopter aufzuwärmen. Das gab ihm wieder neue Kraft. Zurück ins Wasser, wieder zur Insel. Aber der Wind schob das Rettungsfloß schneller, als er schwimmen konnte. Der Mann an der Winsch des Jayhawks hatte ihn in Luv abgesetzt, auf der falschen Seite. Matt kraulte volle zwei Minuten, um die Insel einzuholen, die nur ein paar Meter entfernt war. Er hätte es wahrscheinlich nicht geschafft, wenn ihm nicht ein Brecher noch einen letzten kräftigen Schubs gegeben hätte. Der Überlebensanzug des Kapitäns stand voller Wasser, was die Sache nur noch schwerer machte. Matt war sich nicht sicher, ob das zusätzliche Gewicht den Kapitän nicht aus der Bergeschlinge ziehen würde. In den Augen des Schiffbrüchigen konnte Matt es lesen: »Das schaffe ich nicht.« Aber die Rettungswinde brachte ihn trotz Extragewicht in Sicherheit. Blieb noch ein letzter Überlebender und der machte vergleichsweise wenig Probleme.

Alle vier Schiffbrüchigen von der *Hunter* waren stark unterkühlt, zwei waren besonders übel dran. Sie waren zwar nicht mehr im Wasser und würden nicht mehr ersaufen, aber außer Gefahr waren sie noch lange nicht.

Matt erzählte mir von dem schrecklichen Zwang, dem er gelegentlich unterworfen ist, unter solchen Bedingungen zu entscheiden, wer davonkommt und wer nicht. Er schwimmt in zwei Grad kaltem Wasser, die Wellen türmen sich zu riesigen Brechern auf und er hat nur begrenzte Möglichkeiten, Leben zu retten. Er muss entscheiden – über Leben oder Tod. Dieses Horrorszenario lässt ihn nachts nicht schlafen, sagt Matt. Er hat nur wenige Sekunden, um die Lage einzuschätzen: Wer ist bei Bewusstsein, wie ist die Atmung, der Kreislauf? Er muss sich diese unmögliche Frage stellen und die Antwort finden. Wer hat die besten Chancen? Bei wem lohnt sich die Rettung? Ich könnte dieses Urteil niemals fällen und ich glaube, die meisten Menschen, die ich kenne, auch nicht. Es wäre, als wollte man Gott spielen.

Matt hat wirklich extreme Fälle erlebt. Einmal haben sie ihn mit der Winsch auf einen Trawler runtergeschickt, um einen Fischer zu bergen, der offenbar von einer Stahltrosse zerquetscht worden war. Zumindest hieß es anfangs, der Mann sei schon tot. Matt sollte eigentlich nur noch die Leiche holen. Aber als er dann auf Deck stand, starrte ihn der Mann an. Er war bei Bewusstsein und versuchte Matt etwas zu sagen, doch der Helikopter machte einen solchen Lärm, dass Matt einfach nichts verstehen konnte. Ein Blick reichte schließlich, um die Nachricht rüberzubringen. »Ich bin noch nicht fertig mit der Welt«, sagten die Augen des Schwerverletzten. Er war hinter einer zwei Zoll starken Trosse an der Trommel der Winde eingeklemmt, am anderen Ende des Seils hing eine Art Leichter, den der Trawler geschleppt hatte. Die Trosse hatte dem Mann jeden Knochen in den Beinen gebrochen und sein Becken angeknackst. Außerdem war er bei dem Unfall fast skalpiert worden. Er überlebte die Havarie, es war ein Wunder.

Andy ist beinahe einmal etwas Ähnliches passiert. Wir waren zusammen mit der *Arctic Nomad* in der Kachemak Bay und fischten Heilbutt mit der Langleine. Die Strömung schiebt mit kräftigen fünf Knoten da draußen und die Leine sprang dauernd aus der großen Trommel, auf die sie beim Einholen aufgespult wird. An den vielen hundert Haken der Leine sollten eigentlich schöne dicke Heilbutts hängen, aber jetzt hatte sich die Leine irgendwie um Andy geschlungen und sie zog sich immer fester. Ich haute sofort den Leerlauf rein, doch auf der Leine war immer noch so viel Zug, dass sie ihn zerquetschen oder über Bord ziehen und ersäufen konnte. Andy brüllte: »KAPP DIE LEINE!« Ich schnappte mir mein Messer und rannte von der Brücke nach achtern. Ich war so in Panik, dass ich gar nicht klar denken konnte. Wo musste ich die Leine jetzt durchschneiden? Zum Glück erwischte ich das richtige Ende, sonst wäre mein Bruder nicht so glimpflich davongekommen. Wir lachten vor Erleichterung, lachten und lachten, bis uns die Tränen kamen.

Wie jeder, der auf See arbeitet, ist auch Matt immer wieder überrascht, was Menschen aushalten können, welchen zähen Überlebenswillen sie zeigen. Er hat ständig mit Leuten zu tun, die in solche extremen Situationen geraten. Manche geben in einer Notlage einfach auf, sagt er. Die meisten aber kämpfen bis zum letzten Atemzug. Einmal wurde er auf die Beringsee rausgeschickt, um einen Fischer zu bergen, der mit seinem Arm in eine Winsch gezogen worden war. Der Knochen war durch, die Muskeln lagen bloß und die Schmerzen müssen unerträglich gewesen sein. Doch der Mann saß einfach da, auf eine unheimliche Art ganz still, und rauchte eine Zigarette, während er auf den Rettungshubschrauber wartete. Für den Rest der Crew bestand überhaupt keine Gefahr – und die flippten regelrecht aus vor Panik. Der Mann hockte da und dachte darüber nach, welches verdammte Glück er hatte, dass er noch am Leben war. Die See hatte ihm noch einmal eine Chance gegeben. Er schüttelte nur den Kopf.

Bei diesem Thema muss ich immer an das Schicksal der *St. Patrick* denken: Am 2. Dezember 1981 geriet der gut 50 Meter lange Muschelfänger mit seiner elfköpfigen Besatzung fünf Meilen westlich von Marmot Island in Seenot. Das Schiff lief über den Maschinenraum voll und hatte schnell fast 90 Grad Schlagseite. Die *St. Patrick* war wirklich kurz davor zu kentern und abzusaufen. Die Seeleute zogen die Überlebensanzüge an, sicherten sich gegenseitig mit einem Seil und gaben das Schiff auf. Unglücklicherweise ging die Rettungsinsel gleich verloren. Aus Angst, dass der Kahn auf sie draufkippen könnte, schwamm die Crew so weit weg, wie die Kraft reichte. Den Rest erledigten dann Strömung und Wind. Acht Männer und eine Frau ertranken oder starben an Unterkühlung an diesem Unglückstag, zwei Fischer überlebten. Das Tragische an diesem Fall war, dass sich die *St. Patrick* wieder aufrichtete, nachdem die Besatzung ins Wasser gesprungen war. Ein Kutter der Küstenwache schleppte sie später in den Hafen. Alle hätten überlebt, wenn sie nur an Bord geblieben wären.

Dasselbe ist vor 20 Jahren der Besatzung eines Arbeitskahns passiert, die vor Kodiak in einen fürchterlichen Sturm geraten war. Es waren sechs Mann an Bord, aber nur fünf Überlebensanzüge. Sie knobelten aus, wer bleiben musste, und der Koch verlor. Als seine fünf Kumpels über Bord gesprungen waren, verbarrikadierte er sich mit einer Flasche Schnaps in der Kombüse und trank gegen seine Angst an, bis er völlig besoffen umkippte. Als er wieder zu sich kam, hatte sich der Sturm verzogen. Er hatte überlebt, der Rest der Crew war in der eisigen See erfroren.

Matt ist oft da draußen – und trotzdem wundert er sich jedes Mal wieder, wie schwer es ist, einen Menschen zu finden, der im Wasser treibt. Der Kopf eines Schiffbrüchigen, sagt Matt, wirkt im Wasser winzig: »Es passiert einfach, dass du Leute übersiehst.« Der Rettungshubschrauber fliegt in einer Höhe von 60 Metern und mit einer Geschwindigkeit von 80 Meilen. »Da brummst du so leicht an den Leuten vorbei, es ist zum Heulen.«

Das ist, wie gesagt, die gute Seite der Küstenwache – dass sie uns hilft, wenn wir uns selbst nicht mehr helfen können. Die andere Rolle ist die des Aufpassers. Die Küstenwache kontrolliert unsere Sicherheitsausrüstung und checkt regelmäßig, ob wir auch den vorgschriebenen Notfall-Drill durchziehen. Wobei ich das dunkle Gefühl habe, dass die Coasties mich ganz besonders auf dem Kieker haben, weil ich einmal bei ordentlich Wind ein wenig Pech hatte, als ich in den Hafen einlief. Ich hatte auf der *Time Bandit* plötzlich keinen Ruderdruck mehr, ich konnte nicht mehr steuern. Ich funkte also die Küstenwache an und sagte Bescheid, dass wir reinkamen und ein Problem hatten. Ich ließ alle Bojen und Fender als Puffer ausbringen, aber wir sind trotzdem mit Schmackes in die *Roanoke Island* gekracht, den großen Kreuzer der Coasties. Die diensthabenden Offiziere wollten unsere Story, dass es ein blöder Unfall war, erst einmal nicht glauben und ordneten einen Alkoholtest für die gesamte Crew der *Time Bandit* an.

Ich komme im Gespräch normalerweise mit jedem klar, aber Andy kommuniziert ja sogar mit seinen Pferden. Er versteht auch, was nicht ausgesprochen wird, und deshalb überlasse ich die Inspektionen der Küstenwache gerne ihm. Ich kriege die Krise, wenn ein 21-jähriger Coastie bei uns an Bord kommt, um mich so richtig schön zu triezen. Dann verkrümele ich mich, so schnell ich kann. Es ist immer dasselbe: Bevor wir auslaufen, müssen wir dies noch reparieren und das noch sortieren – und überhaupt, sind das nicht zu viele Pots an Deck? Andy holt in aller Seelenruhe seinen Taschenrechner raus und geht alles mit den Coasties noch einmal durch. Und siehe da – wir haben sogar weniger dabei, als wir eigentlich dürften. Aber dann fangen die Bürokraten von der Küstenwache an, richtig kleinlich nachzuhaken und mit uns über Gewicht und Größe unserer Pots zu diskutieren.

Als die Coasties letztes Jahr vor der Abfahrt an Bord kamen, wollten sie die Papiere von jedem Crewmitglied sehen. Jede einzelne Lizenz wurde eingesammelt und in eine Liste eingetragen. Dann waren die Unterlagen für die *Time Bandit* dran. Sie zählten und notierten jeden Feuerlöscher, jede Seenotrakete, die Seenotfunkbojen, Schwimmwesten. Rettungsringe, bei jedem Überlebensanzug checkten sie das Prüfdatum. Besondere Aufmerksamkeit widmeten sie der Stabilitätskurve für das Schiff und dem offiziellen Bescheid, wie viele Pots wir an Deck transportieren durften. Tatsächlich waren Fehler bei dieser Berechnung in der Vergangenheit gelegentlich Ursache für schwere Havarien gewesen, weil Schiffe mit Übergewicht an Deck gekentert waren. Heutzutage wird das bis auf das letzte Pfund genau kalkuliert. Die Coasties waren höflich, sehr professionell, alles ging glatt. Doch bevor sie von Bord gingen, warfen sie uns noch eine kleine Rauchbombe in den Maschinenraum und brüllten: »Feuer!«

Ich drückte den Knopf für die Sirenen auf der Brücke und alle rannten zu ihren Stationen. Wir folgten dem Rauch zu seiner Quelle unter Deck. Ich zog mir eine Atemmaske über, ohne den Mechanismus auszulösen, zielte mit dem Feuerlöscher auf die »Flamme«, die ich binnen kürzester Zeit »löschte«. Die Coasties beobachteten unser hektisches Gewusel mit großem Ernst. Wir zogen den Drill nicht ganz so durch, wie er im Buch steht, sondern ergänzten und änderten den Ablauf so, wie es der gesunde Menschenverstand verlangte, der leider in den Vorschriften manchmal etwas zu kurz kommt. Die Coasties bestanden trotzdem auf einer Einsatznachbesprechung und fragten uns, was wir beim nächsten Mal noch besser machen könnten. Wir taten ihnen den Gefallen und diskutierten eine Weile darüber. Dann fragten sie die anderen Gefahrenszenarien ab: Wasser im Schiff, das Absetzen eines Notrufs, Verlassen des Schiffs, die ganze Arie.

Wir hatten den Test offenbar bestanden, denn die Prüfer von der Küstenwache gingen über zum nächsten Drill: Überlebensanzug anlegen, die Zehn-Mann-Rettungsinsel ausbringen, Schiff verlassen. Den Anzug anzuziehen, ist schon für einen beweglichen, schlanken und vor allem besonnenen Menschen keine leichte Übung. Richtig schwer wird es, wenn erst die Panik das Hirn lähmt. Aber der Anzug ist unsere wichtigste Verteidigungslinie auf der Beringsee. Jeder auf der *Time Bandit* hat seinen Überlebensanzug immer in unmittelbarer Reichweite, wenn er in seiner Koje liegt. Wenn der Alarm losheult und Andy oder ich das Kommando geben, die Anzüge anzuziehen, hat jeder genau 60 Sekunden. Man muss das Ding aus dem Packsack schütteln, auf dem Boden auslegen, sich hinsetzen, ein Bein nach dem anderen reinschieben, wieder aufstehen, Arme in die Ärmel, Spezialreißverschluss zuziehen, Kopfhaube auf, Klettverschluss vor dem Kinn verschließen. Es ist ein echter Kampf, aber eben immer besser als die Alternative.

Wir watschelten zur Reling, ich beauftragte Russell mit dem Ausbringen der Rettungsinsel. Er warf den Plastikcontainer, der auf dem Achterdeck hinter der Brücke in seiner Halterung lag, über Bord. Der Container klatschte aufs Wasser und die Insel pustete sich automatisch auf. Wie üblich forderten uns die Coasties auf hinterherzuspringen, das ist ein Moment, wo ich immer kurz zurückzucke. Wir haben eine solche Angst davor, über Bord zu gehen, dass wir uns selbst bei einem solchen Übungslauf schwertun. Ins Wasser zu fallen bedeutet in der Beringsee den sicheren Tod. Wir reagieren also allergisch, wenn wir über Bord müssen – selbst dann, wenn die sichere Pier nur ein paar Meter entfernt ist.

Wir nahmen Position an der Reling ein, legten die Hand vor den Mund – und sprangen. Als ich ins Wasser eintauchte, schien mir die ganze Übung plötzlich sehr real, auch wenn es nur das Hafenbecken von Dutch Harbor war. Ich war richtig überrascht, mit welchem Ernst ich jetzt diesen Drill absolvierte. Einer nach dem anderen schwammen wir zu unserer Rettungsinsel rüber und robbten auf dem Bauch durch den Einstieg, bis die Coasties endlich ein Einsehen hatten und uns zurück auf die *Time Bandit* riefen.

Damit war die Küstenwache durch mit ihrem Programm, was aber nicht bedeutete, dass nun für uns alles erledigt war. Als Nächstes erschienen Vertreter des Bundesstaates Alaska (die Leute von der Jagd- und Fischereiaufsicht) sowie Repräsentanten der US-Regierung (von der nationalen Fischereibehörde NMFS). Einmal hatten wir außerdem Besuch von der Arbeitsschutzbehörde, die bemängelte, dass unser Schweißgerät nicht den Vorschriften entsprach. Bei manchen dieser Bürokraten kann man sich des Eindrucks nicht erwehren, dass sie einen nur piesacken wollen, aber die meisten sind im Prinzip okay. und wollen nur das Beste. Wobei Andy und ich uns gelegentlich schon fragen, ob das Spaceshuttle auch so gründlich überwacht wird wie wir Fischer.

Ich denke, dass man die Krabbenfischerei nicht sicherer machen kann, als sie jetzt ist, ohne dabei die Wirtschaftlichkeit des ganzen Unterfangens aufs Spiel zu setzen. Die *Time Bandit* liegt sehr sicher im Wasser, wir haben grundsätzlich weniger Pots dabei, als die Berechnungen vorsehen. Unsere Ausrüstung zur Feuerbekämpfung ist immer auf dem neuesten Stand der Technik und wir gehen auch bei der Auswahl und Ausbildung unserer Crew kein Risiko ein. Wir nehmen die Fischerei auf der Beringsee sehr ernst, weil uns bewusst ist, wie gnadenlos gefährlich unser Arbeitsplatz ist.

Jetzt mussten wir nur noch zwei Dinge erledigen und dann konnten wir los. Wir hatten uns vorgenommen, draußen auf den Fischgründen im Südosten der Beringsee zu sein, bevor der offizielle Startschuss für die Fangsaison kam. Wir sind so ehrgeizig, dass wir jedes Jahr unbedingt die Ersten sein wollen, die ihre Pots ausbringen, obwohl es bei unserer Fangquote keine Rolle spielt, wann wir wirklich loslegen. Was uns eher Sorgen machte, war die Anlieferung unseres

Fangs bei den Fischfabriken. Wenn wir unseren Termin nur um ein paar Stunden verpassten, mussten wir uns hinten in der Schlange einreihen und dann konnte die Prozedur so lange dauern, dass uns die Krabben in den Tanks verdarben. Wenn man Pech hat, sitzt man da tagelang und wartet.

Neal und ich führten die Karawane von der Pier zum Supermarkt in unserem Miet-SUV an. Er hatte die Einkaufsliste, ich meine Vorlieben, was unbedingt an Bord sein musste. Auf der Fahrt durchs Schneetreiben zum Dutch's Eagle Quality Center fiel mir wieder einmal die ungewöhnlich große Zahl an Weißkopfseeadlern hoch über dem Hafen auf. Adler sind in Dutch so häufig wie in einem Park auf dem Festland die Tauben, doch es ist immer eine Freude, sie zu beobachten, wie sie elegant über unseren Köpfen segeln. Wir platschten durch riesige Pfützen und Schlaglöcher auf der Piste von den Fischfabriken zum Haupthafen. Ganz Dutch trug noch das einheitliche Grau des Winters – Himmel, Horizont, Hafen, alles war grau. Wirklich keine Schönheit, diese Insel. Sie hat wie die *Time Bandit* nur einen Zweck: harte Arbeit.

Neal und ich schoben im Eagle's, das mit seinen hohen Decken und unverkleideten Lüftungsschächten und Kabeln den Charme einer Lagerhalle besitzt, jeweils mit einem Einkaufswagen los. Die Gänge zwischen den Regalen sind so breit, dass die Fischer gleich komplette Paletten abschleppen können. Ich glaube nicht, dass hier jemals ein Kunde nur mit einem Liter Milch an die Kasse gegangen ist.

Neal und ich arbeiteten uns im Supermarkt nach unterschiedlichem Muster vor. Während ich durch die Reihen ging und mit den Armen Esswaren in meinen Wagen schaufelte, ging er seine Liste durch und suchte nach Sonderangeboten. Wir brauchten genug Proviant, um sieben hungrige und schwer schuftende Männer zwei Wochen lang zu füttern. Ich fing mit Zigaretten und Kautabak an. Dannn waren Süßigkeiten dran. Die Schublade mit dem Süßkram ist auf der *Time Bandit* immer als Erstes leer. Schokoriegel heißen bei den Matrosen auch »Deck-Steaks«, weil Snickers und Hershey's oft das Einzige sind, wofür zwischendurch die Zeit reicht. Als Nächstes kamen Cheez Puffs und Doritos in meinen Wagen. Russell war mit einem Extrawagen unterwegs, um Getränke zu laden – Red Bull, Amp, Full Throttle sowie große Zweiliterflaschen Coke und Wurzelbier. Neal packte 18 Pfund abgepackten Braten ein, ich schaufelte kistenweise Salzgebäck in meine Karre. Dann kam ich am Zeitungsstand vorbei. *Maxim* musste mit, die aktuelle Ausgabe von *Plumpers*, außerdem *National Geographic's Adventure*, *Sailing*, *FHM*, *Vanity Fair*, *PC*, *Rolling Stone* …

Weitere Favoriten auf meiner persönlichen Einkaufsliste: Erdnussbutter, Wackelpudding, Salami, Poppin' Fresh Muffins und Mikrowellenmenüs von Hot Pockets. Unsere Einkaufswagen waren schnell voll. Neal stapelte 30 Dutzend Eier in seinem Wagen, ich nahm noch einmal zehn Dutzend mit. Neal zählte 20 Dosen Folgers-Kaffee ab, ich besorgte noch Tabasco und Sprühsahne. Schwer bepackt machten wir uns auf den Weg zur Kasse. Mit der letzten Packung, die über den Scanner ging, kletterte die Summe auf 5488 Dollar.

Wir verstauten den Proviant in unserem SUV und fuhren weiter, um Klamotten zu kaufen. Wieder so eine Lagerhalle, eine Kleiderstange neben der anderen mit Ölzeug, regalweise T-Shirts und Sweatshirts mit dem obligatorischen Aufdruck »Futtert mehr Fisch!« oder »Esst Krebse!«, Latzhosen, Grundens-Jacken, Handschuhe, Messer, Handwärmer und Wollmützen. Shea holte sich eine neue Öljacke, ich griff mir einen Stapel Sweatshirts. Wir brauchen immer massenweise Zeug zum Wechseln, weil wir unterwegs keine Zeit haben zu waschen. Uns selbst übrigens auch nicht: Waschzeug wie Rasierschaum, Duschgel oder Deo kommen gar nicht erst an Bord, weil man sie auf der Beringsee eh nicht benutzen kann. Manche Seeleute glauben tatsächlich, dass es Unglück bringt, sich auf See zu rasieren. Wir werden es nie herausfinden, weil sich auf der *Time Bandit* nie jemand rasieren wird, solange wir unterwegs sind. An Bord kümmert es niemanden, wie die anderen aussehen. Und es macht auch keinem etwas aus, dass alle wie die Otter nach Schweiß und fauligem Fischschleim stinken.

Fast jeder an Bord trägt die wasserdichten, orangefarbenen Herkules-Latzhosen von Grundens und die passenden Kapuzenjacken dazu. Damit wir unsere Klamotten schnell finden, schreiben wir einfach mit einem Edding-Stift unseren Namen drauf. Eine Baseballkappe zu tragen, und zwar verkehrt herum, ist sozusagen Vorschrift. Und um die Taille zurren wir uns Army-Gürtel, an die wir die Holster für unsere kurzen, rasiermesserscharfen Arbeitsmesser hängen. An Deck schnell eine Leine kappen zu können, wenn sich jemand verheddert hat, hat auf See schon manches Leben gerettet. Wir tragen dicke, warme Socken in Gummistiefeln von Xtratuf und gefütterte Handschuhe, um unsere Hände vor Nässe und Kälte zu schützen. Was wir unter dem Ölzeug tragen, muss ebenfalls einfach warm sein, am liebsten sind uns dicke Kapuzenpullis und warme Trainingshosen oder Jeans.

Zum Schluss machten wir noch einmal Halt – in der Unisea Sports Bar. Für den Abschiedstrunk.

Sig Hansen von der *Northwestern* war auch da, ein klasse Fischer, und das ist das höchste Lob, das einer von mir bekommt. Larry Hendricks von der *Sea Star* unterhielt den ganzen Laden. Wenn man ihn einmal richtig quälen wollte, müsste man ihn nur alleine und ohne jeden Zuhörer in eine Kammer sperren. Letztes Jahr habe ich mit ihm ein Hotelzimmer geteilt und als ich ins Badezimmer watschelte, um ihm kurz mitzuteilen, dass Andy und ich schon zum Essen losgehen wollten, stand er in seiner vollen Pracht und sehr nackt vor mir. Ein Anblick, den ich erst nach vielen Stunden in der Selbsthilfegruppe verarbeiten konnte. Er ist wirklich ein schlimmer Schwätzer. In der vergangenen Saison hat er jedem gesagt, dass er das »Boot absolut vollstopfen« würde, als wäre es unsere Strategie, mit einem halb leeren Schiff nach Hause zu kommen. Blake Painter von der *Maverick* wirkte etwas gedankenverloren, es war sein erstes Jahr als Kapitän. Keith Colburn, Skipper auf der *Wizard*, kaute dem Barkeeper ein Ohr ab und Phil Harris von der *Cornelia Marie* erzählte jedem von seinen Söhnen, die als Greenhorns das erste Mal mit an Bord waren. »Du fährst raus und schnell wieder rein und hoffst, dass du dem Tod ein Schnippchen schlägst«, hörte ich Phil sagen. »Du betest jedes Mal, dass deine Zeit noch nicht gekommen ist.« Dann lauschte ich einem Matrosen, der offensichtlich Sarah beeindrucken wollte, das süße und sehr blonde Mädel aus Schweden, das hier hinter dem Tresen stand. »Gefahr gehört zu unserem Leben«, dröhnte der Typ und ich rollte nur mit den Augen. Sarah lachte. Wir saßen alle zusammen an einem Tisch und erzählten unsere Geschichten. Alle waren von demselben Gefühl beseelt: Es geht wieder los, ein neuer Anfang. Was gestern war, ist hiermit abgehakt.

Während Russell zu Karaoke grölte, es sollte offenbar nach »Satisfaction« von den Stones klingen, verabredeten die Kapitäne von fünf Schiffen eine Wette: Wer würde am meisten fangen – *Cornelia Marie*, *Time Bandit*, *Northwestern*, *Maverick* oder *Wizard*? Weil alle Schiffe unterschiedliche Quoten hatten und der gesamte Fang sich deshalb nur schlecht vergleichen ließ, schlug ich vor, das Schiff mit den meisten Krabben pro Pot zum Sieger zu küren. Jeder zahlte 100 Dollar ein, der Manager der Unisea Sports Bar sollte den Wetteinsatz verwalten und am Ende der Saison auszahlen.

Es ging natürlich nicht ums Geld, sondern um die Ehre. Die meisten Krabben in einem Pot würden der Kapitän und die Crew holen, die ihr Geschäft am besten verstanden, denn sie wussten, wo die meisten Krabben zu kriegen waren, wie viel Köder man dazu brauchte und wie lange man die Pots am Grund lassen musste. Eine Portion Glück gehörte selbstverständlich auch dazu, aber wer alles richtig machte, hatte die besten Chancen, auch noch das Glück auf seine Seite zu ziehen. Darum ging es bei unserer Wette also. Sig, ein Kerl mit einem Riesenego, war sich absolut sicher, dass er den Sieg schon in der Tasche hatte. Aber auch die anderen wären alle locker bereit gewesen, den Einsatz zu erhöhen. Über einen Mangel an Selbstbewusstsein wird man sich bei einem Treffen von Krabbenfänger-Kapitänen jedenfalls nie beklagen können.

Wir tranken weiter und rauchten und erzählten von unseren Großtaten, bis wir alle völlig heiser und betrunken waren. Dann stolperten wir, immer eine Crew als Grüppchen zusammen, raus in die kalte, sternenklare Nacht. Jetzt waren wir bereit, auf die Beringsee rauszufahren. Bereit, unseren Anteil am 60-Millionen-Dollar-Jackpot zu holen, den es in der Krabbenfischerei jedes Jahr zu holen gibt.

KAPITEL 7
PECH
gehabt

Erst als Russell die Mündung des Kasilof River hinter sich gelassen hatte, stellte er fest, dass die *Rivers End* nicht mit einem Einseitenband-Gerät ausgerüstet war und die UKW-Funke auf Kanal 16 eine Reichweite von weniger als 20 Meilen hatte. Also rief Russell die Küstenwache schnell auf seinem Handy an, solange er Empfang hatte. Er wurde zum diensthabenden Offizier durchgestellt und fragte, ob sie etwas von der *Fishing Fever* gehört hatten. Aber der Coastie sagte ihm, dass sie keine Informationen über ein Schiff mit diesem Namen hatten. Russell bat ihn, das Seegebiet, wo er Johnathan vermutete, besonders im Auge zu behalten. Der Coastie wollte natürlich wissen, warum er glaube, dass Johnathan Probleme habe, und Russell erklärte ihm, dass Johnathan sein Freund sei und tatsächlich verschwunden sei – oder zumindest lange überfällig. Den Mann von der Küstenwache schien das mit der verspäteten Rückkehr nicht besonders zu beeindrucken, aber er nahm die Angaben fürs Protokoll auf. Russell wusste, dass die Küstenwache vor Tageslicht sowieso nichts ausrichten konnte, wenn sie überhaupt Anlass sah, eine Suchaktion zu starten. Normalerweise lief der Apparat erst dann an, wenn es gesicherte Informationen gab, dass ein Schiff havariert war oder gekentert oder kurz vor dem Untergang stand und wenn die Küstenwache wenigstens eine ungefähre Positionsangabe bekam. Nur konnte Russell mit solchen Angaben leider nicht dienen. Ob die *Fishing Fever* denn eine EPIRB-Seenotfunkboje an Bord hätte, wollte der Offizier wissen. Garantiert nicht, sagte ihm Russell. Und einen Überlebensanzug und eine Rettungsinsel habe Johnathan auch nicht dabei – und möglicherweise nicht einmal eine Schwimmweste oder Seenotraketen. Jetzt war der Offizier erst recht nicht mehr beeindruckt. »Das tut mir aber leid, Sir«, sagte er knapp.

Als die Männer im Camp mit den Magnetpfeilen auf die nackte Lady warfen, die sie auf ihren Lieferwagen gemalt hatten, war Johnathans Pfeil weit unten gelandet. Russell hatte also eine ungefähre Vorstellung, welche Richtung sein Freund genommen hatte. Dino hatte im Camp noch gesagt: »Er ist Richtung Süden gefahren.« Das war auch typisch für Johnathan, da wäre er sowieso hingefahren, egal wohin sein Magnetpfeil geflogen wäre. Denn Johnathan war eindeutig der beste Fischer im Camp. Er wusste genau, wo die Rotlachse langschwimmen, wenn sie in »ihren« Fluss zurückkehren. Er kann die Fische förmlich riechen, er kann in ihre Köpfe schauen, er weiß, wohin sie schwimmen, bevor sie es selbst verstanden haben. Wahrscheinlich war Johnathan halb Mensch, halb Lachs. Jedenfalls hätte er bestimmt versucht, die Lachse gleich abzufangen, sobald sie ins Cook Inlet abgebogen waren. Das bedeutete allerdings auch, dass er seine Netze ganz im Süden des Meeresarms auswerfen musste, wo es bei schlechtem Wetter schnell ungemütlich wird. Johnathan hätte auch bestimmt versucht, sich so schnell wie möglich von den anderen Fischern abzusetzen. Seine *Fishing Fever* war ein schnelles Boot, das mehr als 20 Knoten laufen und eine solche Geschwindigkeit auch über einen längeren Zeitraum halten konnte. Johnathan wäre vom Radar verschwunden, bevor die anderen es auch nur bemerkt hätten.

Da kam Russell eine Idee: Die Wildlife Troopers, eine Spezialeinheit der Polizei im Bundesstaat Alaska, hatten ein System eingeführt, wie sie die Lachsfischerei kontrollieren konnten. Die Strafen für Regelverstöße waren zwar empfindlich, doch die Polizei verfügte nur über 80 Offiziere, die ein riesiges Stück Ozean zu kontrollieren hatten. Also hatte man eine technische Lösung gefunden. Die Polizei überwachte den Lachsfang im Cook Inlet aus der Luft, vom Flugzeug aus. Aus der Höhe konnten die Beamten gleich die gesamte Flotte im Blick behalten und wer sein Netz auch nur zwei Sekunden vor dem offziellen Beginn der Fangsaison auswarf, wurde sofort notiert. Konnte doch sein, dass die Patrouillen-Piloten die *Fishing Fever* gesichtet hatten, oder?

Er rief die Zentrale der Troopers an und sprach kurz mit dem diensthabenden Offizier. Dieser erklärte ihm, dass man nicht die Daten aller Schiffe aufnahm, sondern nur die Fischer registrierte, die sich einen Regelverstoß zuschulden kommen lassen. Johnathan hatte sich leider brav an die Regeln gehalten. Russell verfluchte den Umstand, und nicht zum ersten Mal, dass nicht jedes kommerzielle Fischerboot ausgestattet war wie die Krabbenfischer. Für deren Schiffe war es nämlich Pflicht, einen automatischen Positionssender an Bord zu haben. VMS nannte sich der Apparat, Vehicle Monitoring System. Er funktionierte im Prinzip wie ein GPS-Gerät: Per Satellit bestimmte er die geografische Position eines Fischers und funkte die Daten zusammen mit dem Namen seines Schiffs direkt an die Computer der US-Fischereibehörde in Washington D.C. weiter. Aber Pech gehabt – so weit waren die Lachsfischer noch nicht.

Russell hielt weiter Kurs West-Süd-West und suchte dabei ständig den Horizont ab. War irgendwo ein Licht zu sehen? Sein Bauchgefühl sagte ihm, dass Johnathan Augustine Island und die offene Shelikof Strait ansteuerte.

KAPITEL 8
ANDY
TÖDLICHE
GIER

Das Telefon hat nicht geklingelt und das heißt wahrscheinlich, dass Russell draußen auf dem Inlet keine Verbindung mehr kriegt. Und dass er Johnathan nicht gefunden hat. Sabrina schläft noch. Ich mache mir eine Kanne Kaffee und setze mich auf die Veranda hinter dem Haus. Es wird heute ein heißer Tag bei einer hohen Luftfeuchtigkeit – die Luft fühlt sich jetzt schon richtig schwer an. Die Sonne ist eben erst hinter dem Horizont hervorgekommen, aber sie glüht bereits mit einer unheimlichen Intensität. Für mich ist es jedes Mal eine seltsame Erfahrung, wenn ich von der Beringsee, wo die Temperaturen weit unter den Gefrierpunkt fallen, in die Sommerhitze komme, die hier im Süden Indianas herrscht. Ich kann nicht sagen, was mir besser gefällt. Ich bin froh, dass ich beides haben kann.

Johnathan steckt, was die Richtung im Leben betrifft, in einer echten Zwickmühle. Ich im Prinzip auch, aber in einem geringeren Maß. Sein Problem ist, dass er die See nicht aufgeben kann. Mein Verstand hat es bereits geschafft, nur mein Herz hängt noch daran, das ist der Unterschied zwischen uns beiden. Johnathans Seele würde glatt verhungern, wenn er nicht mehr rausfahren könnte, wenn er nicht mehr auf dem Boot schuften dürfte, wenn es für ihn keine Krabben oder Lachse mehr zu fangen gäbe. Er würde ein ganz anderer Mensch werden – jemand, den wir beide noch nicht kennen. Gleichzeitig kann es sein früher Tod sein, wenn er weiterfischt. Auf der Beringsee gilt das Gesetz nicht, dass mit zunehmendem Alter und der entsprechenden

Erfahrung auch die Wahrscheinlichkeit wächst, dass man doch heil davonkommt. Für Johnathan zählt (wie für jeden anderen, der sich auf See in Gefahr begibt) eine ganz andere existenzielle Gleichung: Willst du am Leben bleiben? Dann musst du aufgeben, was du liebst. Oder willst du doch weitermachen, auch wenn es dich irgendwann umbringen wird? Es ist die Frage, welchen Preis man bereit ist, für das Leben zu zahlen. Ich denke, Johnathan würde Alternative Nummer zwei wählen. Und damit den Tod.

Für mich gibt es dieses Dilemma nicht und dafür habe ich Sabrina zu danken, die mir ein zweites Leben jenseits der See geschenkt hat, das ich genauso liebe. Unsere Eltern haben uns erzählt, dass wir uns schon kannten, als wir noch kleine Kinder waren. Aber weder sie noch ich können uns daran erinnern, dass wir einmal Nachbarn waren und zusammen gespielt haben, bevor sie mit ihren Eltern aufs Land gezogen ist. Wir haben uns erst als Teenager wiedergesehen, als sie im Land's End Inn, dem Hotel meines Großvaters, als Zimmermädchen anfing. Meine Brüder und ich wussten, wer sie war, aber ich habe mich nie auf ein Date verabredet, was ihre Eltern wahrscheinlich eh nie erlaubt hätten. Die Gebrüder Hillstrand hatten einen grottenschlechten Ruf und die meisten Väter in Homer hätten ihre Töchter eher eingesperrt, als sie mit einem von uns ausgehen zu lassen. Das nächste Mal trafen wir aufeinander, als wir schon in den Zwanzigern waren. Sabrina hatte bereits eine zweijährige Tochter, Chelsea, als wir einander auf einer Party vorgestellt wurden. Tammy, Johnathans damalige Freundin, hat Sabrina und mich zusammengebracht. Jetzt endlich verliebten wir uns. Was folgte, war kein One-Night-Stand, sondern entwickelte sich zu einer guten und belastbaren Ehe.

Sabrina arbeitete damals als Immobilienmaklerin. Ihr Vater, LeRoy, war Bauunternehmer und verdiente sein Geld damit, größere Stücke Land in kleinere Parzellen aufzuteilen und als Baugrund zu verkaufen. Ihre Mutter, Rita, war ebenfalls vom Fach und führte ein Unternehmen, das in Homer mit Häusern und Grundstücken handelte. Ihre gesamte Familie hatte nichts, aber auch gar nichts mit der Fischerei oder überhaupt mit der See zu tun – was in Homer wirklich die absolute Ausnahme war. Wir fanden es spannend, dass wir aus ganz unterschiedlichen Richtungen kamen; es schweißte uns sogar noch mehr zusammen. Ich blieb immer die Nacht über bei ihr und kletterte morgens durchs Fenster und verschwand, bevor der Babysitter anrückte. Bis sie mich eines Tages fragte: »Wieso schleichst du dich morgens eigentlich immer so aus dem Haus?« Kurze Zeit später heirateten wir.

Die Ehe hat mich allerdings nicht auf Anhieb verändert und das sorgte für großen Ärger. Ich führte mein Leben genauso weiter wie vorher und arbeitete auf der *Time Bandit* für meinen Vater. Es war, als wären wir beide noch immer Singles. Ich traf Sabrina in der Bar und wir tranken und tranken, um zu testen, wie betrunken man sein konnte. Manchmal rief ich sie auf dem Weg vom Boot nach Hause an, total besoffen, und lallte in den Telefonhörer. Trotzdem wäre es zu kurz gegriffen, zu sagen, dass es der Alkohol war, der beinahe unsere Ehe ruiniert hätte. Es war die ganze Lebensweise. Wir standen vor denselben Problemen wie Hunderte andere Fischerehepaare auch, die an diesem Leben scheitern.

Der Krabbenfang war für mich das große Abenteuer. Da war keiner, der mir sagte, was ich zu tun oder zu lassen hatte. Auf See war ich mein eigener Herr. Nur ließ diese Art zu denken keinen Raum für Sabrina, es war das Gegenteil von einem Leben, bei dem man alles teilt. Und ich konnte mit ihr nicht über dieses Leben reden, ich wusste auch gar nicht, was ich ihr hätte sagen sollen. Ich hatte mein Leben – und sie tauchte nur als Programm bei den Landausflügen auf, in dem Teil meiner Existenz, der eben kein Abenteuer und keine Freiheit versprach. Sie stand nie im Zentrum unseres gemeinsamen Lebens, weil es kein Zentrum hatte. Es gab nur das Fischen – und die Zeit *nach* dem Fischen. Sie fühlte sich sehr einsam in meinem Universum und begann eine regelrechte Abneigung gegen alles zu entwickeln, was irgendwie mit Fisch zu tun hatte – meine Arbeit, meine Familie, den Fischer in mir. Und sie ertränkte ihren Frust und ihre Verbitterung im Alkohol. Also erzählte ich nichts mehr vom Fischen, verlor kein Wort mehr über Gefahren oder Freuden meines Jobs. Bald hatten wir überhaupt nichts mehr, über das wir reden konnten, dabei gab es so viel zu sagen.

Sabrina könnte ein Lied davon singen, wie es sich auf der anderen Seite anfühlte. Ob sie es wollte oder nicht, sie zählte zu dem Kreis von Fischersfrauen, die sich gegenseitig anriefen, wenn ein Schiff in Schwierigkeiten oder abgesoffen war. Sie hingen eigentlich permanent am Telefon. Und so ist es wahrscheinlich schon immer gewesen, seit die Männer zur See fahren. Die Frauen sitzen zu Hause und reden, sprechen sich gegenseitig Trost zu. Sabrina wusste, wer im Ernstfall anzurufen war. Als Clark Sparks vor Neuengland über Bord ging, meldete sich sein Skipper, Thorn Tasker, bei meiner Frau und bat sie, doch Clarks Mutter zu verständigen. Er wusste nicht, wen sonst er um diesen Gefallen bitten konnte. Für Sabrina war es der schlimmste Anruf, den sie je gemacht hat. Aber genau so war das Leben der Frauen an Land: ein Hoffen und Bangen vor dem nächsten Anruf. Wenn wir zu Hause anriefen, mussten wir über die Vermittlung des Seefunkbetreibers gehen und in der künstlichen Sprache des Funkverkehrs sprechen, inklusive »over« und »over-and-out«. Außerdem konnte auf den offenen Kanälen jeder mithören. Da wurde gelegentlich sogar in aller Öffentlichkeit über eine Scheidung verhandelt – eine Privatsphäre gab es einfach nicht. Auch für uns auf dem Schiff war die Kommunikation per Funk ein echter Albtraum. Wir hätten auf diese letzte Verbindung zum Land gut verzichten können – und hassten es, wenn unsere Frauen oder Freundinnen anriefen und dann über Funk nicht mehr sagen mochten als »Hallo« und »Wie geht's?«. Und was wir schon gar nicht hören wollten, waren Nachrichten über Leute, die ertrunken, oder Schiffe, die abgesoffen waren. Die Frauen riefen natürlich an, um uns genau davon zu erzählen, aber wir wussten es meistens sowieso schon und wollten nicht noch einmal daran erinnert werden. Wir hatten gelernt, auch echte Katastrophen nicht an uns heranzulassen. Wenn wir unseren Emotionen jedes Mal freien Lauf ließen, wären wir ziemlich schnell ein Fall für die Klapse. Wir hatten einen Job zu erledigen und konnten es uns nicht leisten, eine Tragödie lange zu beweinen.

Sabrina hatte das verstanden, sie akzeptierte diese ungeschriebenen Regeln. Aber andere Frauen schafften das nicht oder setzten sich darüber hinweg. So wuchs sie in eine Rolle hinein, wo sie die weniger erfahrenen Fischersfrauen bemuttern musste. Johnathan beispielsweise hatte gleich serienweise Freundinnen, die sich nicht anders zu helfen wussten, als Sabrina anzurufen: »Hast du von ihnen gehört? Ist alles ok. bei ihnen?« Meine Frau sprach dann die üblichen Beruhigungsformeln: »Keine Panik, wenn was ist, werden sie sich schon melden. Keine Nachricht ist eine gute Nachricht.« Sie gab sich große Mühe, die anderen Frauen auf den richtigen Kurs zu bringen: immer mit dem Strom schwimmen, nicht dagegen angehen, flexibel bleiben, offen sein. Auch Sabrina war anfangs sehr angespannt, doch sie hat gelernt loszulassen. Alles andere wäre, wie gegen Windmühlen anzurennen.

Sabrina hat mich einmal in Dutch besucht, als gerade ein Schneesturm über die Insel heulte und es 30 Grad unter null waren. Ich arbeitete damals auf dem Fabriktrawler *Optimist Prime*. Sabrina und ich hatten eine Abmachung getroffen, dass ich niemals länger als 60 Tage von ihr getrennt sein würde. Nach zwei Monaten Trennung musste ich zurück nach Hause – oder Sabrina dahinkommen, wo ich gerade arbeitete. Zu dem Zeitpunkt war ich schon seit drei Monaten unterwegs, und wir hatten ein vier Monate altes Baby, Cassie. Für Sabrina war diese Reise nach Dutch wie ein Ausflug in ihre persönliche Hölle. Ich war damals nur ein gewöhnlicher Matrose auf dem Schiff und musste den Kapitän um Erlaubnis bitten, wenn ich in den Ort wollte, um Sabrina zu sehen. Meine Schicht endete um 20:30 Uhr. Danach fuhr ich ins Grand Aleutian Hotel, wo Sabrina und das Baby untergebracht waren. Ich verbrachte ein paar Stunden mit meiner Familie und ging dann spät in der Nacht zurück aufs Boot. Aber das hielt ich nur ein paar Tage durch, der Schlafmangel brachte mich um. Schließlich fragte ich sie: »Warum kommt ihr beiden nicht raus aufs Schiff?«

Der Fabriktrawler lag mitten im Hafenbecken vor Anker. Einer meiner Kumpels schipperte im Beiboot zur Pier, um Sabrina und unser Baby abzuholen. Dann war sie auf dem Wasser unterwegs zum Schiff. Sie klammerte das Baby fest an sich und betete, das Baby schrie, als ginge es um sein Leben. In dem Moment setzte der Motor aus. Sabrina kannte den Typ nicht, der das Boot steuerte, sie wusste nicht, ob sie sich auf ihn verlassen konnte. Er kriegte den Motor zwar wieder zum Laufen, aber alle paar Meter ging er wieder aus. Nach einer gefühlten Ewigkeit erreichte sie das sichere Deck des Trawlers und überreichte mir unsere kleine Tochter. Sie blieb gleich ein paar Tage, länger als ihr lieb war, denke ich, aber sie wollte partout nicht noch einmal in das verdammte Beiboot steigen.

Als Fischer auf der Beringsee muss ich mir immer im Klaren sein, dass ich bei meiner Arbeit umkommen kann. Ich muss mit diesem Risiko leben – aber das müssen auch Sabrina und die Mädchen. Sabrina war gezwungen, sich damit abzufinden, dass sie mich jederzeit verlieren konnte. Andernfalls würde sie die ständige Angst um mich fertigmachen. Die Leute fragen sie immer: »Machst du dir denn keine Sorgen, wenn er da draußen auf See ist?« Und dann antwortet sie: »Nein, die Sorge habe ich an Gott abgetreten. Das habe ich aufgegeben.«

Aber es war natürlich eine Belastung. Man kann nicht jemanden lieben und die Sorge gänzlich aufgeben oder verdrängen, dass dieser jemand bei der Ausübung seines Berufs umkommt – wenn diese Gefahr bekanntermaßen sehr real ist. Es bleibt einem aber nichts anderes übrig, als zu lernen, mit dieser Realität zu leben. Sabrina hat da sogar eine schwere Prüfung durchmachen müssen, als ich auf der *Polar Star* arbeitete, einem knapp 30 Meter langen Trawler. Sie bekam einen Anruf, dass mein Schiff gesunken sei. Doch Sabrina glaubte nicht eine Sekunde lang, dass die Nachricht stimmte. »Das kann nicht sein«, redete sie sich ein. Sie wusste, dass sich die Küstenwache bei ihr gemeldet hätte, wenn mein Schiff wirklich abgesoffen wäre. Sie harrte also weiter auf eine Nachricht – und machte sich Sorgen. Auch ich hatte draußen ein Mayday gehört und dass mein Schiff untergegangen sei. Aber ich schaute mich um und vergewisserte mich – alles in Ordnung. *Wir saufen nicht ab!* Es war eine Verwechslung. Da draußen war noch eine zweite *Polar Star.* Und die war tatsächlich in Seenot und gesunken.

Vielleicht hat Sabrina es wirklich geschafft, ihre Sorgen zu zähmen und zu lernen, mit dem Risiko des größten anzunehmenden Unfalls zu leben. Wie soll sie auch ihren Alltag bewältigen, wenn sie bei jedem Schritt überlegt, dass ich möglicherweise gerade sterben könnte? Das ist absolut unvorstellbar, das hält kein Mensch aus. Im Fernsehen zeigen sie gelegentlich die Frauen von US-Soldaten. Wenn sie sich von ihren Männern verabschieden, weinen sie, als hätten sie ihren Liebsten schon verloren. Sabrina könnte das jedes Mal tun, wenn ich rausfahre, und anfangs hat sie vielleicht auch um mich geweint. Bei meiner Abreise tat sie dann noch ganz tapfer, doch sobald ich das Haus verlassen hatte, fing sie an zu heulen. Freunde und Bekannte fragten sie: »Wie hältst du das nur aus?« Und sie antwortete: »Ich tue es einfach.«

Sie hat mir nie die Schuld dafür gegeben, dass sie trank. Aber es stimmte schon, dass *sie* ihre Emotionen im Alkohol ertränkte, weil *ich* nicht in der Lage war, meine Gefühle preiszugeben. Wir gaben uns beide alle Mühe, den anderen mit unseren wahren Gedanken und Gefühlen zu verschonen. Der Ausweg war dann wie vorgegeben: Sie hat immer getrunken, sie war bereits eine Alkoholikerin, als ich sie kennenlernte. Genauso wie ich, wie Johnathan und mein Vater. Die Hillstrands tranken nicht einfach aus Geselligkeit, wenn sie in eine Bar gingen, ihre gesamte DNS schwamm in Alkohol.

Sabrina und ich beendeten dieses Kapitel sehr plötzlich, sehr abrupt. Vom Vollrausch zur Abstinenz per Notstopp. Wir hörten beide mit der Sauferei auf und begannen ein neues Leben. Sie wollte raus aus dieser Existenz der typischen Fischersfrau. Sie hatte am eigenen Leib erfahren, wie selbstzerstörerisch dieses Leben war, wie diese destruktive Kraft auch ihre Seele verletzt hatte. Sie beschloss von einem Tag auf den anderen, dass sie nicht mehr in Kneipen rumhängen wollte, wo alle nur soffen, um zu vergessen. Sie hatte genug von der Anspannung, von Streit und Prügeleien. Stattdessen lernten wir, wie man wirklich miteinander redet.

Mein Leben war ein permanenter Störfall für Sabrina, das lag leider in der Natur der Sache, und so geht es allen Frauen und Freundinnen von Fischern. Dieses Leben stellte einen vor sehr spezielle Herausforderungen, die man erst einmal meistern musste. Der Zyklus im Familienleben eines Fischers sieht in etwa so aus: tränenreicher Abschied, langes Warten, Hoffen und Bangen, dann die Rückkehr und die große Wiedersehensfreude. Die Liebe wächst mit der Entfernung, heißt es im Sprichwort, aber sie lässt sich nicht endlos strapazieren. Wenn ich nach langer Reise wieder zu Hause eintrudelte, ging ich wie selbstverständlich davon aus, dass ich der Herr im Haus war. Ich ließ mich in meinen Sessel fallen und griff nach der Fernbedienung für den Fernseher. Aber Sabrina hatte sich in der Zwischenzeit sehr wohl daran gewöhnt, dass sie zu Hause alle Entscheidungen traf. Wenn das Auto zickte, rief sie nicht auf dem Schiff an, um mich zu fragen, was sie bloß tun sollte. Sie reparierte es eben selbst. Was im Haus gemacht werden musste, das organisierte Sabrina, da war sie der Kapitän. Ich war Kapitän auf dem Schiff, auf der Beringsee. Nur war es so, dass ich mir einbildete, ich wäre auch in meinem eigenen Haus der Skipper. Aber war ich das wirklich? Das war die Frage. Wir setzten uns hin und fingen an, Aufgaben und Verantwortung zu verteilen: »Okay, du erledigst das, ich mache das.« Am Ende der Diskussion kamen wir zu einem ganz anderen Schluss: »Ist das überhaupt die richtige Frage, wer hier das Sagen hat? Wer sagt denn eigentlich, dass es nur einen Weg gibt, Dinge zu erledigen?« Das Zusammenleben ist ein ständiger Balanceakt.

Trotzdem vergingen zehn Jahre unserer Ehe, bevor wir auch nur ein einziges Mal länger als zwei Monate am Stück zusammen verbringen konnten. Immer fing gerade irgendwo eine neue Fangsaison an:

Lachs, Hering, Krabben. Und ich schuftete, wie es die Launen meines Vaters diktierten. Es heißt in unserer amerikanischen Verfassung, so steht es zumindest auf dem Papier, dass jeder Mensch in Freiheit entscheiden kann, was er tun oder lassen oder sein möchte. In einer Ehe musste es also immer der andere sein, der sich verändern sollte. Nur wenn beide wollen, dass sich der andere verändert, kracht es natürlich und die ganze Veranstaltung ist zum Scheitern verurteilt. Sabrina hatte ihr eigenes Einkommen. Sie hatte sich als Maklerin selbstständig gemacht, sie arbeitete als Kellnerin in einer Bar und als Journalistin bei der *Tribune* in Homer. Sie schmiss außerdem noch einen Donut-Laden, bis ihr in der Schwangerschaft ständig übel war von dem Zeug. Also versuchte ich eine Weile, den Laden zu führen, aber es machte mich schier kaputt, jeden Tag im Geschäft zu stehen. Doch so merkte ich, dass sie mich eigentlich gar nicht brauchte, um durchzukommen. Wir mussten Stück für Stück herausfinden, wer wann und wofür zuständig war in unserer Partnerschaft. So als Paar wie ein Team zu funktionieren, war vielleicht die härteste Lehrzeit überhaupt für mich – aber gleichzeitig auch eine Bereicherung, wie ich sie vorher nie erlebt habe und auch in keinem anderen Job jemals erreichen werde, weil wir dabei wirklich Seite an Seite arbeiteten.

Jetzt kommt Sabrina raus auf die Veranda, mit der Tasse in der Hand, und setzt sich zu mir. Sie sieht mich an.

»Hast du überhaupt geschlafen?«, fragt sie mich.

»Bisschen«, erwidere ich.

»Was willst du unternehmen wegen Johnathan?«

»Tja, was kann ich da unternehmen?«

Sie schaut rüber zur Pferdekoppel. »Es ist noch dunkel da drüben«, sagt sie. Indiana liegt drei Stunden vor Alaska.

»Du meinst wegen der Küstenwache?«

»Bringt es was, wenn du den nächsten Flieger nimmst?«

Ich spiele mit dem Gedanken, ja. Ich kann es ihr ansehen, dass auch sie sich Sorgen macht wegen Johnathan, aber sie hat eben gelernt, es sich nicht anmerken zu lassen. Das hat sie wirklich lange genug geübt. »Nicht, bevor Russ sich meldet«, sage ich ihr. »Ich glaube, das ist es, was mich am meisten nervt: dass ich nichts tun kann, außer hier zu sitzen und mir Sorgen zu machen.«

Sie lacht leise und verschwindet wieder im Haus.

In solchen Momenten gehe ich auf Innenschau, was ich sonst eigentlich lieber vermeide. Ich schlendere zum Stall rüber, um noch einmal nach Rio und den anderen Pferden zu sehen, und denke über die Veränderungen der letzten Jahre nach. Was ich wirklich genieße, ist der Umstand, dass ich jetzt Tausende Meilen von der *Time Bandit* und den Fischgründen der Beringsee entfernt lebe – eine positive Veränderung. Aber nicht alles, was sich in den letzten zehn Jahren getan hat, fällt in diese Kategorie. Berufsfischer wie Johnathan und ich haben viele Wesenszüge: Wir sind unverbesserliche Optimisten; wir lieben den Konkurrenzkampf unter den Fischern; wir klotzen richtig ran, wenn wir arbeiten – und sind wahrscheinlich genauso schwer zu kontrollieren wie ein Rudel Katzen. Was wir aber überhaupt nicht abkönnen, sind Veränderungen, selbst wenn sie noch so unausweichlich sein mögen. Nehmen wir zum Beispiel die Neuaufstellung der Krabbenfischerei in Alaska – mit den Folgen dieses Wandels hadern wir bis heute.

1976 wurde in Washington der Magnuson-Stevens Fishery Conservation and Management Act verabschiedet – und mit diesem Gesetz wurden die Grenzen der exklusiven Fischereizone von zwölf Meilen auf 200 Meilen vor der Küste verschoben. Faktisch bedeutete das eine Amerikanisierung der reichen Fischgründe Alaskas. Denn jetzt konnten Russen und Japaner nicht mehr in ihren riesigen Fabriktrawlern aufkreuzen und völlig legal zigtonnenweise unsere Krabben und Fische abräumen. Endlich konnten die Fischer von Alaska in Ruhe fangen, was allein den Bürgern von Alaska gehörte. So weit die gute Nachricht. Die Kehrseite der Medaille war, dass mit diesem Gesetz ein tödliches Risiko Einzug in unseren Beruf nahm, der auch so schon gefährlich genug war.

Wir nannten den Krabbenfang damals »das große Derby«, weil er im Prinzip wie ein Wettrennen funktionierte. Derby hieß nämlich: freier Eintritt und der Schnellste gewinnt. Ich war immer ein großer Fan dieses wilden Rennens, weil es ein Element der Anarchie besaß, wie sie in einem modernen und durchregulierten Staatswesen wie den Vereinigten Staaten sonst nirgends mehr zugelassen war, weder zu Lande noch zu Wasser. Jeder ist sich selbst der Nächste, das war das Leitmotiv der Veranstaltung. Sobald der Startschuss zum Beginn der Saison gefallen war, galten keine Regeln mehr. Mir persönlich kam das sehr entgegen, was möglicherweise mehr über meinen Charakter aussagt, als mir lieb sein dürfte. Man kann die Veranstaltung auch so beschreiben: Das Krabben-Derby war wie das große Viehtreiben in der Ära der Cowboys – nur eben zu Wasser. Es war ein Spektakel wie auf dem Chisholm Trail, als das Vieh aus dem Süden über den einen großen Herdenweg nach Norden zu den Verladestationen der Eisenbahn getrieben wurde. Wer als Erstes ankam, erzielte den besten Preis. Wir waren wie diese Cowboys, die ihre Longhorn-Rinder über die Prärie scheuchten.

Eine Crew wie wir auf der *Time Bandit* arbeitete also rund um die Uhr und ohne Schlaf, in jedem Wetter und noch in den höchsten Wellen, um in der vorgegebenen Zeit so viele Krabben zu fangen, wie nur irgendwie in unseren Laderaum passten. Solange unsere Körper das mitmachten. Johnathan und ich gingen auf See grundsätzlich nie unnötige Risiken ein – doch selbst wir waren der Jagd nach dem »roten Gold«, wie wir die Königskrabben nannten, total verfallen. Die wichtigste Regel war absolute Verschwiegenheit. Kein Kapitän sagte auch nur ein einziges Wort zu seinen Kollegen, wo seine geheimen Jagdgründe waren, wo er jedes Jahr zuverlässig Beute machen konnte. Aber die Krabben waren nicht sesshaft, sondern ständig auf Wanderung. Trotzdem war im Funkverkehr nicht eine Silbe zu hören, was in den

 Pots drin war oder ob und wo der Fang ein Erfolg war. Zur selben Zeit häuften sich die Havarien und Schiffsuntergänge in einer Weise, die man schon kriminell nennen musste. Allerdings wusste niemand, wie dieser Trend zu stoppen war – oder was überhaupt die Ursache war, dass so viele Kähne absoffen.

Mit dem Derby braute sich jedenfalls der perfekte Sturm über den Fischern Alaskas zusammen. Der Krabbenfang wurde zum halsbrecherischen Rennen gegen die Zeit und gegen die Natur; alles wegen einer sonderbaren Meereskreatur, die zwar nicht schwimmen konnte, dafür aber über den Grund der See spazierte. Bald gab es die ersten Toten. Jeder Kapitän mit einem Patent und einem Schiff, egal wie groß es war und was sein Skipper in puncto Sicherheit investierte, konnte im Derby mitlaufen, wenn er nur rechtzeitig am Start erschien. Also dampften Kähne in Richtung Beringsee los, die nicht seetüchtig genug waren, um in jedem Wetter zu bestehen. Die Behörde setzte zwar ein Zeitlimit für den Fang, um langfristig einen gesunden Bestand an Krabben zu garantieren, doch für die Gesundheit der Fischer wurde nichts getan. Die Beamten wussten um die Widerborstigkeit der Krabbenfischer und überließen es ihnen selbst, für die eigene Sicherheit zu sorgen – und wir demonstrierten eindrücklich, dass wir dazu nicht in der Lage waren.

Der Derbywahn begann jedes Jahr – in der Regel im September – an einem bestimmten Tag auf die Minute genau. Die Fischer waren sich im Klaren, dass die Fangsaison mitunter nur 52 Stunden währte, also schufteten sie rastlos und ohne Rücksicht, um ihre Laderäume so schnell wie möglich zu füllen. In manchen Jahren war die Seewettervorhersage so schlecht für die kurze Fangperiode, dass die Fischereibehörde den Startschuss verschob – aus Sorge um die Fischer, die jeden gesunden Menschenverstand über Bord geworfen hätten und trotz der mörderischen Bedingungen, die gerade auf der Beringsee herrschten, ausgelaufen wären. Für die Fischer war die Fangsaison wie der Sand, der durch ein Stundenglas rieselte. Die Jagd- und Fischereibehörde registrierte genau, wie viele Boote draußen waren, welche Tonnage die

Flotte insgesamt hatte und welche Mengen an Krabben sie bei den Fischfabriken anlieferten. Schon nach wenigen Stunden konnten die Beamten berechnen, wann das gesetzte Limit erreicht sein würde. Per Funk gaben sie an alle Fischer Tag und Uhrzeit heraus, wann sie den Fang einzustellen hatten. Mit der Frist im Hinterkopf arbeiteten die Fischer noch schneller, jetzt spürten sie, wie ihnen die wertvollen Sekunden wegtickten. Müde und überarbeitet, wie sie waren, machten Crews und Kapitäne Fehler. Fatale Fehler.

Unseligerweise verschärfte die Regierung in Washington das Problem zusätzlich – auch wenn eine gute Absicht dahintersteckte: Die US-Fischereibehörde NMFS lockte die Fischer mit gezielten Steuererleichterungen, die erwirtschafteten Gewinne wieder in die Industrie zu investieren. Anfangs verwendeten die Eigner das so frei gewordene Geld, um ihre Schiffe auf Vordermann zu bringen. Sie installierten zusätzlich moderne Technik, um noch schneller noch mehr fangen zu können. Aber nachdem sie die bestehende Flotte auf den neusten Stand gebracht hatten, ließen die Kapitäne mit ihren steuerfreien Gewinnen neue zusätzliche Schiffe bauen. Manche gaben zwei, drei, fünf oder sogar acht Neubauten mit größerer Tonnage in Auftrag, die bei jedem Wetter auslaufen können sollten. Die neuen Schiffe wurden mit lichtstarken Natriumdampflampen ausgestattet, damit die Crews auch nachts durcharbeiten konnten. Selbstverständlich bekamen die neuen Dampfer stärkere Decks, auf denen sie mehr Pots transportieren konnten als je zuvor.

Diese Überkapitalisierung verschärfte den Wettstreit um die begrenzte Menge an Krabben dramatisch – jetzt waren noch mehr Schiffe mit noch größerer Fangkapazität da draußen, die im Rennen gegen die Zeit bestehen mussten. Die Kapitäne begannen also, größere Deckslasten auf ihre Schiffe zu stapeln, als die Konstrukteure es vorgesehen hatten – und setzten so die Kentersicherheit ihrer

Die NMFS (National Marine Fisheries Services) ist eine Unterabteilung der Meeres- und Klimabehörde NOAA (National Oceanic and Atmospheric Administration).

Kähne aufs Spiel. Was folgte, war klar: Havarien, Untergänge, tote Seeleute. Die Jagd- und Fischereibehörde registrierte die Zunahme der Unfälle mit Schrecken. Doch es waren eben die Kapitäne, die entschieden, wie viele Pots sie an Deck mitnahmen. Die großen Stahlreusen sind natürlich beides – Segen und Fluch. Sie fangen die Krabben für uns und bringen Crew wie Eignern gutes Geld. Aber sie können uns auch jederzeit umbringen. Die Pots, die wir an Deck der *Time Bandit* fahren, schwingen am Kran mit einer Energie von mehr als 40 000 Joule über Deck. Wir tragen deshalb bei der Arbeit keine Sicherheitsschuhe mit Stahlkappen. Die Kraft eines fallenden Pots ist sowieso stärker als die Stahlplatte im Schuh – sie würde die Platte wie ein Skalpell durch Haut und Knochen treiben.

Bei der Arbeit an Deck baumeln die Pots am Kranhaken über den Köpfen der Crew. Je größer die Gier, desto schneller wird gearbeitet. Aber der Arbeitsrhythmus einer Mannschaft kann niemals schneller sein, als der langsamste Mann an Deck oder als es die kompliziertesten Handgriffe im Arbeitsablauf erfordern. Pots können wie ein Güterzug, der außer Kontrolle geraten ist, über das glitschige Deck sausen, das von Eis überzogen ist oder vom Schleim der Krabben. Wenn es richtig eisig ist, kann so ein wild gewordener Pot einen Matrosen ohne Vorwarnung erwischen und an der Reling, am Schanzkleid oder irgendeiner anderen Stahlkonstruktion zerquetschen. Ein klitzekleiner Moment der Unachtsamkeit – und die Pots drücken Finger zu Brei oder amputieren ganze Gliedmaßen. Wenn erst einmal Markierungsbojen und Leinen an den Pots befestigt sind, besteht noch größere Gefahr: Wer sich dann in einer Schlinge verheddert, kann mit dem Pot über Bord und in die Tiefen der Beringsee gerissen werden.

Das enorme Gewicht aller Pots, die an Deck gestapelt werden, verlagert den Schwerpunkt des Bootes nach oben und wird damit zur permanenten Gefahr für das gesamte Schiff. Die daraus resultierende Instabilität hat beim Derby mit alarmierender Häufigkeit immer wieder Schiffe kentern lassen. Zum Gewicht der Pots kommt ein weiterer unberechenbarer Faktor dazu, der ein Schiff aus dem Gleichgewicht bringen kann: Wenn es klirrend kalt ist, gefriert die Gischt und überzieht das ganze Schiff mit einer dicken Eisschicht; Deck, Aufbauten, Kran, Winschen, Pots – alles. Und ein solcher Eispanzer kann den Unterschied zwischen Sicherheit und Katastrophe bedeuten. Der Prozess läuft rasend schnell ab. Wenn sich erst einmal die erste Eisschicht auf einem Schiff wie der *Time Bandit* festgesetzt hat, taucht es noch tiefer in die Wellen ein – und es kommen noch mehr Wasser und Gischt über, was den Vorgang der Vereisung nur beschleunigt. Die Gischt verwandelt sich manchmal noch in der Luft zu Eis und prasselt in gefrorenen Tropfen aufs Deck, was klingt, als würde man mit Murmeln in einem Blecheimer rappeln. Das Schiff reagiert immer langsamer und träger auf das Ruder und ist bald überhaupt nicht mehr zu kontrollieren. Dann braucht es nur noch die entsprechende Welle und der Kahn geht koppheister.

Wenn ein Schiff vereist, muss die Crew raus und mit allem, was sie hat – mit Hämmern, Äxten, Rohrstücken oder Baseballschlägern – auf das Eis einschlagen, um das Schiff von der gefährlichen Last zu befreien. Ein Knochenjob, der nicht so schnell erledigt ist, weshalb die Crew nicht selten Erfrierungen an Ohren oder Händen davonträgt. Das losgeschlagene Eis wird über Bord geschaufelt oder durch die Speigatten geschoben. Manchmal schafft es die Crew so gerade eben zu verhindern, dass sich zusätzliches Eis bildet. Aber sie weiß, wie lebenswichtig diese Aufgabe ist, und es hat sich noch nie jemand beschwert, wenn ich das Kommando zum Eishacken gegeben habe.

Und es gibt eine weitere Gefahr für die Kentersicherheit der Schiffe, die nur die Flotte der Krabbenfischer betrifft: die großen Tanks für den Fang. Diese Behälter werden mit Wasser geflutet, um die Krabben am Leben zu halten, bis sie zur Weiterverarbeitung in der Fischfabrik abgeliefert werden. Pumpen sorgen dafür, dass das Seewasser in den Tanks ständig ausgetauscht wird. Wenn diese Aggregate ausfallen und der Spiegel in den Tanks fällt, kann das Wasser im Seegang so sehr von einer Seite zur anderen schwappen, dass ein Kahn kentern kann. So ging es wahrscheinlich Cache Seel und seinem 30 Meter langen Krabbenfänger *Big Valley*, der im Januar 2005 etwa 70 Meilen vor den Pribilof-Inseln verloren ging.

Die *Big Valley* steckte gerade in einem Tal zwischen rund fünf Meter hohen Wellenbergen, als ein Kaventsmann das Boot erwischte und mehr als 60 Grad auf die Seite warf. Seel machte in seiner Koje fast so etwas wie einen Kopfstand, dann gaben die Motoren ihren Geist auf und die Generatoren fielen aus. Seel schaffte es, in der Finsternis seinen Überlebensanzug anzuziehen, und machte sich daran, seine Leute zu finden. Ein Matrose schrie um Hilfe, ein zweiter versuchte bereits, die Rettungsinsel auszubringen. Der heulende Wind fegte sie einfach weg. Innerhalb von zwei Minuten kippte das Deck auf 90 Grad, zwei Seeleute flogen ins eisige Wasser – den Überlebensanzug noch in den Händen. Das Boot rollte weiter, bis es fast komplett durchgekentert war und nur noch der Rumpf aus den Wellen ragte. Die Schlingerkiele, die seitlich am Rumpf vom Bug bis zum Heck verlaufen und normalerweise tief unter Wasser liegen, guckten jetzt raus. Dem Rest der Crew war es gelungen, über den Rumpf auf den Kiel zu klettern, als das Boot kippte. Seel war am Heck des Schiffs gelandet, wo er sich an einem hervorstehenden Teil festklammern konnte. Leider sackte das Schiff langsam weiter weg, die ersten Wellen rauschten über den Kiel. Seel konnte seine Leute nicht sehen, aber er hörte, wie sie sich zubrüllten, dass sie die Seenotfunkboje im Wasser gesichtet hatten. Jetzt war die Küstenwache alarmiert. Er hielt es noch anderthalb Stunden an seinem sinkenden Schiff aus. Immer größer wurden die Wellen, die sich über dem Rumpf brachen, immer tiefer sank das Schiff. Schließlich gab es nichts mehr zum Festhalten. Seel musste schwimmen. 20 Minuten kämpfte er allein mit den Wellen, bis er das weiße Rundumlicht einer Rettungsinsel vor sich sah. Er strampelte noch einmal 30 Minuten, bis er endlich das Floß erreichte. Er kletterte hinein, kotzte erst einmal das ganze Seewasser aus, das er geschluckt hatte, und wartete auf Hilfe. Zwei Stunden später wurde er von einer Helikoptercrew der Küstenwache geborgen.

Nach Seels Aussagen reimten sich Gutachter die Ursache des Unglücks später so zusammen: In vollen oder leeren Tanks schwappt nichts. Wenn es jedoch »freie Oberflächen« gibt, wie es in der Strömungslehre heißt, also Wasser und Luft aufeinandertreffen, kann sich das schwerere Wasser frei bewegen – und sich so aufschaukeln, dass es eine Kenterung einleiten kann. So ist es wohl passiert. Eine Pumpe versagte, Wasser schwappte, die *Big Valley* bekam Schlagseite, irgendwo brach eine Dichtung, der Maschinenraum lief voll, noch mehr Wasser schwappte durchs Schiff. Und weil die Schotten nicht mehr rechtzeitig geschlossen werden konnten, rauschte das Wasser bald ungehindert im Achterschiff hin und her. Als der Kaventsmann die *Big Valley* traf, kippte sie so weit auf die Seite, dass sie sich nicht mehr aufrichten konnte.

Das war also das Ende der *Big Valley*, eine Verkettung unglücklicher Umstände in einer mörderischen See. Doch häufig liefert die See nur der eigenen Dummheit das geeignete Mordwerkzeug. Das geschieht sogar öfter, als man denkt – aber es spricht eben niemand gerne darüber, wenn schlicht Dusseligkeit zum Tod von Seeleuten geführt hat.

Wir arbeiten die meiste Zeit, ohne zu viele Gedanken daran zu verschwenden, dass wir dabei ersaufen oder erfrieren könnten. Wir Fischer sind nicht besonders mutig, aber man kann schon sagen, dass wir eine besondere Fähigkeit haben, uns selbst zu betrügen. Es würde ja schon genügen, wenn wir einmal das Unfall- und Todesrisiko in unserem Beruf mit demjenigen in anderen gefährlichen Branchen vergleichen würden. Das Amt für Statistik hat die Berufsfischerei 2006 als die Sparte mit der höchsten Sterblichkeitsrate in ganz Amerika ausgewiesen. Auf 100 000 Beschäftigte in der Fischerei kommen 141,7 Todesfälle – fast 30-mal so viele wie bei Arbeitern in der Industrie. Noch gefährlicher als die Fischerei ganz generell ist nur noch ein Job, auch das haben die Statistiker nachgewiesen: Seit die Ämter zählen, sind in den Gewässern Alaskas und speziell in der Beringsee 2066 Fischer umgekommen.

Aber natürlich sind es immer die anderen, die draufgehen – bis zu der Nacht, in der du von den Schreien deiner Kumpel geweckt wirst, weil der Maschinenraum schon zur Hälfte abgesoffen ist. Plötzlich stehst auch du im eisigen Wasser und überall gellen die Alarmsirenen. Du stehst unter Schock. Redest dir vielleicht noch ein: »Ein Albtraum. Ich kann einfach nicht glauben, dass *mir* das passiert.« Fünf Minuten später bist du schon Futter für die Krabben. Andererseits kann man den Gedanken nicht zulassen, dass man ständig in Gefahr ist, im Job umzukommen. Wenn wir nicht total verrückt werden wollen, müssen wir das verdrängen, es geht nicht anders. Aber dieser Prozess hat uns verändert. Ein kleines Versehen, einen Moment nicht vorsichtig gewesen, ein Zucken der Hand, wenn man gerade den Kran bedient – und schon stirbt ein Mann. Die See rüttelt am Deck, auf dem wir stehen, sie zieht uns den Boden unter den Füßen weg. Allein aufrecht zu stehen, ohne sich irgendwo festzuklammern, ist schon eine echte Herausforderung. Wenn ein Mann an Deck nicht die Hände frei hat, weil er gerade Krabben sortiert oder Leinen entwirrt, ist er in Gefahr. Wasser rauscht in Kaskaden über den Bug. Das Schiff rollt wie besoffen von Steuerbord nach Backbord und wird gleichzeitig achtern von einer Welle angehoben. Eine Fahrt wie mit der Achterbahn. Da muss es dann gar kein Kaventsmann sein, der die Katastrophe bringt. Es reicht eine winzige Kleinigkeit, ein verknackster Knöchel, ein schleimiger Klacks Fischinnereien, eine Krabbe, die über die Planken wetzt, oder auch nur ein bisschen Eis an Deck. Und schon geht wieder ein Seemann drauf. Es kann so schnell passieren. Und deshalb ist es kein Wunder, dass wir nicht richtig erwachsen werden. Wenn wir das täten, bliebe uns keine andere Wahl, als die Krabbenfischerei sofort hinzuschmeißen.

Wir halten uns natürlich für total normal und eben nicht für leichtsinnig oder durchgeknallt. Andere Menschen mögen so von uns denken, wir können uns keinen Zweifel leisten. Wir arbeiten in dem Beruf, den wir uns ausgewählt haben. Jeder Fischer weiß genau, was ihn umbringen kann. Wir haben schon kapiert, dass wir so gut wie tot sind, wenn wir ohne Schutz über Bord fallen. Wer keinen Überlebensanzug trägt, den holt nach vier oder fünf Minuten die eisige Kälte der Beringsee. Seine Gliedmaßen sind schnell taub, der Körper versucht alles, um gegen die Kälte anzuheizen, aber wenn die Temperatur im Kern erst einmal auf 30 Grad gefallen ist, hat der Mann keine Chance mehr. Wir fürchten uns nicht vor der See. Aber wir haben schreckliche Angst vor dem Wasser.

In unserer Welt der fortgesetzten Verdrängung blenden wir bestimmte Risiken aus, das ist der Preis der Krabbenfischerei. Aber der Mechanismus der Verdrängung ist noch ein wenig komplizierter. Manche Fischer legen es geradezu darauf an, in ihr eigenes Verderben zu rennen. Käpten Ahab lebt – und zwar auf der Beringsee! Gier, Selbstgefälligkeit und schiere Verzweiflung: Das sind die Faktoren, die einen Mann in Gefahr bringen. Es sind dieselben blöden Motive, die auch einen Rennfahrer antreiben oder einen Fondsmanager, der an der Börse mit Aktien und Rentenpapieren jongliert. Wenn jemand nichts im Kopf hat, außer Geld zu raffen, wird er früher oder später dumme Fehler machen. Ein Krabbenfischer, der behauptet, er sei niemals in einer verzweifelten Lage gewesen, lügt das Blaue vom Himmel herunter. Und bis jetzt ist noch alles, was ich in einer solchen verzweifelten Lage getan habe, komplett schiefgegangen. Genau so war es auch bei den Typen, die mit der *Andrea Gail* im »perfekten Sturm« abgesoffen sind – es hat sie niemand gezwungen, bei diesem Wetter rauszufahren. Sie hatten Probleme mit der Kühlung und entschieden sich, auf direktem Weg durch den Sturm zu fahren, um ihren Fang zu retten. Erst als sie richtig in der Scheiße saßen, haben sie verstanden, dass es alles Geld der Welt nicht wert ist, wenn man dafür umkommt. Aber das meine ich nicht als Kritik, ich fälle hier kein Urteil. Der Stress auf See kann einen Mann schier verrückt machen. Wenn ich draußen auf der Beringsee bin und sehe, wie die Männer an Deck zu mir auf die Brücke hochgucken und auf eine Entscheidung warten, dann sehe ich auch die Gesichter ihrer Frauen und Kinder vor mir. Klar will ich Geld verdienen, doch ich muss sie auch alle wieder heil nach Hause bringen. Gleichzeitig kann ich mir so viele Gedanken machen, wie ich will, dass bloß keiner ersäuft oder im Feuer an Bord umkommt oder von einem Pot an Deck erschlagen wird – ich bin auch dafür verantwortlich, dass wir da draußen Geld verdienen. Auf See stehe ich wirklich mit dem Rücken zur Wand. Wenn ich mal eine schlechte Saison habe, kann ich mir Geld leihen. Nach zwei schlechten Jahren stehe ich vor dem Bankrott. Dreimal Pech und es heißt: Gehen Sie nicht mehr über Los, gehen Sie direkt ins Gefängnis. Oder ich stehe wieder ganz am Anfang und kann irgendwo auf einem anderen Kahn als Deckshand anheuern. Auf jeden Fall habe ich dann meinen Traum verspielt. Und allein dieser Gedanke kann einen ins Verderben treiben.

Schließlich hatte die Zahl der Unfälle eine Marke überschritten, die auch die Jagd- und Fischereibehörde nicht länger ignorieren konnte. Man beschloss, die Krabbenfischerei sicherer zu machen und ihr eine neue Struktur zu verleihen, die auf lange Sicht einen gesunden Bestand der Industrie gewähren sollte. »Rationalisierung« nannten sie ihr Vorhaben, nicht das allerneueste Konzept, aber immerhin hatte man es in der Krabbenfischerei noch nicht angewendet. Mein Bruder und ich hassen das neue System, wir finden es unfair, weil es die Ureinwohner Alaskas und die großen Fischfabriken begünstigt. Trotzdem sind auch wir der Ansicht, dass der Bundesstaat Alaska seine Fischerei im Großen und Ganzen sehr kompetent organisiert. Jedes Jahr setzt sich der Nordpazifische Bewirtschaftungsrat zusammen, zu dem auch die Jagd- und Fischereibehörde sowie die nationale Fischereiaufsicht gehören, und sichtet erst einmal den Krabbenbestand: Wie viele Exemplare der jeweiligen Spezies gibt es da draußen? Wie viele davon sind männlich, weiblich, noch nicht ausgewachsen? Die Krabben, das hören wir von der Regierung jedes Mal als sanfte Erinnerung, sind eine Ressource, die wir zwar freundlicherweise nutzen dürfen, die uns aber nicht gehört. Die Krabben sind nämlich das gemeinsame Eigentum der ungefähr 700 000 Bürger Alaskas. Als die Regierung nun die neuen Regeln für den Krabbenfang aufstellte, teilte sie jedem Boot eine individuelle Quote zu. Basis für die Berechnung dieser Quote war der Fang eines Schiffs in den vergangenen fünf Jahren. Der Eigner konnte sich dann entscheiden, ob er seine Quote an einen anderen Fischer weiterleasen wollte, wofür er die Hälfte des Gewinns erhielt, oder ob er lieber den ganzen Gewinn einstreichen möchte und selbst zum Fang rausfährt.

Eine Quote wird immer als Prozentsatz der Gesamtfangzahl angegeben. In der eigentlichen Berechnung für ein individuelles Schiff werden jeweils das beste und das schlechteste Jahr der zurückliegenden fünf Jahre gestrichen – und der Durchschnitt aus den verbleibenden drei Werten gebildet. Schiffe, die dabei ein bestimmtes Minimum nicht erreichten, wurden von den Behörden ganz aus der Verteilung der Quote geworfen. In anderen Worten: Wer eine Quote wollte, musste schon ein echter Krabbenfischer mit einem reellen Schiff sein und nicht einer aus dem Mob der vielen, die nur gelegentlich zum Derby erschienen waren. Die *Time Bandit* erhielt im ersten Durchgang eine IFQ von rund 45 Tonnen Königskrabben und gut 110 Tonnen Opilio. 25 Tonnen unserer Schneekrabben-IFQ vermieteten wir an andere Fischer weiter.

Im ersten Jahr der »Rationalisierung«, das war 2005, entschieden wir uns, die ganze Sache erst einmal zu beobachten und nur unsere eigene Quote zu fangen. In den folgenden beiden Jahren versuchten wir, zusätzliche Fangquoten zu leasen, aber der Markt gab leider nicht so viel her, wie wir uns das gewünscht hatten. Zehn Prozent unserer Einnahmen gehen automatisch an die Ureinwohner Alaskas. Wenn wir zusätzliche Quoten leasen, müssen wir bei Opilio die Hälfte

Der offizielle Terminus lautet IFQ – Individual Fishing Quota.

der Einnahmen an den Halter der Quote abtreten, bei Königskrabben sind es sogar 70 Prozent. Unter dem neuen System der IFQ riskieren wir unser Leben also plötzlich für die Hälfte oder sogar nur ein Drittel dessen, was unsere Krabben eigentlich wert sind.

Und im Prinzip brauchen wir einen sechsten Mann in der Crew: einen Buchhalter.

Das neue System brachte uns zwar Klarheit und Berechenbarkeit, doch wir standen auch nach der Rationalisierung unserer Fischerei weiter unter großem Druck. Ein Faktor war unter anderem der Preis für Treibstoff. Während wir 2005 noch um die 1,50 Dollar pro Gallone Diesel zahlten, stieg der Preis 2007 auf durchschnittlich 3,10 Dollar. Das allein sorgte natürlich für ordentlich Druck, denn ein Fischer, der mehr für seinen Treibstoff zahlen muss, nimmt sich noch weniger Zeit für Extratouren – etwa um schlechtem Wetter auszuweichen. Leider ist die Jagd- und Fischereibehörde immer noch nicht bereit, Verantwortung für die resultierenden Unfälle auf See zu übernehmen. Statistiken anzufertigen und zu interpretieren, ist eine Sache. Doch aus meiner Perspektive von der Brücke sieht die Angelegenheit eben anders aus. Wie soll man denn verhindern, dass auf See etwas passiert, wenn das Schiff in den Wellen bockt oder der Kranhaken über Deck schwingt? Da stehen immer irgendwo Luken offen. Ein falscher Tritt und es geht im freien Fall sieben Meter runter in den Krabbentank. Einmal gestolpert und einer von meinen Leuten hat sich den Knöchel oder ein Bein gebrochen. Wie sollen die besten Sicherheitsvorkehrungen verhindern, dass im Seegang eine der schweren Stahltüren im falschen Moment zuschlägt und unsere Leute einklemmt? Genau das ist einem Mann auf der *Time Bandit* im vergangenen Jahr passiert: Die Tür zum Deck krachte zu und erwischte seine Wade. Er kam später zu mir und sagte: »Eigentlich cool, dass mein Bein noch dran ist, dachte ich im ersten Augenblick. Denn es fühlte sich an, als wäre es in eine gigantische Schere geraten.«

Man kann es vielleicht so formulieren: Der Job eines Krabbenfängers ist nicht mehr so gefährlich wie früher – aber sein Arbeitsplatz ist noch immer die gewaltige und tödliche See. Immerhin haben wir heute fast so etwas wie eine Garantie, dass wir Krabben fangen. Wir wissen genau, wo wir nach ihnen suchen müssen, wir haben allerhand elektronische Helfer und kennen die Migrationsmuster der Krabben. Seit der Rationalisierung fangen wir jedes Jahr zuverlässig unsere 110 Tonnen Opilio. Wir geben uns Mühe, nicht ein Pfund zu viel zu fangen. Wir fangen aber auch niemals weniger. Inzwischen haben wir im Prinzip Zeit genug, die Pots einen Moment länger unten zu lassen und die Crew zu schonen, doch Zeit ist eben auch Geld.

Eine wichtige Veränderung ist sicherlich auch, dass ich heute den anderen Fischern im Hafen verraten kann, wo sie die Krabben finden – früher kam kein Sterbenswort über meine Lippen. Natürlich geht dabei ein wenig vom Mysterium des Fischens verloren und manche Kollegen unken schon, dass man es eigentlich schon nicht mehr »fischen« nennen dürfe. Was wir heute machen, sei eher wie »ernten«. Aber das sehe ich nicht so. Die Rationalisierung hat dafür gesorgt, dass wir ein regelmäßiges Einkommen haben, mehr nicht. Kann man sagen, dass auch die Krabbenfischerei nur noch ein betriebwirtschaftliches Zahlenspiel ist? Muss die Flotte insgesamt agieren wie ein Unternehmen, wenn sie überleben will? Ja, vielleicht ist das der Weg in die Zukunft.

Was wir also fürchten, wenn wir von der Rationalisierung sprechen, ist die Zukunft.

Alaska hat leider nicht den Luxus einer breit aufgestellten Wirtschaft wie etwa Washington und Oregon, wo viele Schiffe der Krabbenflotte ihren Heimathafen haben. Alaska hat im Norden das Öl und die Fischerei auf der Beringsee – und das war's. Wenn man nun das Öl weglässt, besteht der Bundesstaat im Prinzip nur aus ablegenen Ortschaften, die sich mit der Fischerei über Wasser halten. Wer seinen Arbeitsplatz verliert, kann nicht einfach quer durch die Stadt zu Boeing oder Microsoft fahren und sich dort um einen neuen Job bewerben, wie es die Leute in Seattle tun können. Ohne die Fischerei bleiben nicht wirklich viele Optionen übrig.

Als die Jagd- und Fischereibehörde das Konzept für die Rationalisierung entwarf, ging es ihr vor allem darum, der Fischerei ein zuverlässiges Fundament zu geben, das langfristig Bestand haben würde. Zu Zeiten des Derbys brachte die Fischerei nur während einer sehr kurzen Saison Jobs nach Dutch Harbor. Vor der großen Reform gingen 357 Schiffe auf Krabbenfang, das waren 1500 Arbeitsplätze auf See. Aber Dutch Harbor eierte eben permanent von einem Boom zur nächsten Krise. Auf einen Monat Hochsaison folgte ein Monat Flaute. Die Kapitäne und ihre Crews flogen ein, erledigten ihren Job und reisten wieder ab. Keiner blieb auch nur eine Sekunde länger als unbedingt notwendig.

Mit der Rationalisierung wurde alles anders. Der Fang wurde begrenzt, die Zahl der Schiffe reduziert. Und das hieß erst einmal: weniger Jobs. 80 Schiffe blieben nach der Reform noch übrig – Arbeitsplätze für rund 400 Seeleute. Aber dafür können sich die Arbeiter in den Fischfabriken heute darauf verlassen, dass sie das ganze Jahr über eine Beschäftigung haben, oder wenigstens die meiste Zeit. Und der Fang landet zuverlässig nach dem vereinbarten Schema vor ihrer Tür. Die großen Unternehmen haben außerdem die alten Massenunterkünfte für die Malocher umgebaut, damit sie den Arbeitern und ihren Familien anständige Quartiere anbieten können. Auch die Insel insgesamt hat sich verändert: Die Straßen auf Unalaska sind nun asphaltiert, die Schulen haben immer mehr Zulauf und es gibt sogar öffentliche Einrichtungen wie in einer normalen Stadt. Früher war Dutch Maloche pur – und dazu ein paar Kneipen. Diese Zeiten sind vorbei.

Aber was bedeutet all das für die Existenz der Fischer?

Wir haben natürlich aus gutem Grund einmal angefangen, Krabben zu fangen – weil wir damit viel Geld verdient haben. Und wundern uns jetzt, warum wir unseren Fang nicht mehr an den Weiterverarbeiter verkaufen können, der uns den besten Preis bietet. So war es immer gewesen. Die Reform sieht nun vor, dass wir nur noch zehn Prozent unseres Fangs auf dem freien Markt losschlagen dürfen. Der Rest geht an einen festgelegten Verarbeiter, der uns schon vorher sagt, was er uns für das Pfund Krabben bezahlen wird. 100 Prozent Markt – war das nicht eigentlich der American Way of Life?

Heute sieht es so aus, dass wir Fischer für jede Krabbe, die wir bei den Fischfabriken abliefern, im Schnitt 4,20 Dollar bekommen. Nicht viel, könnte man meinen, wenn man das nicht unbeträchtliche Risiko bedenkt, das wir eingehen, und die harte Arbeit, die wir investieren. Aber die Entscheidung liegt leider nicht bei uns; der Preis wird auf dem Weltmarkt bestimmt. Russische und norwegische Fischer fangen in der Barentssee solche Mengen von Krabben, dass die Märkte förmlich überschwemmt werden und die Preise in den Keller gehen. Und natürlich achten die Verbraucher auch darauf, wie viel sie ausgeben. Krabbenfleisch ist eine teure Delikatesse. Wenn jemand bei Costco ein Pfund russische Krabben für elf oder zwölf Dollar kaufen kann, warum soll er dann mehr für Krabben aus Alaska zahlen, selbst wenn das Produkt aus Alaska mit viel mehr Sorgfalt verarbeitet und präsentiert wird? Seit Russen und Norweger die Barentssee leer fegen, ist der Anteil der Krabben aus der Beringsee auf dem Weltmarkt jedenfalls gefallen. 2009 haben die Fischer Alaskas gut 7000 Tonnen Krabben gefangen. Dabei wurde die Quote gegenüber dem Vorjahr sogar noch einmal um 15 Prozent gesenkt, um einen gesunden Bestand an Krabben zu gewährleisten. Russische Fischer haben im selben Zeitraum fast 15 000 Tonnen gefangen, aber man muss leider davon ausgehen, dass sie ihre Statistiken frisieren. In Wahrheit haben sie wahrscheinlich doppelt so viel angelandet, wie sie offiziell angeben.

Wir jammern über die Preise, aber solange Alaska auf den schnell wachsenden Märkten in Japan oder in den USA nur einen kleinen Teil der Nachfrage bedienen kann, haben wir Fischer und unsere Fischfabriken nur wenig Einfluss auf das Gesamtangebot – und ergo auch nicht auf den Preis unserer Krabben.

Der Staat versucht, die Krabbenfischer davon zu überzeugen, sich in Genossenschaften zusamenzuschließen. Wir sind mit der *Time Ban-*

dit Mitglied einer solchen Kooperative – weil es unseren Interessen dient. Wenn wir beispielsweise mehr Krabben fangen, als es unsere IFQ vorsieht, dann müssen wir nicht etwa eine Strafe zahlen oder den Fang zurück ins Meer kippen. Die überzählige Menge wird einfach den anderen Schiffen gutgeschrieben, die ihre Quote noch nicht erfüllt haben. Sie können also einen Fang verkaufen, für den sie nicht einmal aufs Meer rausfahren müssen. Dem Staat wäre es am liebsten, wenn wir uns auch gleich mit den Betrieben zusammenschließen würden, die unseren Fang weiterverarbeiten, zu einer Art ultimativer Gesamtkooperative. Aber wir sind noch nicht bereit, diesen Schritt zu gehen. Aus unserer Sicht kann so eine Verbindung nicht funktionieren. Uns kommt das so vor, als würde man den Fuchs im Hühnerstall einquartieren.

Wir haben eine Heidenangst, dass wir genauso werden, wie die Stechuhrarbeiter in der Industrie, dass die Traditionen unseres Berufs und auch das Abenteuer unter einem Berg von Quoten und Gesetzen und Regeln begraben werden. Wir wollen nicht Teil einer riesigen Bürokratie werden. Wir passen nicht in Besprechungszimmer und Konferenzräume. Wir sind Männer, die mit ihren Händen arbeiten. Wenn wir einmal debattieren, dann nur in der Kneipe. Was die kurzfristige Belastung angeht, schuften wir härter als jeder andere Arbeiter in Amerika. Und wir haben natürlich beobachtet, wie es den Bauern in ihren Kooperativen und im Zusammenschluss mit der Lebensmittelindustrie ergangen ist. Fischer lieben ihre Unabhängigkeit, sie sind ein widerspenstiges Volk, sie misstrauen jedem Wandel. Wenn wir jetzt loslassen, denken wir, dann werden wir uns komplett verlieren. Wir sehen es mit Sorge, wie schnell unsere Lebensweise verschwinden könnte.

Sind wir also an der letzten großen Grenze angekommen? Ja, bestimmt. Die Veränderungen geschehen wie im Zeitraffer, so schnell, dass man unser Leben, wie es einmal war, schon nicht mehr erkennen kann. Also klammern sich die Fischer an die wenigen Gewissheiten, die nur Gott verändern kann. Nichts wird die Gefahren abmildern, denen wir in unserem Job ausgesetzt sind, der Wind wird weiter heulen und die Wellen werden sich zu gewaltigen Bergen auftürmen, wie sie es immer getan haben. Die Beringstraße ist jetzt die letzte Grenze. Sie ist unser Wilder Westen über den Wellen.

KAPITEL

9

Unter dem Meeresspiegel

JOHNATHAN

Die See ist rauer geworden und die *Fishing Fever* rollt in den Wellentälern. Ich habe leider keine Power, um das Boot in den Wind zu steuern. Mit Motor könnte ich den Bug in die Wellen halten, aber ohne Schub legt sich das Schiff quer zum Wind. Ein ungemütlicher Ritt ist das, die *Fishing Fever* ist leicht und tanzt in diesem Schwell wie ein Korken auf dem Wasser. Der Tidenstrom läuft jetzt gegen den Wind, was die Wellen noch höher auftürmt. Ich schätze sie auf fünf Meter und mehr, was zwar noch keine Kentergefahr bedeutet, aber die Wellen sind jetzt immerhin schon halb so hoch, wie mein Boot lang ist. Ein bisschen mulmig ist mir schon.

Ich pelle mich aus meinen Klamotten, um mir noch ein paar wärmere Schichten drunterzuziehen. Ich muss einfach auf alles vorbereitet sein. Also stehe ich in der Unterhose auf der Brücke – und bekomme plötzlich einen Lachanfall. Keine hysterische Attacke, was unter den Umständen vielleicht auch verständlich gewesen wäre, sondern einfach ein Riesengelächter, weil mir eine lustige Geschichte wieder einfällt, an die ich seit Ewigkeiten nicht mehr gedacht habe. Ich war damals in einem Hotel in Las Vegas abgestiegen, mein Zimmer lag im 30. Stock, direkt über dem Casino auf dem Las Vegas Strip. Ich hatte mir das Mittagessen aufs Zimmer bestellt. Nach dem Essen kroch ich wieder ins Bett und schlief noch einmal vier, fünf Stunden. Jedenfalls sagte mir mein Wecker, dass es schon später Nachmittag war und unten im Casino die ersten Zocker eintrudeln würden, Typen wie ich. Ich liebe es zu spielen, aber es ist bei mir die pure Lust am Zocken, keine Sucht. Ich liebe die Atmosphäre, das ganze Drumherum. Das Hotelzimmer roch nach den Überresten meines Mittagessens, also schob ich den Servierwagen raus vor die Tür. Ich drehte mich um und hörte noch ein leises »Klack«.

Ein leises Klacken nur, doch es jagte mir einen Schreck ein, als hätte ich einen Schuss gehört. Nur in der Unterhose stand ich vor meiner verschlossenen Tür. Ausgesperrt. »Wenn ich doch wenigstens Boxershorts angezogen hätte«, dachte ich noch. Aber ich trug eine stinknormale weiße Feinrippbüx, das Billigmodell aus dem Hause Walmart. Es gab nur einen Ausweg: den Aufzug ins Erdgeschoss und zur Rezeption. Und das hieß: einmal quer durchs Casino. Die Leute starrten mich an und wussten nicht, was mein Auftritt bedeuten sollte. Aber ich konnte mir vorstellen, was sie dachten: »Ach du Scheiße, jetzt guck dir das mal an! Den haben sie im Casino bis auf die Unterhose ausgezogen.«

Ich latschte stur geradeaus, ohne nach rechts oder links zu schauen, meine Hände gefaltet, als wäre ich auf dem Weg zu meiner Kommunion. An der Rezeption hatte sich eine Schlange gebildet, die nach einer ewigen Wartezeit aussah. Ich reihte mich am Ende ein und starrte an die Decke, um die Blicke der anderen Typen zu vermeiden. Es war der Albtraum aus Kindertagen. Man träumt vom Weg zur Schule – und wacht mit einem Schrei auf, als man merkt, dass man nur seine Unterwäsche anhat. Genau dieses Gefühl hatte ich jetzt. Zum Glück konnte ich den Schrei unterdrücken. Endlich ging es vorwärts, zentimeterweise, und dann stand ich vor einer Mitarbeiterin des Hotels. Ihre Selbstbeherrschung war bewundernswert, sie ließ sich nicht anmerken, dass ein nackter Mann vor ihr stand. Ich erklärte ihr, wie es dazu gekommen war.

Aber sie war kalt wie eine Schlange: »Woher wissen wir denn, dass Sie auch der sind, für den Sie sich ausgeben? Haben Sie irgendwelche Papiere dabei?«

Ich: »Wie denn?«

Zwei Sicherheitsleute eskortierten mich zum Zimmer zurück.

Ich stecke mir eine Portion Copenhagen in den Mund, Kautabak wirkt Wunder in solchen Situationen. Im Regal auf der Brücke steht außerdem eine Flasche Chantix, das Zeug soll mir helfen, vom Rauchen runterzukommen. Das Schlimmste ist: Die Pillen wirken tatsächlich, und das ist der Grund, warum ich sie nicht nehme. Wenn ich Chantix schlucke, habe ich keine Lust mehr auf Zigaretten. Es verdirbt einem alles, was irgendwie ungesund ist, selbst die fettigen Magenschmeichler von McDonald's schmecken einem plötzlich nicht mehr. Mit Chantix fühle ich mich einfach richtig scheiße. Da könnte ich auch gleich Diätpillen schlucken.

Bei einem Seegang wie diesem jetzt werde ich gerne mal seekrank. Wenn die Krabbensaison losgeht, muss ich mich meistens in der ersten Nacht übergeben. Genauso fühle ich mich jetzt. Mein Magen rumort und ich bin schon in den Startlöchern, um zum Klo zu wetzen. Nur hat die *Fishing Fever* leider kein Klo. Zum Glück habe ich rundherum genügend Ozean, um mich so richtig schön auszukotzen. Ich rolle mich in meiner Koje zusammen und lasse mich von den Wellen schaukeln. Normalerweise beruhigt sich mein Magen wieder, wenn ich liege, doch dieses Mal schwappt mein Mageninhalt mit dem Schwell hin und her, dass es wirklich keine Freude ist. Wenn alles gut läuft, gibt es nichts Entspannenderes, als auf einem Boot von den Wellen geschaukelt zu werden. Aber unter Umständen wie diesen, wenn einen die Sorgen quälen, wühlt es auch den Magen auf. Das Übelste ist, dass ich rein gar nichts unternehmen kann. Das macht alles noch viel schlimmer. Also versuche ich es mit positiver Selbsthypnose. Ich liege im Dunklen und zähle alles auf, was mir keine Furcht einflößt. Ich leide zum Beispiel nicht an Höhenangst. Im Gegenteil: Ich genieße diesen Moment beim Fallschirmspringen sogar, wenn ich aus dem Flieger springe und im freien Fall ins Nichts stürze. Ich habe keine

Angst vor der See, aber auf See hatte ich gelegentlich schon ordentlich Bammel. Während der letzten Krabbensaison hat uns einmal in der Nacht ein 30-Meter-Kaventsmann erwischt, dessen Wellenkamm gerade gebrochen war. Eine zehn Meter hohe Wasserwand schlug über der *Time Bandit* zusammen. Das versetzte mir einen Schrecken, der weit jenseits der »Scheißejetztsindwirerledigt«-Grenze rangierte. Andy war auf der Brücke und ich war in meiner Koje, als der Brecher uns von hinten überrollte. Ich hatte keine Ahnung, was los war. Alles flog durch die Gegend. Ich versuchte die Leiter zum Maschinenraum zu erreichen, doch es gelang mir einfach nicht. In diesem Augenblick ging es wie im Expressfahrstuhl mit der eigentlichen Monsterwelle nach oben. Das Schiff machte einen Kopfstand auf dem Bug. Andy hat mir später erzählt, dass er beim Aufprall der Welle an die Decke der Brücke geschleudert wurde. Das war der Tag, an dem die Mikrowelle aus der Halterung gerissen wurde und durch die Tür zur Kombüse donnerte. Der Kühlschrank machte sich selbstständig und auch die Bolzen, die unseren Kocher hielten, gaben den Geist auf. Wir waren auf Tauchstation wie ein U-Boot. Zig Meter unter Wasser. Das ganze Schiff zitterte – tat-tat-tat-tat. Die Maschine stotterte. Ich dachte: »Jetzt ist es vorbei, das war's«. Wie sollten wir bei einer solchen Welle nicht koppheistergehen? Das ist die Sorte Welle, die an der Küste ganze Dörfer ausradiert. Niemand sagte auch nur ein einziges Wort. Wie die Krähen hockten wir auf der Brücke zusammen. Andy klammerte sich noch immer ans Rad, als könnte er so irgendetwas ausrichten. Ich dachte nur: »Jetzt sind wir gleich bei Davy Jones«.

Vor einem habe ich allerdings noch mehr Angst als vor Kaventsmännern, und das sind einige Kreaturen, die unter dem Meeresspiegel leben. Zu Beginn meiner

»Davy Jones' Locker« (der Schrank des Davy Jones) ist im englischsprachigen Raum ein Spitzname für den Teufel des Meeres und ein Euphemismus für das nasse Grab ertrunkener Seeleute. Der Ursprung des Bildes ist unklar. Einige Quellen sagen, dass Jones ein besonders ruchloser Pirat im Indischen Ozean war, andere behaupten, das Bild ginge auf einen englischen Kneipenwirt zurück, der Besoffene in einem Schrank einsperrte und sie dann als Crew verkaufte.

Laufbahn als Fischer arbeitete ich gelegentlich auch als Berufstaucher. In der Regel ging es darum, Propeller zu demontieren. Bei der Arbeit trug ich einen Trockenanzug und reguläres Tauchequipment. Als Werkzeug hatte ich Schraubenschlüssel dabei, Hammer, Schweißgerät, was auch immer für den Job gerade gebraucht wurde. Die Arbeit machte mir Spaß – bis *Der Weiße Hai* in die Kinos kam. Danach sah ich die Welt unter Wasser mit ganz anderen Augen.

Einmal habe ich in einer Tiefe von knapp sieben Meter an einer Antriebswelle gearbeitet, als ich einen Seelöwen bemerkte, der mich umkreiste. Ich dachte mir nichts dabei; er wollte wahrscheinlich einfach nur gucken, was ich da unten trieb. Aber ich behielt ihn immer im Auge. Plötzlich schoss er auf mich zu und schnappte nach meiner Schulter. Ich spürte seine Zähne und wurde von der Wucht des Angriffs herumgeschleudert. Irgendwie strampelte ich mich los und gelangte an die Oberfläche. Seither kann ich mir so ungefähr vorstellen, wie es sich anfühlen muss, wenn ein Hai auf dich losgeht.

Nach diesem Zwischenfall bin ich überhaupt nur noch zweimal getaucht – und habe mir dabei fast in die Hosen gemacht. Ich gerate heute noch in Panik, wenn ich Seelöwen sehe, selbst wenn ich nicht unter Wasser bin. Die Viecher versammeln sich gerne im Hafen von Kodiak, weil sie dort an der Pier von den Touristen gefüttert werden. Ein Typ hockte direkt an der Kante, mit dem Hintern über dem Wasser – bis ein Seelöwe aus dem Wasser schnellte und ihm direkt in den Arsch biss. Der Kerl zog seine Knarre und knallte den Seelöwen ab, was ihm sofort einen Riesenärger mit der Polizei bescherte. Bei aller Liebe zur Natur, aber da komme ich nicht mit: Wenn ein Bär bei dir in der Straße die Kinder anfällt, dann knallst du ihn doch ab, oder? Wo ist da der Unterschied zu einem Seelöwen, der dir in den Arsch beißt?

Jedenfalls habe ich, seit ich den Film gesehen habe, mehr Angst vor Haien als vor dem Ertrinken. Einer allerdings hat mich richtig wütend gemacht und den Kürzeren gezogen. Ich fischte damals mit Langleinen an der Ostküste und saß gerade mit einer Tasse Kaffee gemütlich am Heck meines Schiffs, als ein Blauhai direkt vor mir auftauchte. Ich bekam einen Höllenschreck und haute dem Hai wie im Reflex meine Tasse auf den Schädel. Die Tasse plumpste ins Wasser und das Biest schluckte sie einfach runter. Ich dachte: »Rück meine Tasse wieder raus, du Scheißkerl! Auch wenn du ein Hai bist, werde ich sie nicht kampflos aufgeben«. Der Hai folgte meinem Boot, drei Tage lang schwamm er immer hinter mir her. Wahrscheinlich lauerte er auf eine Chance, mir die nächste Tasse zu klauen. Oder vielleicht wollte er auch gleich mich fressen. Ich hängte einen schönen, saftigen Köder an einen Wurfhaken und ließ das Ganze an einer dicken Leine über Bord. Der Hai schnappte sich den Happen sofort und ich hatte ihn am Haken. Sechs Stunden lang kämpfte ich mit dem Biest, dann hatte ich genug und schleppte ihn bei acht Knoten Fahrt hinter mir her, bis er nicht mehr muckte. An der Pier schlitzte ich dem Hai den Bauch auf. Meine Tasse war okay, nur der Henkel war abgebrochen. Ich klebte ihn wieder fest. Damit waren wir quitt, der Hai und ich. So wie er meine Tasse verschlungen hat, hätte er auch mich gefressen, wenn ich anstelle der Tasse über Bord gegangen wäre. Da bin ich mir ganz sicher.

Was ich außerdem nicht ausstehen kann, sind Killerwale. Sie schwimmen in großen Schulen und machen die Gewässer Alaskas unsicher. Ich habe oft genug mit ansehen können, was sie mit Kreaturen anstellen, die kleiner sind als sie. Seeotter beispielsweise schmeißen sie in die Luft, als würden sie Popcorn fressen. Sie würden mich vielleicht nicht umbringen wollen – aber was nützt mir das, wenn sie mich versehentlich mit einem Seeotter verwechseln? Andererseits würden Touristen nur traurig ihre Köpfe schütteln, wenn die Killerwale mich zermalmt hätten. Ganz anders sähe das aus, wenn sie Zeugen würden, wie die Wale mit den Seeottern umgehen. Dann wäre was los – umgehend würden die Leute Vergeltung fordern! Denn es gibt im ganzen weiten Ozean nichts Niedlicheres als Seeotter. Sie sind wie junge Hunde, so kuschelig, so süß … dass man am liebsten ein Paar gemütliche Hausschuhe aus ihnen machen möchte. Mir wäre das sehr recht, denn sie fressen alles ratzekahl, wo immer sie auftauchen. Vom Ufer bis zehn Meilen raus auf See knacken sie jede Muschel und jede Krabbe. Und wenn sie damit fertig sind, ziehen sie weiter und überfallen den nächsten Küstenstrich. Orcas und Seeotter – da kriegt die Natur das Gleichgewicht ganz gut hin. Zwischen mir und den Killerwalen aber wird das nichts.

Wovor ich mich sonst noch fürchte? Vor dem Hafen der Ehe. Um den mache ich einen großen Bogen; vielleicht habe ich auch einfach die richtige Frau noch nicht getroffen. Die Beziehung zu einer Frau sollte wachsen und gedeihen – bei mir ist es eher wie eine Achterbahnfahrt und daran würde auch eine Heirat nichts ändern. Ich sage immer: Wenn ich trinke, dann trinke ich. Wenn ich arbeite, dann arbeite ich. Und wenn ich mit einer Frau zusammen bin, dann bin ich in diesem Moment mit dieser Frau zusammen. Ich behandle die Ladys wirklich gut. Ich gehe auch mit meinem Schiff sehr gut um. Wenn ich eine Frau heiraten sollte, dann müsste ich da richtig Arbeit reinstecken, aber Krabbenfischer wie ich schuften schon so viel, dass eigentlich keine Energie für irgendetwas anderes bleibt. Unter Krabbenfischern heißt es auch: »Wenn du die Frau nicht wieder loswirst, kommst du nie zu Potte.«

Falls nicht, sieht es nämlich so aus: Du kommst nach drei Monaten vom Fischen zurück und deine Frau sitzt in einer Kneipe – kein gutes Zeichen. Das Leben eines Fischers ist für sie nur schwer zu ertragen. Mit zwei Frauen bin ich länger zusammengeblieben, weil wir gemeinsame Kinder hatten. Ich habe ihnen Vermögen und Häuser überschrieben, als wären wir tatsächlich verheiratet. Aber damit endete die Beziehung, wie wir sie bis dahin geliebt und genossen hatten. Und auch eine Ehe hätte das nicht überlebt. Als die Kinder erst mal da waren, gab es keinen wilden Sex auf dem Küchentisch mehr. Die großen Gefühle, der Rausch – alles vorbei. Stattdessen schliefen jetzt die Babys bei uns im Bett. Wenn ich Sex wollte, musste ich ihre Mutter einmal in der Woche in ein Motel entführen.

Die Ironie der Geschichte ist natürlich, dass mir ausgerechnet diese Kinder unvorstellbares Glück in mein Leben gebracht haben. Im Oktober vor einem Jahr hat meine Tochter mein zweites Enkelkind zur Welt gebracht, Tiara, ein Mädchen. Und den ersten Enkel, Sawyer, hatte mir nur einen Monat davor die Frau meines Sohnes geschenkt. Binnen eines Monats war ich zum doppelten Opa geworden und ich muss zugeben, dass ich wirklich stolz darauf bin. Ich kann allerdings nur hoffen, dass die Eltern der beiden Lütten sich bei der Erziehung besser anstellen, als ich es getan habe.

Mein eigener Sohn Scott hatte keine besonders glückliche Kindheit und das lag zu einem großen Teil daran, dass ich Fischer bin. Wenn es gut lief, sah er mich neun Monate im Jahr. Er lebte bei Oma Jo in Homer oder bei meiner Mom und meinem Stiefvater Bob in Idaho. Seine eigene Mutter bekam er nie zu sehen. Als er älter wurde, verbrachte er viel Zeit mit mir auf dem Schiff, wir gingen zusammen fischen oder erledigten Zubringerdienste für andere Schiffe. Man kann sagen, dass er auf Schiffen aufgewachsen ist. Seine ersten Erinnerungen, sagt er mir, sind jedenfalls Erlebnisse auf dem Boot. Er war fünf und zusammen mit seiner Cousine Chelsey auf dem Schiff. Wir waren wieder einmal als Tender für Lachsfischer unterwegs. Als unsere Kundschaft angedampft kam, lagen Andy, die Crew und ich noch in den Kojen. Scott und Chelsey versuchten Andy und mich zu wecken, aber wir scheuchten sie einfach weg. Ohne ein weiteres Wort zu verlieren, gingen die beiden wieder hoch an Deck und machten das andere Schiff eben selbst fest.

Mein Zeichen der Liebe für Scott war, streng zu sein. Er war ein schlechter Schüler und nahm Drogen. Mit 15 fuhr er meinen Truck zu Schrott. Ich sagte ihm, dass er mir den Schaden ersetzen müsse. Also schuftete er den ganzen Sommer, bis er 14 000 Dollar zusammenhatte. Ich nahm mir 2000 für die Steuer, 8000 für die Karre, und gab ihm mit auf den Weg: »Willkommen in der Wirklichkeit.«

Ich stellte ihn als Teenager vor die Wahl, wie er sein Leben wieder auf Kurs bringen konnte: Entweder er kriegt die Kurve von selbst –

oder er kommt mit zum Fischen. Er schmiss die Schule und fuhr mit mir raus auf See. Am Ende der Saison wollte ich, dass er die Schule wieder aufnimmt. Doch er fragte zurück: Ob ich denn zur Schule gegangen wäre, wenn ich schon als Teenager mal so eben 14 000 Dollar verdient hätte? Also ging er mit mir fischen. Die nächsten sieben Jahre war er auf See, auf meinem Schiff und auf vielen anderen Schiffen. Die Fischerei war für ihn ein einziges großes Fest, er verschwendete nicht einen Gedanken an die Risiken. Er mutierte zu einem echten Arbeitstier, erledigte die wirklich knochenharten Jobs an Deck. Die Sonne ging auf und wieder unter und er machte nichts anderes mehr. Maloche, immer nur Maloche. Aber er liebte es, er liebte die See, sie war seine Zuflucht. Außerdem war die Fischerei für Scott wie das Leben eines Rockstars. Er spazierte in die Kneipen, bimmelte mit der Glocke über dem Tresen und spendierte allen eine Runde. Er warf mit den 100-Dollar-Scheinen nur so um sich. Das Leben war cool.

Als wir letztes Jahr endlich loslegten, lief es erst mal nicht so gut. Die Krabben wollten sich partout nicht nach dem Zeitplan der *Time Bandit* richten. Wir dampften erst in östlicher und dann in nördlicher Richtung im Seegebiet zwischen Bristol Bay und Beringsee hin und her, wo wir in den vergangenen Jahren immer zuverlässig Beute gemacht hatten. Dutch Harbor lag noch keine zwei Stunden im Kielwasser, da wurde ich seekrank. Ich übergab das Ruder an Richard und zog mich in meine Koje zurück. Aber ich hatte noch nicht einmal Zeit, bis 100 zu zählen, da rief mich auch schon die Keramik. Nachdem ich mich so richtig schön ausgekotzt hatte, ging es mir wieder gut. Ich verspürte trotzdem wenig Lust, auf die Brücke zurückzukehren, und haute mich wieder hin.

Am nächsten Morgen legten wir die ersten Pots aus, um nach den Krabben zu suchen. Die Arbeitsprozesse an Deck liefen wie geschmiert. Ich teile die Jobs immer so ein, dass jeder seine Fähigkeiten optimal ausspielen kann. Wie im letzten Jahr bedient Neal den Kran. Er macht dabei keine Bewegung zu viel, er ist schnell und arbeitet absolut präzise. Wenn er den Kran steuert, hat alles seinen Rhythmus, er hat alles unter Kontrolle, mit ihm gibt es keine Überraschungen. Die Arbeit an der Konsole der Hydraulik mag einfach aussehen, doch der Job erfordert echte Leidensfähigkeit. Neal steht da in jedem Wetter, egal wie viel Wasser überkommt oder wie eisig kalt es ist. Er kann da nicht weg. Seine Hände und Füße sind immer kurz davor festzufrieren. Seit Jahren plagt ihn die Arthritis in Knöcheln und Gelenken. Doch trotz der Schmerzen und der widrigen Arbeitsbedingungen hat er noch nie einen Mann an Deck mit seinem Kran in Gefahr gebracht, hat seine Pots niemandem an die Rübe geknallt, hat niemanden auf Deck eingequetscht mit den unhandlichen Dingern. Darauf kann er echt stolz sein. Er passt einfach immer auf, er nimmt keine Abkürzungen. Ein Patzer am Kran und seine Kollegen an Deck kriegen ein echtes Problem, dann sind Unfälle programmiert. Neal redet wenig darüber. Er ist einfach ein Profi, der seinen Job erledigt und niemandem in die Quere kommt. Wenn ich als Kapitän auf der Brücke stehe und runtergucke, frage ich mich manchmal, ob er überhaupt an Deck ist. Das beweist, wie gut er wirklich ist.

Er ist außerdem ein echter Alleskönner. Er kennt sich aus mit Holz, kann schweißen und versteht das Innenleben unserer Maschine. Manchmal sagt er fast wehmütig, dass er gerne Sprengmeister geworden wäre, also einer dieser Typen, die ganze Gebäude oder Fabriken fachgerecht in die Luft jagen. Vielleicht hätte er in einem solchen Job sogar Karriere gemacht, aber ein geregelter Arbeitstag, so ein Leben nach der Stechuhr, das wäre nichts für ihn gewesen. Eine Zeitlang hat er sich als Möbelverkäufer versucht, doch das hat er ziemlich schnell wieder aufgegeben. Mir sagte er damals: »Ich kann Chefs einfach nicht ausstehen.«

Jetzt fungiert er auch noch als Smutje auf der *Time Bandit* und wenn er in der Kombüse werkelt, geben sich alle Mühe, ihm nicht in die Quere zu kommen, denn sein Arbeitsbereich ist wirklich winzig.

Er hat weniger Platz als in der kleinsten Küche an Land, allerdings durch ein Bullauge direkt vor seiner Nase auch die großartigste Aussicht. Neal macht das Kochen richtig Spaß. Er ist zwar nicht der größte Küchenchef aller Zeiten, aber seine Standardgerichte – Eier, Pfannkuchen, gebratener Speck, Hackfleisch, Spaghetti bolognese – sind so gut, wie sie auf einem Fischtrawler nur sein können. Gelegentlich macht er sogar einen Braten oder andere Proteinbomben, wenn er sie in Ruhe vorbereiten kann. Kartoffeln und Gemüse gart er erst im letzten Moment, das hat er wirklich zur Perfektion gebracht. Seine Spezialität ist allerdings fangfrische Krabbe – von Deck direkt in den Topf und in Seewasser gekocht. Eine Delikatesse, die er mit einem Klacks Butter serviert. Krabbe steht bei uns nur selten auf dem Speisezettel, aber wenn Neal sie zubereitet, ist es ein Fest für die Mannschaft. Es gelingt ihm außerdem, seine Mahlzeiten immer so zu planen, dass sie nicht mit den Abläufen an Bord kollidieren. Bevor er loslegt, fragt er mich jedes Mal, wann meine Leute die nächste Pause zwischen zwei Hols haben.

Wenn die Crew dann am Esstisch sitzt, verschlingen die Männer das, was ihnen vorgesetzt wird, wie die hungrigen Bestien. Es ist egal, was aufgefahren wird oder wie groß die Portionen sind – die Mahlzeit wird in wenigen Minuten wortlos und konzentriert vertilgt. So schnell schaufeln sich die Leute das Futter rein, dass sie kaum zum Luftholen kommen. Eine Gallone Milch gluckern sie in derselben Zeit weg, die man braucht, um die Gläser zu füllen. Letztes Jahr hat Neal mitten in der Nacht einen Braten gemacht. Um drei Uhr hat die Crew einen Fleischberg von geschätzten 18 Pfund in Nullkommanix bis auf ein Häuflein Knochen verspeist. Zum Nachtisch löffeln die Männer die Eiscreme gleich aus dem Zehn-Liter-Bottich. Neal kann so viel kochen, wie er will, es ist niemals genug. Ihm ist natürlich klar, dass seine leckeren Mahlzeiten auf See nur der Treibstoff sind, der eine hart schuftende Mannschaft am Laufen hält, aber er ist trotzdem stolz auf sein Werk.

Selbstverständlich ist das übrigens nicht, was er da in der Kombüse schafft. Es grenzt oft fast schon an ein Wunder, dass er unter den Bedingungen der Beringsee überhaupt etwas zustande bringt. Es ist immer rau da draußen; wenn wir einen festen Halt wie Wand, Tisch, Waschbecken oder Bett fünf Sekunden loslassen können, ohne die Balance zu verlieren, sprechen wir von einer ruhigen See. Aber das kommt nur selten vor. Wenn Neal während der normalen Achterbahnfahrt kochen will, muss er alles sichern, jeder Topf und jede Pfanne wird mit verstellbaren Metallbügeln auf dem Herd festgeklemmt. Trotzdem muss man jederzeit damit rechnen, dass kochend heißes Wasser durch die Kombüse schwappt. Einmal ist die *Time Bandit* so tief in ein Wellental gefallen, dass ein Topf samt seinem brodelnden Inhalt fast bis an die Decke flog. Aber Neal brät auch seinen Speck, wenn die Wellen sieben Meter hoch sind, selbst Spiegeleier gelingen ihm noch bei heftigem Seegang. Nur ein gewendetes Spiegelei sollte man besser nicht bestellen.

Im vergangenen Jahr brachte Neal einen Hund mit an Bord – einen Jack-Russell-Terrier, gerade mal einen Monat alt, mit einem lustigen braunen Klecks im Fell über dem linken Auge. Er taufte den Welpen Bandit. Der kleine Kerl hatte große Mühe, bei der ständigen Schaukelei seine Beine zu sortieren, und er lernte manche Ecke im Schiff nicht aus eigenem Antrieb kennen, sondern weil ihn der Seegang dorthin kegelte. Er schlief bei Neal in der Kabine und spielte an Deck mit den Krabben. Wenn es Zeit war für sein großes Geschäft, alarmierte Neal seine Kollegen Shea und Richard, die dem Hund dann auf Schritt und Tritt mit Zeitungspapier und Lappen folgten.

Hunde auf Schiffen sind eine uralte Tradition. Ich hatte auch mal einen, Jake, eine Mischung aus Boxer und Labrador, mit fiesen weißen Augen und an die 50 Kilo schwer. Wenn ich von Togiak an der Bristol Bay zum Fischen rausfuhr, nahm ich ihn mit. Er pinkelte und kackte niemals im Schiff. Ich sagte ihm immer wieder: »Ist schon okay, mach doch.« Aber er verkniff es sich lieber, bis wir wieder an Land waren. Er hat auch nie anderen Leuten seine Nase in den Schritt gesteckt. Er wusste, dass er ein Hund war. Und er war mein bester Kumpel.

Einmal ist er acht Seemeilen vor Togiak über Bord gefallen. Er hatte das Land schon gerochen und war ungeduldig geworden. Ich habe erst sehr viel später gemerkt, dass er nicht mehr da war. Zum Glück war in meinem Kielwasser noch ein anderer Fischer unterwegs, ein Typ namens Larry Jones. Er dachte erst, das Vieh im Wasser vor ihm sei eine Robbe, aber er guckte noch einmal genauer hin. »Teufel noch mal«, sagte Larry, »die Robbe hat aber ein seltsames Fell. Das ist doch keine Robbe, das ist ein verdammter Hund. Jake! Was macht der denn hier draußen?«

Jake hatte sich drei Stunden lang abgestrampelt, um den Kopf über Wasser zu behalten. Er hatte ein Riesenglück. Überhaupt war es ein ziemlich verwöhntes Vieh, er durfte beispielsweise regelmäßig alleine Taxi fahren. Wenn ich in Homer war und mit Jake durch die Kneipen zog, rief ich irgendwann Nick an, unseren Taxifahrer. Der sammelte den Hund auf und brachte ihn nach Hause. Jake ließ die Fahrt einfach anschreiben. Er wurde 14 Jahre alt. Ich war schrecklich traurig, als er starb. Zwei Tage nach seinem Tod fing ich plötzlich an zu heulen. »Verdammter Köter«, schluchzte ich. Jake war nur ein Hund, aber ich kannte ihn schon so lange.

Als endlich die ersten Pots ins Wasser gingen, war die gesamte Crew an Deck, Bandit inklusive. Nur ich blieb auf der Brücke. Richard war für die Köder zuständig. Bis zum Ende der Saison würde er etliche Tonnen Hering durch eine Art Fleischwolf drehen und zu Brei verarbeiten. Der entscheidende Nachteil seines Jobs: Er roch permanent nach dieser ekligen Matsche und sonstigem Fischrotz. Seine Regenjacke, alle Klamotten, seine Haare, seine Haut – alles stank erbärmlich. Selbst seine Fürze verbreiteten das üble Aroma von verwesendem Hering. Doch Richard akzeptierte sein Schicksal tapfer. Mit den Händen schaufelte er seinen Brei in die Köderboxen und nahm zusätzlich massenweise Kabeljau aus. Er kletterte in jeden einzelnen Pot, der auf die Rampe kam, und befestigte seinen Köder in der Krabbenfalle. Viele hundert Mal rein in den Käfig, raus aus dem Käfig. Wer an Bord für den Köder verantwortlich ist, braucht Stehvermögen. Es ist eine Tortur für Handgelenke und Unterarme, die man sich in der Eiseskälte erst fast abfriert und dann auch noch wund scheuert.

Cavemans Job war es, auf den Pots herumzuturnen, die in fünf Lagen an Deck gestapelt waren, und sie entweder an den Kran zu hängen oder wieder an ihren Platz zu dirigieren. Ein wirklich gefährlicher Balanceakt: Über seinem Kopf pendelten die schweren Käfige am Kranhaken, unter ihm bockte und schlingerte das Schiff. Wenn Caveman die Pots nach ihrem Einsatz wieder an Deck stapelte, musste er höllisch aufpassen, dass seine Füße und Hände nicht zerquetscht wurden. Und wenn er oben auf den Pots herumkletterte, bestand jederzeit die Gefahr, dass ihn eine Kreuzsee aus dem Tritt brachte oder eine plötzliche Schiffsbewegung über Bord schleuderte. Was wahrscheinlich sein Todesurteil bedeutet hätte, denn bis wir die *Time Bandit* gewendet und ihn in den Wellen gefunden hätten, wäre er kaum noch zu retten gewesen. Vielleicht würde ihn seine Sicherungsleine vor dem Absturz bewahren, aber auf der Beringsee kann man sich auch auf die besten Vorsichtsmaßnahmen nie verlassen.

Wenn ich Caveman vor mir sehe, muss ich auch an meinen Freund Mongo denken, den ich eigentlich immer für unsterblich gehalten hatte. Er schien absolut unkaputtbar, als ob das Schicksal immer eine schützende Hand über ihn gehalten hätte. Egal was passierte, irgendwie ist er dem Tod immer im letzten Augenblick von der Schippe gesprungen. Er hat eine Kollision mit einem Sattelschlepper überlebt, hat Finger verloren und Knochen gebrochen und doch jeden Unfall überlebt. Als er alle Möglichkeiten an Land ausgeschöpft hatte, sein Schicksal herauszufordern, ist er schließlich zur See gefahren. Wie Caveman war er der Mann, der auf der Decksladung herumturnte – nur eben ohne Sicherheitsleine oder Schwimmweste. Er war überzeugt davon, dass

Unfälle nur anderen Menschen passierten. Und dann stürzte er aufs Deck und war tot. Den Zusammenprall mit dem 40-Tonner an Land hat er überstanden, der Wucht der Beringsee war er nicht gewachsen. Deshalb bestehe ich darauf, wenn ich als Kapitän das Kommando führe, dass jeder, der auf den großen Stahlkäfigen herumsteigt, eine Schwimmweste trägt und sich außerdem mit einer Fangleine sichert. Manchmal beschweren sich die Leute dann, dass die Leine ihren Bewegungsradius einschränkt und sie bei der Arbeit behindert. Aber selbst mit der Sicherung bleibt es ein kitzliger und potenziell tödlicher Balanceakt über einer schwankenden Bühne. Und so wird es immer sein.

Jede Aktion der Matrosen an Deck ist auf das Notwendigste reduziert, wer sich ökonomisch bewegt und seine Kraft einteilt, hält länger durch, was auf einem Krabbenfänger den Unterschied zwischen Erfolg und Pleite einer Fahrt bedeuten kann. Bei uns gibt es zu dem großen Schauspiel an Deck immer ohrenbetäubende Musik, wir haben auf dem Schott zur Vorpiek wahre Monsterlautsprecher montiert. Mit Heavy Metal kommen wir sogar gegen das Heulen der Beringseestürme an. Die Musik heizt der Crew erst so richtig ein. Im vergangenen Jahr besonders angesagt: Slayer, Black Sabbath, Judas Priest, Deep Purple, Nu Metal, Trash Metal und Glam Metal. Hauptsache, es kracht, denn die Musik muss die Mannschaft wach halten. Zur Not schmiss ich von der Brücke noch ein paar »Robbenkracher« aufs Deck. Die funktionieren wie die – inzwischen vom Gesetzgeber verbotenen – kugelrunden Feuerwerkskörper mit dem schönen Namen »Kirschbombe«. Ihr Blitzknallsatz soll eigentlich Robben davon abhalten, den Fischern ihren Fang aus den Netzen zu klauen. Aber ich kenne wirklich niemanden, der sie auch dafür verwendet.

Wenn die Crew erst einmal an Bord ist, wird nur noch geschuftet, bis Tag und Nacht zu einer einzigen langen Schicht an Deck verschwimmen. Der Arbeitsablauf ist immer derselbe, er beginnt mit dem Ausbringen der großen Krabbenfallen, der Pots, die wir in der Regel in Abständen von einer halben Meile auf dem Meeresboden versenken.

Sie werden meist in einer geraden Linie verlegt – da, wo der Instinkt des Kapitäns die größten Krabbenvorkommen vermutet. Als Erstes wird ein Pot mit dem Kran vom Stapel an Deck auf den »Launcher« gehievt, die Stahlrampe gleich hinter der Vorpiek an Steuerbord. Die Rampe funktioniert wie eine Wippe: Zur Vorbereitung der Fallen an Deck wird sie zum Schiff hin geklappt, zum Ausbringen per Hydraulik über das Schanzkleid nach außen gekippt. Wie der Kran wird auch die Rampe von Neal bedient. Doch bevor der Pot über Bord geht, ist noch eine Reihe von Arbeitsschritten zu erledigen: Russell und Shea bugsieren den Pot auf dem Launcher in Position. Von Neal aktivierte Stahlhaken krallen den Krabbenkäfig auf der Rampe fest, damit er sich im Seegang nicht selbstständig macht. Shea löst den Kranhaken, Russell öffnet die Ladeklappe des Pots und holt die drei Markierungsbojen aus dem Käfig, die jeweils an einer mehr als 100 Meter langen Leine hängen. Die Leinen werden oben an der Krabbenfalle festgeknotet. Zur selben Zeit kriecht Richard, der Ködermann, in den Käfig und hängt seinen ausgenommenen Kabeljau oder Lachs sowie seinen Kasten mit Heringsbrei unter das Dach der Falle. Sobald er wieder draußen ist, verschließt Shea die Klappe mit speziellen Gummistropps. Auf ein Signal des Kapitäns von der Brücke, meistens ein Klingeln oder Tröten über Lautsprecher an Deck, drückt Neal den Knopf für die Rampe. Die Wippe kippt, der Pot rutscht ins Wasser und die Leinen und Markierungsbojen rauschen hinterher. Das Schiff dampft derweil mit gleichmäßiger Geschwindigkeit weiter. Eine halbe Meile weiter geht die Aktion von vorne los. Der Kran holt den nächsten Pot und hievt ihn auf die Rampe – und so weiter.

Die Fallen bleiben dann bis zu 48 Stunden am Meeresgrund. Unsere Faustregel lautet: Je länger der Pot unten bleibt, desto mehr Krabben werden reinklettern, um sich den Köder zu holen. Wenn das Schiff zurückkommt, um die Fallen wieder an Bord zu holen, arbeitet die Crew wie im Rückwärtsgang: Der Kapitän fährt langsam auf die Bojen zu und Shea steht vorne an der Steuerbordreling bereit. Mit einer

Art Enterhaken an einer Wurfleine angelt er sich die Bojen und holt die eigentliche Seilverbindung zur Falle am Meeresgrund ein. Shea legt das Seil über eine hydraulische Winde, die den Tampen ordentlich aufschießt. Die Winde läuft, der Käfig wird vom Grund nach oben gehievt. Wenn er die Wasseroberfläche erreicht, hängt Russell den Kranhaken in das Geschirr des Pots. Neal dirigiert den Käfig am Haken zur Laderampe, zwei Mann bugsieren ihn in die richtige Position, die Haltebolzen rasten ein – und fertig. Russell schiebt den stählernen Sortiertisch unter die Öffnung des Pots, auf damit, und schon purzeln die Krabben aus der Falle auf den Tisch. Wenn sie nicht gleich wollen, kann Neal per Hydraulik nachhelfen und ein bisschen rütteln. Richard klettert in den Käfig und fischt die Reste des Köders raus. Wenn der Pot nicht gleich wieder ausgebracht wird, legen Shea oder Richard die Markierungsbojen und die aufgeschossenen Leinen in den Käfig, verschließen die Klappe. Und Neal manövriert den Apparat am Kran zurück auf seine Parkposition an Deck.

Der Rest der Crew beginnt mit dem Sortieren des Fangs – Weibchen und Jungtiere kommen gleich an die Seite, bei den Männchen wird die Größe des Panzers mit einer Plastikschablone gemessen. Das Gesetz besagt, dass wir nur solche Königskrabben anlanden dürfen, die einen Durchmesser von sechseinhalb Zoll – etwa 17,5 Zentimeter – und mehr haben. Bei Opilio liegt die Mindestgröße bei vier Zoll – knapp elf Zentimeter – und die eng verwandten Baradai-Krabben müssen mindenstens fünfeinhalb Zoll messen – etwa 15 Zentimeter. Wenn ein Schiff seinen Fang im Hafen abliefert und mehr als ein Prozent der Beute nicht den Mindestanforderungen entspricht, setzt es eine Strafe. Die Jagd- und Fischereibehörde und die Polizei kontrollieren das sehr gründlich und ahnden Verstöße mit Geldbußen von 2500 bis 25 000 Dollar pro Schiff. Die Crew passt deshalb beim Messen sehr genau auf und wenn Russell an Bord ist, kümmert er sich darum, dass unser Fang immer den Bestimmungen entspricht. Warum das ganze Regelwerk? Es geht einfach darum sicherzustellen – so sicher jedenfalls, wie man bei einer solch komplexen Angelegenheit sein kann –, dass Typen wie ich auch in 50 Jahren vor der Küste Alaskas noch Krabben fangen können.

Die Crew guckt also, wie groß die Krabben sind, die einen nach Augenmaß, die anderen mit Hilfe der Schablone. Krabben, die wir behalten, rutschen auf einer Rampe in einen großen Stahltrichter und weiter in die großen Wassertanks. Der Beifang, den wir nicht anlanden dürfen, Weibchen und Untergrößen, wirft die Crew in große Plastikwannen, deren Inhalt zum Schluss durch eine Öffnung im Schanzkleid an Steuerbord ins Meer gekippt wird. Die Krabben sinken gemächlich wieder auf den Grund der See zurück. Unser Fang aber bleibt in den großen Seewassertanks, in die Zwischenböden eingezogen sind, damit die Krabben weiter unten nicht von der geballten Masse der Artgenossen über ihnen erdrückt werden. Wenn eine Krabbe stirbt, sondert sie ein Gift ab, das alle anderen Krabben im Tank infizieren und töten kann, deshalb die Vorsichtsmaßnahmen. Wenn alles gut geht, halten die Krabben es bis zu zwei Wochen in den Tanks aus, aber nicht viel länger.

Die Männer an Deck wiederholen denselben Prozess wieder und wieder, bis ihre Augen ganz glasig werden und sie sich vor Müdigkeit kaum noch auf den Beinen halten können. Das Deck unter ihren Füßen gibt ihnen bei jedem Arbeitsschritt ungefähr so viel Halt wie eine Achterbahn in voller Fahrt. Aber das hat die Crew sehr schnell drin, den Rhythmus von Seegang und schwankendem Schiff. Ihre Füße machen das ganz automatisch – den schlurfenden Schritt, den man braucht, um auf einem bockenden Deck immer festen Stand zu haben. Erst wenn das wieder funktioniert, können die Leute sich auf die Arbeit ihrer Hände konzentrieren. Ihr Gleichgewichtssinn im Innenohr passt sich an die Bewegung der Beringsee an – und dann ist die Crew eins mit dem Meer. Derselbe Prozess läuft übrigens ab, wenn die Leute wieder an Land sind, nur umgekehrt, und das wirkt dann meistens noch seltsamer. Da geraten Männer ins Torkeln, die nicht einen einzigen Tropfen getrunken haben. Alles schwankt und schlingert, obwohl sie auf festem Grund stehen. Ihr Körper und alle Sinne folgen noch dem Takt der See. Wenn einer richtige Seebeine hat, kann es Tage oder sogar Wochen dauern, bis sie sich wieder an das Landleben gewöhnt haben.

Jeder in der Crew passt auf den anderen auf. Weil sie so schnell arbeiten müssen und der Job so gefährlich ist, müssen die Jungs wirklich eng zusammenhalten – und das erst recht, wenn fünf Aufgaben gleichzeitig zu bewältigen sind. Doch nach einer 72-Stunden-Dauerschicht fordert die Müdigkeit ihren Tribut und daran kann sogar das beste Team zerbrechen. Einer an Deck muss dafür sorgen, dass die Stimmung nicht kippt. Neal beispielsweise brüllt, um die Leute anzufeuern und wach zu halten. Auch Russell entgeht eigentlich nichts, wenn er draußen ist. Nur irgendwann nach drei Tagen ohne jeden Schlaf kommt der Punkt, wo die Sinne abstumpfen, wo die Aufmerksamkeit nachlässt. Genau in diesen letzten Stunden unseres Marathons passieren die Unfälle. Das ist der Moment, wo es die Leute erwischt. Der Tod kommt ohne Vorwarnung.

Manchmal denke ich, Krabbenfischen auf der Beringsee im Winter ist wie Krieg – nur ohne Kugeln und Granaten. Dieselbe Anspannung, dieselbe Todesangst. Wie bei einer militärischen Einheit muss jeder in der Crew allzeit bereit sein, seinem Kollegen den Arsch zu retten. Und wenn er abgelenkt und fertig ist, seine Sinne nicht mehr beieinander hat, dann wird er kaum in der Lage sein, das eigene Leben zu retten, geschweige denn das der anderen Leute an Deck. Mit einer Einstellung nach dem Motto »Jeder ist sich selbst der Nächste« können wir auf einem Krabbenfänger, wo jeden Moment irgendeine Scheiße schiefgehen kann, nichts anfangen. In einer Krisensituation bist du echt in Gefahr, wenn deine Gedanken nicht bei der Sache sind. Ich hämmere es meinen Leuten immer wieder ein: Wenn ihr da draußen seid, vergesst alles andere. Vergesst eure Frauen, eure Schulden, eure Pläne, einfach alles, was euch sonst so durch den Kopf geht. Verbannt das alles komplett aus eurem Schädel und konzentriert euch nur auf den Job. Ich muss mich darauf verlassen können, dass jeder an Deck zu jeder Zeit seinen Job absolut zuverlässig erledigt. Sonst müssen das nämlich die anderen ausbügeln und das kann der Anfang für echten Streit in der Crew sein. Wie gefährlich das ist, kann man sich leicht vorstellen. Denn dann geistert dieser Gedanke durch die Köpfe: Wenn dein Kumpel nicht aufpasst, kann er dich umbringen. Es muss aber genau andersherum sein. Du musst dir immer absolut sicher sein, dass der andere dich raushaut, wenn etwas schiefgeht.

Ein zentraler Faktor dominiert unsere Arbeit auf See: der Mangel an Schlaf. Auf einem Krabbenfänger gibt es im Prinzip keine Uhren. Shea hat es letztes Jahr so gesagt: »Da draußen gibt es nicht einmal Zeit. Es gibt keine Stunden, nur Tage, die irgendwie vorbeirasen. Du arbeitest, bis der Job getan ist. Manchmal ist es hell dabei. Das ist der einzige Unterschied, den man noch bemerkt.« Wenn die Jungs nicht arbeiten, pennen sie ein. An Bord gibt es da keinen sanften Übergang, niemand lässt sich langsam in die Arme von Morpheus sinken. Die Leute legen in der Kombüse einen Moment lang den Kopf auf die Arme – und schon sind sie weg. Wenn dieser Grad der Erschöpfung erreicht ist, schläft die Crew im Sitzen oder sogar im Stehen. Es ist egal, ob es gerade taghell ist oder grelles elektrisches Licht strahlt, es macht keinen Unterschied, ob die Leute gerade in der Vorpiek sind, in der Sauna oder in der Kombüse. Ihre Übermüdung ist so extrem, dass ein Teil des Hirns abschaltet und der Rest einfach weitermacht. Diese Phase kann viele Stunden anhalten: Die Crew ist zu müde, um auch nur Gedanken in Worte zu fassen, aber sie schuftet immer weiter. Wie die Roboter, ohne jeden Ausdruck im Gesicht, die Augen wie vernebelt. Und dann kommt der Moment, wo die Männer erste Halluzinationen haben. In diesem Zustand sind sie für sich selbst und für die Mannschaft die größte Gefahr. Wenn der Vormann auf dem Deck das nicht rechtzeitig erkennt und sie unter Deck schickt, kann das richtig schiefgehen. Der Trick ist es, über diesen Punkt nicht hinauszugehen, so eben noch die Balance zu halten zwischen der notwendigen Aufmerksamkeit und dem erschöpften Wegdriften. Was eine großartige Crew auszeichnet, ist die Fähigkeit, auf diesem brutal schmalen Grat weiterzuschuften.

Die *Time Bandit* hat zwei Kabinen mit jeweils zwei Kojen auf dem Hauptdeck und noch einmal zwei Doppelbetten im Quartier des Käptens hinter der Brücke. Nach ein paar Tagen auf See sehen diese Kammern aus, als hätten Collegestudenten eine wilde Party gefeiert. Überall liegen schmutzige Klamotten auf dem Boden – Hosen, T-Shirts und Socken, die nach Fisch stinken. In jedem Winkel riecht es muffig und wie nach verdorbenen Pilzen. CD-Spieler und anderes Elektronikspielzeug ist provisorisch aufgebaut, Schlafsäcke und Decken liegen zerknäult auf den Betten, dazwischen aufgeschlagene, eselsohrige Taschenbücher und Magazine. Für einen Ordnungsfanatiker ist ein Krabbenfänger auf See der schlimmste aller Albträume. In der Kombüse quillt der Aschenbecher über, Tisch und Boden sind unter einer Lage Männermagazine und Müll nicht mehr zu sehen. Wer sich zwischendurch einen Schokoriegel reinschiebt, lässt das Papier einfach fallen. Auf der Arbeitsplatte sind die Spuren hastiger Zubereitung zu sehen, Coffee-mate-Packungen verschiedener Geschmacksrichtungen, Gläser mit Marmelade und Erdnussbutter, Plastiktüten mit Brotresten. Trotzdem ist alles blitzblank, wenn wir in den Hafen einlaufen. Wenn die letzte Krabbe gefangen ist, schrubben und wienern die Männer, als hätten ihre Mütter den Frühjahrsputz ausgerufen.

Auf der Beliebtheitsskala der Crew rangiert gleich nach Kühlschrank und Tiefkühler (mit den Jumbo-Packungen Eiscreme) unser großer Flachbildfernseher. Auf dem dazugehörigen DVD-Player laufen Tag und Nacht Filme, egal ob gerade jemand zusieht oder nicht. Der Bildschirm ist auf einem Einbauschrank gegenüber vom Esstisch festgebolzt und in den Schubladen unter der Glotze liegen mindestens hundert DVDs. Die meisten sind Actionfilme, aber es gibt auch ein paar Ausnahmen. Im vergangenen Jahr hat Russell beispielsweise ernsthaft erwogen, eine Liebeskomödie mit Reese Witherspoon anzugucken. Bevor er auf den Startknopf drückte, fragte er Richard, der gerade eine Pause einlegte, was er von dem Film hielt. Das Gespräch verlief ungefähr so:

Russell: »Hast du ihn gesehen?«

Richard: »Einmal.«

Russell: »Und? Zeigt sie ihre Titten?«

Richard: »Nö. Aber fast.«

Russell: »Aber sie tut es nicht?«

Richard: »Nee, echt nicht. Ist aber trotzdem sehenswert.«

Wenn die Männer nicht draußen an Deck waren, drehten sich ihre Gespräche zuverlässig um dieselben Themen: ihre sagenhaften Abenteuer auf See, Witze, die nächste Mahlzeit, Geld, elektronisches Spielzeug und Frauen. Shea jammerte wie so oft über seine Einsamkeit und dass er sich so sehr nach seiner Freundin sehnte. Diese Fahrt war das erste Mal, dass die beiden für länger getrennt waren. Aber sie hatte ihm vor der Abreise erklärt, warum sie ohne ihn nicht einsam sein würde, und er wurde jetzt noch bleich, wenn er davon erzählte: Wenn er weg war, vergnügte sie sich offenbar mit einem Dildo.

Russell wollte Details wissen: »Mit was für einem?«

Shea guckte lieber auf seine Hände als in Russells Augen: »Sie nennt ihn ihren ›rosa Elefanten‹. Und das ist doch scheiße. So etwas will doch kein Typ hören, bevor er auf eine Reise los muss. Das trifft einen doch, als Mann meine ich, oder?«

Russell: »Was hast du denn erwartet – dass sie sich einen Mini-Dildo besorgt?«

»Äh, nein, aber …«

»Ist doch bei unserem Spielzeug genauso. Wir brauchen eine fette Harley unterm Arsch und nicht einen klapprigen Motorroller, oder?«

Shea grummelte weiter. »Trotzdem … rosa Elefant. Das ist doch komisch.«

Russell: »Überhaupt nicht. Was ich wirklich komisch finde, Shea, ist der Umstand, dass es fast so klingt, als ob du eifersüchtig auf so ein lebloses Ding seist.«

So hangelten sich unsere Gespräch von einem Thema zum nächsten. Richard war schon fleißig dabei, seine Zeit nach der Fangsaison zu planen. Sobald Ende März die letzte Schneekrabbe gefangen war, wollte er ab in wärmere Gefilde, am liebsten nach Hawaii oder Mexiko.

Ich gab ihm den guten Rat, einen großen Bogen um Mexiko zu machen. Als er mich fragte warum, erzählte ich ihm von meinen glorreichen Reisen in den Süden. Ich war nämlich schon fünfmal in Mexiko – und bin dreimal im Gefängnis gelandet. Beim ersten Mal hatte ich das Pech, mich mit einem mexikanischen Karatemeister anzulegen. Ich habe mich zwar gar nicht großartig gewehrt, es war also keine Prügelei im eigentlichen Sinn, aber sie haben mich trotzdem eingelocht. Das nächste Mal hatte ich meine Brieftasche verloren und als ich den Verlust bei der Polizei melden wollte, haben sie mich vorsichtshalber gleich eingesperrt – ich konnte mich ja nicht ausweisen. Und was ich beim dritten Mal verbrochen habe, keine Ahnung, ich kann mich einfach nicht mehr erinnern, was da passiert ist. Jedenfalls könnte ich Richard eine prima Anleitung schreiben, wie man jederzeit wieder aus einem mexikanischen Gefängnis herauskommt. Du musst die Typen einfach überzeugen, dass du absolut keinen Cent hast und total pleite bist, sonst behalten sie dich da, bis die Hölle zufriert. Wenn sie das Gefühl haben, dass du aus einer Familie kommst, die Geld hat, werden sie sich an deiner Familie schadlos halten. Es ist ihnen wirklich ganz egal, wie sie an die Kohle kommen. Mich haben sie beispielsweise gefragt, ob ich in einem Haus lebe. Ich war clever genug zu antworten: »Nee, in einem alten Wohnanhänger.«

Auch bei meinem letzten Zwangsaufenthalt in einem mexikanischen Knast schmorte ich so lange in meiner Zelle, bis ich die Ordnungshüter endlich überzeugen konnte, dass ich wirklich kein Geld hatte. Sie hatten mich mit 30 abgerissenen Mexikanern und ein paar bescheuerten Gringos zusammengesperrt. Ein älterer Typ erzählte mir stolz, dass er sein Geld – etwa 5000 Dollar in bar – in einem Schließfach am Flughafen sicher verwahrt hatte. Der arme Kerl wusste natürlich nicht, dass die Schließfächer jeden Tag gefilzt werden. Er brach in Tränen aus, als ich ihm die traurige Wahrheit verabreichte. Als ich schließlich freikam, besaß ich nichts mehr außer den Klamotten, die ich am Leib hatte. Die Gefängnisse sind brutal und korrupt in Mexiko, warnte ich Richard. Aber für einen Krabbenfischer ist es allemal die Hölle, eingesperrt zu sein, egal wo.

Zwei Tage lang zogen wir einen Pot nach dem anderen raus und fingen im Schnitt gerade einmal acht mickrige Krabben. Es war frustrierend. So einen schlechten Start hatten wir noch nie erwischt. Wir hatten einfach kein Glück, anders kann man das nicht erklären. Denn die anderen Schiffe meldeten gute Fänge – die *Northwestern* holte mit jedem Pot 80 Krabben raus. Wir lagen meilenweit hinter dem Rest der Flotte. Ein Käfig war komplett leer, als wir ihn an Deck hievten. »Muss wohl ein Loch drin gewesen sein«, sagte Andy.

Unsere Quote lag bei gut 60 Tonnen Königskrabben und wir hatten 100 Pots dabei. Ich war sicher, dass wir unsere Quote am Ende voll ausschöpfen würden, aber angesichts dieses miesen Auftakts fragte ich mich schon, wo die verdammten Krabben denn abgeblieben waren. Langsam, aber sicher ging mir meine Zuversicht verloren. Es macht jedem Fischer zu schaffen, wenn er schuftet wie ein Berserker und nichts vorweisen kann. Andy nahm es stoisch: »Wir müssen die Pots eh ausbringen. Ob da jetzt 100 im Käfig sind oder keine einzige Krabbe, der Aufwand ist derselbe.« Aber ich konnte spüren, dass meine Crew ihr Glück lieber woanders versuchen wollte.

Russell machte das Ganze noch schlimmer, als er sich seinen Musikantenknochen stieß und sich eine gute Minute lang auf dem Deck rumwälzte wie ein Fußballspieler nach einem fiesen Foul. Er wusste nicht, was passiert war; er spürte nur diese höllischen Schmerzen. Ich sah von der Brücke aus nur, wie er plötzlich aufs Deck knallte und aufheulte. Zum Glück merkte er schnell, dass er sich lediglich den Nerv geklemmt und den Ellbogen gestaucht hatte. Andy wickelte eine elastische Binde um den Arm und Russell verzog sich für den Rest des Tages unter Deck. Doch der Zwischenfall hatte auch sein Gutes. Unser gewöhnlicher Arbeitsablauf war unterbrochen und ich fand Zeit, mir Alternativen zu überlegen.

Andy und ich fangen seit 20 Jahren Krabben und wir wissen, was die Biester treiben. Wenn wir sie nicht auf Anhieb finden, haben wir eine ungefähre Ahnung, wo sie stecken. Die männlichen Krabben sammeln sich in Vertiefungen im Meeresboden, am liebsten an Stellen, wo der Grund ansteigt. Sie drängen sich dicht unter dem Kamm solcher Erhebungen, weil sie da am meisten Beute machen. Diese Unterwasserformationen sind im Echolot zu erkennen und sie haben meistens eine charakteristische Form, die man sich gut einprägen kann. Andy und ich haben ihnen passend zur Silhouette Namen gegeben: Sombrero, Arschbacke, Dosenöffner, Ziege und ein Unterwasserhügel sieht im Sonar aus wie die Zeichentrickfigur Mister Magoo. Nach dem zu urteilen, was wir bis jetzt in den Pots gefunden hatten, waren Männchen und Weibchen noch nicht getrennt unterwegs, sie versteckten sich zusammen in Gruben am Grund. Wir mussten die Stellen finden, wo die Trennung begann, wo sich die Männchen von den Weibchen absetzten. Also verkündete ich der Crew über Decklautsprecher laut dröhnend und – wie ich hoffte – mit ominöser Intonation: »Lasset uns also gehen, wohin sich vor uns noch niemand zu gehen gewagt hat.« Ich gab Caveman die Order, alle Pots an Deck zusätzlich mit Ketten zu sichern. Und dann nahmen wir Kurs auf einen Punkt 220 Meilen nordöstlich von Dutch. Wir würden dieses Mal weiter im Norden fischen als alle anderen Schiffe der Flotte.

Mir ist es sowieso lieber, nicht der Herde zu folgen, egal wie schlecht es gerade läuft. Die jüngeren Skipper fahren gerne den erfahrenen Kapitänen hinterher, um aufzusammeln, was beim ersten Durchgang übrig blieb. Keine besonders ergiebige Strategie, aber so lernen sie die Fischgründe kennen. Andy und ich denken, dass wir genügend Erfahrung besitzen, um die Krabben alleine aufzuspüren. Wir wissen, was wir im vergangenen Jahr gesehen haben. Wir führen genau Buch, wo wir viele Jungtiere gefangen haben. Und überhaupt lässt sich aus den Fangzügen des Vorjahres ein Trend ablesen. Wenn wir die Krabben nicht sofort finden, dann sind sie auch nicht da. Es macht keinen Sinn, Gold zu graben, wenn man nicht die Hauptader gefunden hat. Wir wollten den perfekten Fanggrund finden – wo wir einen vollen Pot nach dem anderen rausziehen konnten, bis unser Laderaum bis an die Kapazitätsgrenze vollgestopft war mit Krabben.

Das Wetter zeigte sich von seiner ungemütlichen Seite, wie immer um diese Zeit. Die Dünung war an die zehn Meter hoch und die Temperaturen lagen weit unter dem Gefrierpunkt. In dieser Ecke der Beringsee weiß das Wetter allerdings nie genau, was es denn eigentlich will. Eben noch fährt man in dichtem Schneetreiben – und dann prasselt plötzlich Eisregen aufs Schiff und überzieht Deck und Takelage mit einer dicken Eisschicht. Eine halbe Stunde später ist alles wieder vorbei. Am besten also, man setzt keinen Fuß vor die Tür und macht es sich drinnen gemütlich.

Als wir die neuen – und hoffentlich unberührten – Fanggründe erreicht hatten, legten wir sofort eine erste Reihe von Pots aus, um die Lage zu sichten. Während wir den Krabben Zeit ließen, in unsere Fallen zu krabbeln, schickten Neal und ich einen großen Müllsack mit einem Pot auf die Reise in die Tiefe, den wir mit Mehl gefüllt hatten. Ein Gruß an jeden Scheißkerl, der illegal unsere Fallen ausräubern wollte. Aber die Zeiten haben sich geändert, das macht heute eigentlich niemand mehr.

Beim Einsammeln unserer Fallen übernahm Caveman den Job von Russell, dessen Ellbogen immer noch nicht in Ordnung war. Caveman hatte den Rhythmus noch nicht raus, er war zu langsam. Er hatte die Abläufe noch nicht automatisiert und verschwendete zu viel

Kraft auf den Job. Die anderen standen rum und rieben sich die kalten Hände, während er die Boje einfing und die Leine über die Winsch zog. Er stand vorne am Umlenkblock, als Neal mit der hydraulischen Winde den Pot aus der Tiefe zog. Mit großem Schwung knallte der Müllsack gegen den Block und explodierte wie eine Bombe. Caveman sprang vor Schreck nach hinten, aber unsere Ladung Mehl hatte ihn voll erwischt. Sein Gesicht war komplett weiß – und wir brüllten vor Lachen. Kurze Zeit später war uns der Spaß gründlich vergangen.

Wir hatten gerade den letzten Käfig in der Reihe an Bord gehievt, da tauchte eine halbe Meile entfernt an Steuerbord ein anderer Trawler auf, ein großer Pott, an die 40 Meter lang, die *Trail Blazer*. Sie kam uns entgegen und lief ungefähr parallel zu unserem Kurs. Als die *Trail Blazer* genau querab war, lagen noch etwa 400 Meter zwischen beiden Schiffen. Zufällig sah ich in diesem Moment aufs Barometer; es war dramatisch gefallen, wir mussten uns wohl auf einen richtigen Sturm einstellen. Ich guckte mit meinem Fernglas zur *Trail Blazer* rüber und beobachtete, wie ein Matrose über die an Deck gestapelten Pots turnte, um sie richtig festzulaschen, bevor die Schlechtwetterfront kam. Er kletterte also sechs Etagen über Deck auf den Streben der Käfige entlang, was in einem solchen Wetter nicht gerade ungefährlich ist. Unglücklicherweise ließ der Kapitän sein Schiff auch noch quer zum Schwell treiben, sodass es schwer von Steuerbord nach Backbord rollte.

Andy kam mit seiner Videokamera auf die Brücke; er hatte vorher schon angekündigt, dass er ein wenig mit seinem neuen Spielzeug experimentieren wollte. An Deck war es ihm zu kalt, er trug nur seine Regenhose, Stiefel und ein Sweatshirt. Ich deutete zur *Trail Blazer* rüber und Andy hatte die gefährliche Lage des Matrosen auf einen Blick erkannt. Die See war jetzt wirklich rau, der Mann konnte jederzeit von einer Welle über Bord geworfen werden, ohne dass seine Crew das mitbekommen würde. Wir verfolgten jede seiner Bewegungen. Er lehnte sich gerade weit über die gestapelten Pots hinaus, um eine Trosse in Position zu bringen. Dem Kapitän der *Trail Blazer* war ganz offensichtlich nicht bewusst, was sein Mann da machte. Sein Kahn sackte heftig ins nächste Wellental.

Andy verließ die Brücke durch die Tür hinter mir, die Kamera in der Hand. Die *Trail Blazer* pendelte jetzt so schlimm in den Wellen, dass der Matrose auf den Pots fast im eisigen Wasser hing. Er schien sich allerdings überhaupt nicht im Klaren zu sein, in welcher Gefahr er schwebte. Ich guckte immer wieder rüber zu ihm und dachte nur: »Das ist doch eine Riesenscheiße, das geht doch schief.«

Wenn ein Kapitän seine Leute zu einem solchen Einsatz rausschickt, hält er normalerweise den Bug in die Wellen und drosselt die Geschwindigkeit. Ich wollte gerade den Skipper der *Trail Blazer* anfunken, um ihn zu warnen und ihm mitzuteilen, wie sich das Ganze aus unserer Perspektive darstellte, als Andy wieder auf die Brücke reinkam. »Verdammt, sind meine Hände kalt«, fluchte er. Ich sagte ihm, dass ich drüben anrufen wolle, und guckte wieder zur *Trail Blazer* – doch da war der Matrose weg. »Hey, wo ist der Typ hin?«, schrie ich.

»Eben war er noch auf den Pots«, erwiderte Andy.

Sekunden später quäkte es schon aus unserem Funkgerät: »*Time Bandit*, Mann über Bord! MANN ÜBER BORD!«

Ich suchte das Wasser mit meinem Fernglas ab; der Mann trieb bereits zwei Schiffslängen hinter der *Trail Blazer* im eisigen Wasser und versuchte, Luft in seine defekte Schwimmweste zu pusten. Meine Beine zitterten vor Anspannung, es war eine Situation wie damals, als wir den Kapitän der *Troika* zu spät aus dem Wasser fischten. Dieses Mal würde ich nicht warten, bis ein anderes Schiff das Rettungsmanöver verpatzte. Auf der *Trail Blazer* legten sie bereits hart Ruder, um das Schiff auf Gegenkurs zu bringen, aber der Mann würde längst erfroren sein, bis seine Crew bei ihm war. Ich hingegen konnte mit der *Time Bandit* ohne Umwege genau auf ihn zuhalten, ich würde den Mann in wenigen Minuten erreichen. Jetzt oder nie. Ich legte die Fahrthebel auf den Tisch, volle Kraft voraus, maximale Drehzahl. Nur wir waren in der Lage, den Mann zu retten. Und ich wusste, dass wir es schaffen konnten.

Die Wassertemperatur? Etwa drei Grad. Der Kerl war der eisigen See schutzlos ausgeliefert. Über seinem Kopf kreisten bereits die ersten Möwen, die ihn wahrscheinlich für Müll hielten, den die Besatzung absichtlich über Bord gekippt hatte. Ich sah, wie die *Trail Blazer* drehte, aber die Crew hatte noch nicht einmal die Rettungsschlinge parat und den Überlebensanzug hatte auch noch keiner von denen angelegt, die ich an Deck sehen konnte.

Ich drückte den Knopf für den Alarm. Die Sirenen gellten überall unter Deck, aber meine Crew hatte auch so schon geschnallt, dass wir eine Notsituation hatten. Russell breitete bereits seinen Überlebensanzug auf der Brücke aus. Er bewegte sich so schnell, wie ich es bei ihm noch nie gesehen hatte. Ich steuerte die *Time Bandit* so auf den Mann zu, dass wir ihn an Steuerbord bergen konnten. Neal war schon draußen auf Deck und brachte den Kran in Position. Ich dachte an den Schlüssel, den ich an einem Band um den Hals trug. Ich hatte die Kabine, in der der Kapitän der *Troika* gestorben war, seit der Tragödie vor einem Jahr nicht mehr geöffnet. Aber jetzt waren wir bereit, diesem Kerl den Arsch zu retten. Ich platzte fast vor Anspannung. Der Mann hatte nur noch ein paar Sekunden zu leben. So fühlte sich das an. Und die *Time Bandit* war alles, was noch zwischen ihm und der ewigen Dunkelheit stand.

Schwer zu sagen, wie es um ihn stand, er bewegte sich nicht mehr. Ruderte nicht mit den Armen, versuchte nicht zu schwimmen. Entweder gab er sich große Mühe, keine Energie und Körperwärme zu vergeuden, oder er war bereits bewusstlos und kurz vor dem Ertrinken. Es war gar nicht so leicht, ihn immer im Auge zu behalten, bei diesem Seegang. Aus meiner Perspektive war er kaum zu sehen. Einen Moment lang konnte ich seinen Kopf im Chaos der Wellen ausmachen, dann war er wieder verschwunden. Er war wirklich nur ein winzig kleiner Punkt in der unendlichen See.

Jetzt hatte die *Time Bandit* ihn fast erreicht. Ich gab kurz rückwärts Schub – und drehte mit dem Bug in den Wind, als würde ich eine Jolle segeln und nicht einen Trawler manövrieren. Neal stand an der Steuerbordreling mit einem Rettungsring bereit. Der Mann schwappte im Rhythmus der Wellen direkt neben dem Schiff auf und ab. Neal warf den Ring. Daneben, zu weit. Ich gab dem Schiff einen kurzen Schubs mit der Maschine, um es auf Position zu halten. Neal schmiss den Ring ein zweites Mal.

»Lasst mich nicht sterben«, flehte der Mann im Wasser. »Lasst mich nicht ersaufen. Holt mich raus!«

»Du wirst nicht ersaufen. Wir haben dich«, rief Andy.

»Wir haben ihn!«, brüllte auch ich, auch wenn ich gerade keine Zuhörer hatte. »Wir haben dich, Kumpel!«

Andy hievte den Mann an Bord. Von dem Zeitpunkt, als wir ihn mit der *Time Bandit* erreicht hatten, bis zu seiner Bergung waren vielleicht 15 Sekunden vergangen. Auf Deck nahm ihn Caveman in einen Klammergriff, als ginge es hier um die Weltmeisterschaft im Wrestling. Der Mann heulte und schniefte. »Dank im Namen meiner Mutter. Und Dank im Namen meiner Großmutter. Und meine Freundin ist euch so dankbar. Ihr habt mir das verdammte Leben gerettet!« Caveman war richtig aufgedreht – wie wir anderen auch. Wir hatten den Kerl tatsächlich vor dem Ertrinken bewahrt, das stimmte wohl. Aber er konnte uns immer noch an Unterkühlung sterben.

Caveman schleppte ihn quer übers Deck bis zur nächstbesten Kabine – es war ausgerechnet die, in der der Kapitän der *Troika* gestorben war. Ich schloss auf, wir legten ihn auf den Boden und Richard half ihm, die patschnassen Klamotten auszuziehen. Er wickelte den Mann in eine Decke und fragte ihn, ob er aufstehen könne. Russell bugsierte den Geretteten vorsichtig in die Kombüse, wo er sich auf die Sitzbank fallen ließ. Andy fragte ihn ganz ernsthaft, ob einer unserer Männer nackt mit ihm unter die Decke krabbeln solle, um ihn aufzuwärmen. Meine Leute starrten sich gegenseitig an, bis Russell anfing zu lachen.

»Ich sehe schon, du musst wohl doch sterben.«

Der Typ schaute mich an. »Mein Gott, hatte ich eine Scheißangst.«

»Du hast es überlebt, Mann«, sagte ich.

»Ich hab einen Moment nicht aufgepasst. Es war so kalt, so ... eisig. Ich hatte noch die Ketten in der Hand und dann ...«

»Du warst plötzlich weg«, sagte ich ihm. »Einfach verschwunden.« Ich umarmte ihn und er fing wieder an zu heulen, vor Erleichterung. Ich heulte gleich mit.

»Meine Beine zittern immer noch«, sagte ich.

»Unglaublich«, sagte Russell.

»Ich hätte dich nicht mehr losgelassen«, sagte Andy.

Ich war noch immer voll auf Adrenalin. »Das letzte Mal, als uns so was passiert ist, war der Typ tot, als wir ihn aus dem Wasser gezogen haben.«

»Aber dieses Mal eben nicht, John«, sagte Andy.

»Nee, dieses Mal waren wir rechtzeitig da.«

Wir saßen da und warteten, dass sein Körper auf die Wärme reagierte. Sein Name war Josh White. Wenn er in vier Minuten nicht anfing zu zittern, das war unsere Schätzung, dann war seine Körperkerntemperatur schon zu weit gefallen – und er würde sterben. Er weinte jetzt wieder. Ich konnte das keine Sekunde länger aushalten. Ich musste raus aus dieser Kabine und als ich draußen war, liefen auch bei mir wieder die Tränen. Ich weiß nicht, wen ich beweinte, ob ich für Josh White heulte oder für den Kapitän der *Troika* oder vielleicht sogar für mich selbst, weil unser Schiff verflucht war.

Ich stieg zur Brücke rauf. Andy war auch schon da. »Wir haben es wiedergutgemacht, Bruder.«

Ich rief den Skipper der *Trail Blazer* über Funk und überbrachte ihm die gute Nachricht. Seine Einstellung zu der ganzen Angelegenheit kam mir schon sehr merkwürdig vor. Er wollte, dass Josh White zur *Trail Blazer* zurückschwimmt.

 »Wie war das?«, fragte ich ungläubig zurück.

»Steckt ihn in einen Überlebensanzug und lass ihn wieder rüberschwimmen.«

Ich konnte das einfach nicht glauben. Josh White hatte uns erzählt, dass heute sein 31. Geburtstag war. Was für ein Geschenk: über Bord gefallen, aus dem Wasser gefischt – und dann wieder ins Wasser? Nicht mit mir und das machte ich dem Kollegen von der *Trail Blazer* auch klar.

»Na gut, dann sag ihm, er soll sich für den Rest des Tages frei nehmen und feiern«, sagte der Käpten drüben.

Andy und ich guckten uns entgeistert an. Was ging bloß im Hirn von diesem Typen vor?

Wir behielten Josh an Bord und brachten ihn am nächsten Tag in St. Paul auf den Pribilof-Inseln an Land, wo er in ein Flugzeug nach Anchorage steigen konnte. Wir hingegen konnten die Glückshormone förmlich im Körper spüren, als wir wieder zu der Position zurückdampften, wo wir unsere Pots ausgelegt hatten. Jetzt hatte sich das Blatt gewendet: Mit jedem Käfig, den wir an Bord hievten, klingelte es in der Kasse. Die Pots waren randvoll mit Krabben, gleich im ersten waren 60, im nächsten dann 71 Exemplare der wertvollen Biester. Ich führte schon meinen »Krabbentanz« auf der Brücke auf, da signalisierte mir Russell mit den Händen: 100 Krabben! Und dann 106! Die Krabben waren nach Norden weitergezogen. Und wir saßen mitten auf ihrer Wanderroute.

»Das glaubt uns doch keiner«, sagte ich zu Andy. »Du darfst mich Comeback Kid nennen.«

Im nächsten Pot waren 151 Krabben. Wir schafften jetzt einen Schnitt von mehr als 100 Krabben pro Falle. Das war noch nie da, ein Fang von historischen Dimensionen.

Wir legten die Pots noch einmal aus. Andy setzte sich seinen Cowboyhut auf, als Glücksbringer. »Glück zu haben finde ich echt besser, als ein anständiger Mensch zu sein«, verkündete ich. »Und jetzt hat uns das Glück zu einer echten Goldader geführt.«

Eine solche Serie hatte ich wirklich noch nicht erlebt. 106, 134 – das war der Moment, als Andy seinen Glückshut aufsetzte – 126, 132, 118. Es war, als ob wir mit jedem Hol eine Schatzkiste vom Meeresgrund an Bord zogen. Eine Schatzkiste mit rotem Gold!

Irgendwann war das Schiff voll. Wir konnten keine einzige Krabbe zusätzlich verstauen – und nahmen Kurs auf Dutch Harbor.

Innerhalb von gerade einmal 36 Stunden hatten wir 60 Tonnen Krabben im Wert von 320 000 Dollar gefangen. Der Umsatz für die gesamte Saison lag am Ende bei 500 000 Dollar. Zwei Drittel davon gingen an die Kapitäne und das Boot, ein Drittel wurde auf die Crew verteilt. Jeder Mann an Deck bekam sechs Prozent der Einnahmen, stolze 32 000 Dollar, abzüglich seines Anteils für Treibstoff und Proviant, auch genau sechs Prozent. Das ist doch gar nicht so übel für ein paar Wochen Maloche.

Wir pilgerten ins Latitudes, wo ich als Wettsieger meine 500 Dollar kassierte – für die größte Zahl Krabben in einem Pot. Es fühlte sich sehr gut an, das Bargeld in der Tasche. Ich läutete die Glocke für eine Lokalrunde und spendete den größten Teil der Restsumme an die Stiftung für die Hinterbliebenen von Fischern. Es war eigentlich noch viel zu früh, um ernsthaft mit dem Saufen anzufangen, aber Russell brüllte laut genug, um alle zu übertönen: »In Japan ist es schon halb acht am Abend. Lasst uns weitersaufen!«

Ich frage mich seit dieser Episode immer wieder, ob unsere Glückssträhne nicht auch ein wenig damit zu tun hatte, dass wir das Pech abschütteln konnten, das vorher am Boot klebte. Konnte es sein, dass unser sensationeller Fang vielleicht die Belohnung dafür war, dass wir Josh White das Leben gerettet haben?

KAPITEL 10

WIR SIND DIE LETZTEN DINOSAURIER

ANDY

Immer noch keine Nachricht von Russell. Ich habe mein Handy in die Hemdtasche gesteckt und gucke trotzdem alle paar Minuten, ob ich auch den Klingelton und die Lautstärke richtig eingestellt habe, weil das verdammte Ding einfach nicht klingeln will. Ich sitze auf Rios Rücken und das Pferd steht bis zum Bauch im Wasser unseres Teichs, weil das der einzige Ort ist, wo ihn die Bremsen wirklich in Ruhe lassen. Wir geben wahrscheinlich ein seltsames Bild ab – Mann und Pferd im Teich, reglos wie ein Denkmal, wenn man einmal von Rios Schwanz absieht, mit dem er gelegentlich träge hin und her wischt. Aber die Pose passt: Es fühlt sich für mich tatsächlich so an, als ob ich feststecke. Ich kann nichts tun, ich weiß nicht, was mit Johnathan ist.

Von uns Hillstrand-Brüdern ist Johnathan der mit dem größten Herz, ein echter Softie. Wer ihn nicht richtig kennt, mag das kaum glauben, nach außen wirkt er ungestüm und vorlaut. Aber ich denke, das ist nur ein Schutzmechanismus und in Wahrheit vielleicht sogar ein Zeichen, dass er eher sanft und schüchtern ist. Unsere Mutter dachte, dass aus ihm ein Tierarzt werden würde. Als Kind hatte er immer irgendwelche Insekten oder anderes Kleingetier in seinen Taschen. Er konnte Bienen in der Hand halten, ohne dass sie ihn stachen. Er züchtete Angora-Hamster und verkaufte sie an Tierhandlungen. Als unsere Katze ihre Jungen warf, ging sie natürlich zu Johnathan. Er kam kurz zu uns, um allen davon zu erzählen – und sie kam hinter ihm her, um ihn zurückzuholen. Als Kinder spielten wir oft auf dem Spit und fanden Seesterne und anderes Meeresgetier, das Touristen einfach auf dem Strand liegengelassen hatten. John brachte die Viecher allesamt zurück ins Wasser. Einmal fragte er Mom: »Tut es Blumen eigentlich weh, wenn man sie pflückt?«

Aber davon einmal abgesehen, geht er mir manchmal so schlimm auf die Nerven wie sonst kein anderes Individuum auf diesem Planeten. Wenn die Saison für die Königskrabben beginnt, rauscht er lieber mit dem PenAir-Flieger in Dutch ein, als sich von Homer auf den unbequemen Ritt mit der *Time Bandit* zu machen. Seine Ankunft in Dutch hat dann fast etwas von Hollywood, wenn seine Freundinnen und Kumpel allesamt am Flughafen auf ihn warten. Aber in der Königskrabbensaison ist er der Kapitän und er weiß, dass ich ihm jeden Job abnehme. So bin ich eben – und das macht mich nur noch wütender. Er ist wie eine Naturgewalt, die man nicht ändern kann. Ich habe längst aufgegeben, es auch nur zu versuchen.

Ich habe keine Ahnung, was uns als Brüder die Fischerei, unser Alter und die *Time Bandit* noch bescheren werden. Wir könnten natürlich unsere IFQ und das Schiff verkaufen, dann wäre jeder von uns auf einen Schlag um eine Million Dollar reicher. Unser Schiff betreiben wir ja in einer Partnerschaft. Wenn ich mein Geschäft mit den Pferden in Indiana ausbauen könnte, würde ich mich nicht mehr mit Partnern rumschlagen wollen. Dass Boot zu verkaufen, wäre für mich der Weg, dieser Endlosschleife zu entkommen. Ich frage mich schon lange, wie ich diese ewige Wiederholung überhaupt aushalte: Vom 15. Januar bis zum 31. März fangen wir Opilio oder auch Baradai. Dann verlegen wir die *Time Bandit* nach Homer, holen das gesamte Fanggeschirr von Bord und rüsten sie als Tender für die Heringsfänger um. Dann pendeln wir als Heringsfrachter zwischen Sitka und dem kanadischen Prince Rupert Sound. Zurück nach Homer, jetzt kommt das Geschirr für den Heringsfang an Bord und wir gehen selbst fischen, etwa zwei Wochen lang. Im Anschluss daran geht es wieder nach Homer, erneute Umrüstung des Schiffs, und wieder los, jetzt als Tender für die Lachsfischer. 40 Tage lang sind wir in der Bristol Bay unterwegs, von Mitte Juni bis Ende Juli, und danach noch einmal einen Monat vor Kodiak. Bleiben uns noch sechs Wochen bis zum Beginn der nächsten Königskrabbensaison am 15. Oktober, um das Schiff und seine Ausrüstung gründlich zu überholen. Es geht immer weiter, das Schiff steht niemals still. Das ist wohl die eigentliche Bedeutung seines Namens – *Time Bandit*.

Ob wir weiter so leben werden wie bisher? Ich weiß es nicht. Johnathan wird bestimmt weitermachen wollen und dann zieht wahrscheinlich auch Neal mit. Kann sein, dass auch ich weiterfischen muss, aber bei mir sagt dann der Verstand, was ich tun muss. Mein Herz ist nicht mehr dabei. Wie es langfristig weitergeht? Keine Ahnung.

Auf der Beringsee zu fischen war immer eine Familienangelegenheit, und die begann mit unserem Vater. Ich glaube aber nicht, dass künftige Hillstrand-Generationen noch fischen werden. Meine Töchter zeigen jedenfalls kein gesteigertes Interesse daran. Klar, Chelsey liebt die See, doch eine Karriere als Kapitän eines Fischtrawlers? Das sehe ich nicht. Neals Söhne, beide Teenager, werden wohl auch nicht fischen. Allein Johnathans Sohn Scott wird wahrscheinlich dabeibleiben, aber er wird immer mit dem Dilemma leben müssen, dass er kein eigenes Boot hat. Wenn er seinen Lebensunterhalt auf See verdienen will, muss er als Matrose auf anderen Schiffen anheuern. Mit den sechs Prozent Anteil kann man als junger Mensch ganz gut auskommen, aber die Arbeit wird mit zunehmendem Alter auch nicht leichter. Seine Frau steht ebenfalls vor einem Riesenproblem – als Mutter, als Ehepartnerin und überhaupt als Frau. Ihr Mann muss sich entscheiden – für ein Leben auf dem Schiff oder bei ihr zu Hause. Es gibt wirklich keinen Mittelweg. Seemann oder Familienmensch, das ist seine Wahl. Wenn er Fischer sein will, ist er auch mit dem Schiff verheiratet. Das ist genau die Entscheidung, die auch ich als junger Mann treffen musste. Scott ist also der Letzte, der die Familientradition hochhalten könnte, aber es sieht nicht besonders vielversprechend aus.

Die Fischerei war einmal eine Lebensweise. Nun wird sie nicht mehr an die nächste Generation weitergegeben, und das ist auch wirklich kein Wunder.

Das Motto war einmal: alles oder nichts. Die Fischerei war wie der Goldrausch, das Risiko wie eine Droge. Wenn wir Pech hatten, war das Schiff verloren. Wir standen permanent mit dem Rücken zur Wand. Wir lebten für diesen Druck, diesen Rausch, das Adrenalin. Aber welcher junge Mensch will das heute noch? Als meine Brüder und ich mit dem Fischen anfingen, waren wir zwölf. Wir haben diese Plackerei von der Pike auf gelernt, sie wurde Teil unseres Charakters. Man braucht die richtige Einstellung zu einem solchen Stressjob und die hatten wir. Weil wir hart im Nehmen waren, weil wir den Willen besaßen, uns durchzubeißen. Unser Vater war ein gemeiner Hund, aber er hat uns so erzogen, er hat uns diese Charakterstärke gegeben. Bei ihm haben wir immer geschuftet bis zum Anschlag. »Hol die verdammte Leine ein, du Hurensohn«, brüllte er uns an. Da zog ich an der 250 Meter langen Leine eines Ringwadennetzes und jeder Muskel in meinem Körper war bis an die Belastungsgrenze gespannt. Würde ich jetzt auch nur eine Sekunde nachlassen, ginge das Gebrüll wieder los. So etwas gibt es heute nicht mehr. Die Zeiten sind vorbei.

Meine Brüder und ich hatten nichts, als wir aufwuchsen. Wir wussten noch, wie sich echter Hunger anfühlt. Heutzutage kriegen Kinder von ihren Eltern alles, was sie wollen. Den Eltern ist es zwar bewusst, dass sie ihrem Nachwuchs damit nicht gerade einen Gefallen tun, aber sie agieren hilflos, sie wissen nicht, wie sie es besser machen sollen. Nur die wenigsten jungen Leute haben Hunger und Not erlebt, sie haben keine Ahnung, wie es sich anfühlt, nichts zu haben. Warum sollen sie sich auf einen Job als Fischer einlassen, wo sie auch nach harter Maloche nur wenig vorweisen können? Damit werden sie kaum zufrieden sein. Aber so ist Amerika heute. Und dieses Amerika von heute bringt eben keine Fischer mehr hervor, die auch auf der Beringsee ihren Mann stehen.

Die Krabbenfischerei auf der Beringsee ist außerdem gerade dabei, auch noch das letzte Quäntchen Romantik zu eliminieren. Die Rationalisierung hat dafür gesorgt, dass die Industrie weiter schrumpft. Zu den Zeiten des Derbys lagen manchmal bis zu 300 Krabbenfänger im Hafen von Dutch. Heute haben noch 80 Schiffe eine Lizenz als Krabbenfänger, und davon fahren noch etwa 65 wirklich raus zum Fischen. Die großen Fischverarbeiter kontrollieren inzwischen das gesamte Geschäft – vom Meeresgrund bis zur Ladentheke. Fischer werden künftig Arbeiter sein, die einen Stundenlohn bekommen, und die Kapitäne werden Gehälter beziehen wie jeder andere Manager. Wir sind die letzten Dinosaurier.

JOHNATHAN

-A.A-

TANGO UNIFORM

KAPITEL

11

Nach dem Ende der Krabbensaison im letzten Dezember gönnten Andy und ich der Crew der *Time Bandit* und auch uns ein paar Tage Urlaub über Weihnachten. Meine damalige Freundin kam aus Homer rübergeflogen, um die Zeit mit mir zu verbringen. An einem Abend sind wir mit meiner Harley in eine der Kneipen gefahren. Wir saßen einfach da an der Bar und genossen ein paar Drinks, da pflanzten sich drei Typen direkt neben uns auf und fingen an, meine Freundin anzubaggern, als wäre ich einfach Luft. Sie sagte ihnen ganz höflich, dass sie nicht interessiert sei und in Ruhe gelassen werden wolle. Ich mischte mich gar nicht erst ein, sie hatte das alles unter Kontrolle.

Die Typen zogen ab – aber wenig später tauchten sie wieder auf, nur noch bekiffter oder besoffener. Sofort machten sie wieder meine Freundin an. Zugegeben: Sie sieht blendend aus. Aber diese Anmache ging weit über das hinaus, was sie sonst gewohnt war. Diese Crew war eindeutig auf Ärger aus. Schon kamen die ersten blöden Sprüche und sie wurde richtig sauer. Die Situation eskalierte jetzt sehr schnell. Die Typen rückten uns weiter auf die Pelle und wurden immer aggressiver. Meine Freundin war, wie gesagt, Kummer gewohnt und ziemlich geübt darin, Leute abzuwimmeln. Aber diese Kerle kannten offenbar die Bedeutung des Wörtchens »Nein« nicht.

Ich rege mich eigentlich nicht so schnell auf. Doch wenn es erst einmal so weit ist, dann kämpfe ich die Sache bis zum bitteren Ende durch. Wenn ich loslege, dann kann ich eine ganze Armee mit dem

 Knochen eines Esels in die Flucht schlagen – oder wie hieß das bei Ezekiel?

So kam es dann leider auch. Ich schnappte mir den einen Kerl und knallte ihn auf den Boden der Bar. Ich hielt ihm meine Faust in die Visage und versuchte es mit einer letzten Warnung: »Ich will nicht, dass es so ausgeht.« Er sagte: »Okay«

Ich drehte mich also um und schon sprang er auf, um mir von hinten eine zu verpassen. Es war wie der Gong vor dem Fight – jetzt brach eine richtige Kneipenkeilerei aus, jeder gegen jeden. Ich versuchte so gut wie möglich, mich aus der ganzen Sache rauszuhalten. Die drei Typen, die meine Freundin angemacht hatten, verschwanden vor die Tür. Aber die Freude währte nicht lange. Sie kamen wieder rein und das größte dieser Arschlöcher ging sofort auf meine Frau los, zerrte sie an den Haaren und grölte, dass er sie überall finden würde, um sie erst zu vergewaltigen und dann zu killen.

Ich versuchte es noch mal: »Zeit für dich, hier abzuhauen.«

Der Barkeeper war schon dabei, die Polizei zu alarmieren, als ich die Typen mit vor die Tür nahm. Der Kampf war kurz. Ich griff mir den Möchtegern-Vergewaltiger/Killer und schmiss ihn auf den Boden. Bevor er sich wehren konnte, riss ich seinen Kopf hoch und trat zu. So hart ich konnte. Das Blut spritzte nur so und der Kerl sackte bewusstlos zusammen. Seine zwei Kumpels gingen auf mich los und kloppten auf mich ein. Aber ich habe einen Schädel wie ein Helm. Da kann jeder stundenlang draufhauen und er kriegt mich nicht unter. Ich ließ sie prügeln und wartete darauf, dass sie müde wurden, was in einem solchen Kampf eigentlich nie lange dauert. Meine Freundin kreischte und hämmerte auf die Typen ein. Sie kämpfte wie eine Wildkatze – und verschaffte mir so den entscheidenden Moment, einem der Arschlöcher meinen Stiefel im Gesicht zu platzieren. Das Einzige, was sich dann noch bewegte, war das Blut, das aus seinen Ohren lief.

Endlich erschien die Polizei – aber die Handschellen legte man mir und meiner Freundin an! Wie sich später rausstellte, hatte ich das

Vergewaltiger-Arschloch so hart getreten, dass er im Koma lag. War vielleicht nicht die schlechteste Tat, so konnte sein blödes Hirn mal einen Moment Pause machen. Und drei Tage später ging es ihm auch wieder so gut, dass er das Krankenhaus verlassen konnte. Aber ich steckte Weihnachten und Neujahr im Gefängnis. Als ich der Haftrichterin vorgeführt wurde, eröffnete sie mir, dass ich damit rechnen müsse, die nächsten 92 bis 120 Monate hinter Gittern zu verbringen. Ich rechnete zweimal nach, um ganz sicher zu sein, dass ich mich nicht vertan hatte. »ZEHN JAHRE! Dafür, dass ich mich verteidigt habe?«

»Tango Uniform«, sagen wir zu einer solchen Lage. »Tits up«, aus, vorbei.

Ich hasse es, eingesperrt zu sein. Das ist echt das Schlimmste, was mir passieren kann. Und natürlich machte ich mir große Sorgen, was meine Mutter denken würde. Für sie tat es mir am meisten leid. Sie kam prompt aus Oregon angereist, um mich zu besuchen. Sie erklärte mir, dass sie mich trotzdem liebe, dass es sowieso nichts im Universum gäbe, was sie von ihrer Liebe für mich abbringen könnte. Das war bestimmt lieb gemeint, aber danach fühlte ich mich noch schlechter. Doch dann begutachtete der Staatsanwalt den Fall. Er prüfte Beweise und Zeugenaussagen und schaute sich die Männer näher an, die ich vermöbelt hatte. Schließlich stellte er das Verfahren ein, ich konnte gehen. Anscheinend lagen gegen die vermeintlichen Opfer diverse Haftbefehle vor. Zweifel an meiner Darstellung, wonach ich die Prügelei nicht angefangen hatte, hatte es wohl auch keine gegeben. Trotzdem war diese Episode so ziemlich das schlimmste Schlamassel, in das ich jemals geraten war.

*Ein Begriff aus dem Jargon der Flieger, habe ich mir erklären lassen. Auf einem der Instrumente wird das Flugzeug ungefähr so abgebildet: --v*v-- Wenn die »v« auf dem Kopf stehen, hat das Flugzeug ein Problem.*

Ich weiß bis heute nicht, wie ich anders hätte handeln können. Klar, wir hätten gehen können, bevor die ganze Sache eskalierte, aber ich lasse mich nicht gerne von irgendwelchen Großmaul-Frauenhassern aus einer Bar verscheuchen. Es ist ja wirklich nicht so, dass ich

Streit suche, wenn ich in eine Kneipe gehe. Und ich bin vor einer bestimmten Sorte Typen auf der Hut und mache einen großen Bogen um sie, wenn es sich einrichten lässt. Man wird ja auch nicht jünger. Eines kann ich hier immerhin klarstellen: Ich habe mich gelegentlich geprügelt, aber nie waren dabei Messer oder Knarren im Spiel. Nicht ein einziges Mal. Wenn du eine Knarre dabeihast, wirst du früher oder später selbst abgeknallt. Wie schnell das schiefgehen kann, habe ich erlebt, als mich ein Typ auf einer Party gefragt hat, ob ich ihn eben zu einem Laden fahren könne, um noch Getränke zu besorgen. Wir fahren also in der Gegend rum und suchen ein Geschäft, aber alle Schnapsläden sind zu. Plötzlich ruft er: »Halt an. Halt! Da drüben hole ich uns was zu trinken.«

Ich dachte noch: »Was für ein Spinner.« Da schlug er schon eine Scheibe ein und schnappte sich eine Kiste Bier. Als er wieder bei mir im Auto saß, fragte er mich, ob er sich mal die Pistole angucken könne, die zwischen den Vordersitzen lag. Ich hatte vorsichtshalber die Patronen rausgenommen, als er den Laden plünderte. »Klar«, sagte ich, »mach nur.« Er nahm die Waffe und drückte sie mir in die Rippen. Ich verpasste ihm eine ordentliche Tracht Prügel und setzte ihn auf dem Highway aus. Seit diesem Zwischenfall schleppe ich überhaupt keine Waffen mehr mit mir herum.

Jetzt denke ich gerade nur: Es ist dunkel. Ich kann nur sehr grob schätzen, wo ich mich befinde; wahrscheinlich bin ich in das Seegebiet südöstlich von Augustine Island getrieben. Mein Ausgangspunkt war 45 Meilen südlich der Startlinie. Da scheint es mir eher unwahrscheinlich, dass mich die Strömung direkt in den Kennedy Entrance und raus auf den offenen Golf von Alaska getrieben hat, denn dann hätte ich irgendwann Leuchtfeuer und Lichter sehen müssen. Etwa von Barren Island und den Siedlungen Ushagat und Amatulis. Also könnte ich eigentlich beruhigt durchatmen. Denn wenn ich bei diesen Inseln gelandet wäre, dann hätte mein Schiff kein glatter Sandstrand empfangen. Die Kehrseite der Medaille ist allerdings, dass ich nun offensichtlich auf dem Weg in die Shelikof Strait bin. Das sind die beiden Alternativen. Ungemütliche Landung oder offene See.

Die Wahrheit ist natürlich, dass ich es mit Gewissheit nicht sagen kann. Wie auch? Bei Tageslicht könnte ich die ein oder andere Landmarke identifizieren und mir so Orientierung verschaffen. Aber in der Dunkelheit bleibt meine einzige Hoffnung, dass ich irgendwo ein Licht entdecke. Oder meine Retter.

Auf Händen und Knien taste ich jetzt nach den Seenotsignalen. Ich meine mich erinnern zu können, dass ich sie in dem Fach unter meiner Koje verstaut habe. Ich öffne die Klappe und fische mit meinen Händen im Schwarz des Stauraums, bis ich eine Taschenlampe finde, die allerdings fast keinen Saft mehr hat. Sie schenkt mir ein schummriges orangefarbenes Licht, das es mir immerhin gerade noch erlaubt, das Fach zu durchsuchen. Ich finde meine Ruger Super Redhawk, eine 44er-Magnum samt Munition in einem mexikanischem Halfter. Außerdem finde ich ein Messer und tatsächlich das Paket mit den Seenotsignalen. Ich bilde mir gar nicht erst ein, dass mein Sortiment eine Fallschirmrakete enthält. Was ich finde, sind drei simple Leuchtsignale, die wie eine Schrotpatrone von einer Pistole abgefeuert werden. Sie fliegen an die 50 Meter hoch, dann holt sie die Erdanziehung wieder ein. Dabei brennen sie etwa 20 Sekunden lang mit einem leuchtenden Rot, bevor sie in der See verlöschen. Wenn dann noch jemand im entscheidenden Augenblick in meine Richtung schaut, kann er das kleine Licht erkennen – und ich bin gerettet. Wer auf See ein solches Signal sieht, ist per Gesetz dazu verpflichtet, sofort Hilfe zu leisten. Wenn die Suchtrupps jedoch den kurzen Moment verpassen und in die falsche Richtung gucken, ist mein Signal so gut wie unsichtbar. Anders gesagt: Diese Sorte Seenotsignal hilft nur dann, wenn jemand nach dir sucht und möglichst schon auf dem Wasser und in deiner Nähe ist. Andererseits sollte ich vielleicht ein bisschen mehr Optimismus zeigen. Die Nacht ist schwarz, das Signal leuchtet sehr grell und da können auch schon 20 Sekunden genügen. Bleibt die Frage, wann ich das erste Signal abfeuern soll. Ich suche den Horizont ab. Sind irgendwo die Positionslichter eines anderen Schiffs zu sehen? Aber da ist nichts. Im Umkreis um die *Fishing Fever* gibt es nichts außer schwarze Nacht.

Ich nehme die Signalpistole raus an Deck und richte sie in den Nachthimmel über mir. In diesem Moment meiner Not und Verzweiflung muss ich an die unglaubliche Verschwendung denken, die wir uns während der letzten Opilio-Saison geleistet haben, als wir auf Höhe der Pribilof-Inseln fischten. In einer dunklen Nacht, da war es genauso finster wie jetzt, dampften wir mit vollen Krabbentanks zurück nach Dutch Harbor. Die See schaukelte uns ordentlich durch, aber die Stimmung war bestens. Da erwähnte Richard, dass wir massenweise Signalraketen an Bord hatten, deren Haltbarkeitsdatum abgelaufen war. So an die 200 Stück, Fallschirmraketen und normale Signalmunition, im Wert von rund 1000 Dollar. Mir kam eine Idee: Auf dem Plotter konnte ich genau sehen, wo die anderen Schiffe der Flotte standen, welche gerade auf einem Parallelkurs fuhren oder vor unserem Bug kreuzten. Am nächsten dran war in diesem Moment der Krabbenfänger *Jennifer A* von Ian Pitzman, der bei mir in der Nachbarschaft aufgewachsen ist. Er war noch etwa drei Meilen entfernt.

Ich funkte die Küstenwache auf Kanal 16 an und teilte den Coasties mit, dass wir eine Signalraketenübung durchführen würden.

Die Crew trug die Signalraketen aus Richards Sammlung zusammen und machte sich ans Basteln. Neal entfernte die Fallschirme und stopfte stattdessen Robbenkracher in die Röhren. Ich schaltete die Decksbeleuchtung aus, auch die Natriumdampflampen. Auf der *Jennifer A* konnten sie selbstverständlich auch auf den Plotter gucken und unsere Position und unseren Kurs ablesen. Aber Pitzman sollte uns nicht mit seinen eigenen Augen sehen können. Wir wollten sie genau in dem Augenblick mit einer vollen Salve attackieren, in dem die *Jennifer A* querab an Steuerbord war. Die Crew ging an der Reling in Gefechtsposition – wie Piraten, die sich anschickten, das Schiff des Königs zu entern.

Ich hielt so dicht auf die *Jennifer A* zu, wie es eben noch ging, ohne Pitzman in Unruhe zu versetzen. Als er querab war, brüllte ich das vereinbarte Kommando über Lautsprecher: »FEUER FREI! Jetzt ist Krieg!« Und die Crew feuerte eine volle Breitseite auf das Deck der *Jennifer A*. Der Nachthimmel glühte signalrot und bei unserem Gegner explodierten die ersten Robbenkracher mit ohrenbetäubendem Knall und in einer Wolke aus Rauch.

Pitzman war sofort am Funkgerät und schrie Zeter und Mordio. Was zum Teufel wir da anstellten? Wir konnten ihm nicht einmal antworten, so sehr mussten wir lachen. Pitzmans Crew hatte sich ebenfalls Seenotraketen geschnappt und versuchte, das Feuer zu erwidern, doch da waren wir auch schon vorbei und die Schlacht war geschlagen. Für den Rest der Nacht gab es bei uns an Bord kein anderes Thema mehr als diese siegreiche Attacke.

Was gäbe ich dafür, jetzt eine einzige Fallschirmrakete abfeuern zu können!

Ich richte meine Signalpistole im 45-Grad-Winkel nach oben und drücke den Abzug. Ich spüre den Rückschlag in der Hand und sehe wie der Hilferuf in den Nachthimmel aufsteigt. Ein erbärmlicher dünner Streifen Rot – und dann plumpst das Leuchtsigal ins Meer, wo es noch ein paar Sekunden glimmt, bevor es endgültig verlöscht. Das war es also: meine einzige Verbindung zu den Menschen da draußen, mein Versuch zu kommunizieren, mein Draht zur Außenwelt. Kopfschüttelnd verziehe ich mich wieder nach drinnen.

Nach dem verpatzten Weihnachtsurlaub vergangenes Jahr bin ich dann zurück nach Dutch Harbor, um das Schiff für die Opilio-Saison auszurüsten, die am 15. Januar begann. Es ist die Zeit im Jahr, wenn die Krabben ihren Panzer so richtig »ausfüllen«, wenn das Muskelfleisch in ihren Beinen schön fest ist. Auf dem Spielplan der großen Bühne, die wir Beringsee nennen, stehen zu dieser Jahreszeit ausschließlich Dramen – leider kennt niemand im Voraus Text und Handlung. Nur die Kulisse ist schon bereit: Wie jedes Jahr gibt es Eis und Schneeregen, Temperaturen weit unter null, schneidend kalten Wind und eine wilde See.

Die Opilio-Saison ist für jeden Krabbenfischer der ultimative Härtetest, weil zu dieser Jahreszeit die grauenvollsten Unfälle passieren. Jetzt ist erhöhte Wachsamkeit gefragt, aber gleichzeitig auch stoischer Gleichmut und unbedingte Disziplin. Auf dieser Bühne kann selbst der kleinste Patzer unvorhersehbare und bedrohliche Konsequenzen auslösen. Auch die Behörden bereiten sich für den Ernstfall vor. Die Küstenwache stationiert eine Einheit von 14 Mann samt Rettungshubschrauber vorübergehend auf einem provisorischen Außenposten auf St. Paul, und die Alaska Wildlife Troopers verlegen ihren Kreuzer *Stimson* – ein umgerüsteter 50 Meter langer ehemaliger Krabbenfänger – ebenfalls in den Hafen der größten Pribilof-Insel, um jederzeit schnell bei der Flotte der Krabbenfischer zu sein.

Bevor wir Dutch endgültig verließen, verbrachten wir noch ein paar geruhsame Tage damit, die Krabbenfallen mit kleineren Öffnungen zu versehen und diejenigen zu reparieren, die in der vergangenen Königskrabbensaison demoliert worden waren. Nach ein paar Jahren, in denen der Bestand stetig schrumpfte, hat sich die Schneekrabbe inzwischen deutlich erholt. Wir hatten eine IFQ von 200 Tonnen erhalten und waren zuversichtlich, dass wir eine kurze Saison ohne große Probleme vor uns hatten – inklusive finanzieller Belohnung am Ende der Fahrt. Wir hielten die üblichen Rituale ab, die es vor jedem Auslaufen gab: Wir zogen ins Latitudes und in die Unisea Sports Bar, wir futterten beim Chinesen und kauften Proviant sowie vier Tonnen Hering als Köder. Unseren Kabeljau wollten wir dieses Mal selbst fangen. Nichts steigt einem Opilio so schnell in die Nase wie das Blut eines frisch ausgenommenen Kabeljaus.

Wir hatten vertraglich vereinbart, dass wir 90 Prozent unseres Fangs beim Fabriktrawler *Stellar Sea* abliefern würden, der bei St. Paul vor Anker lag. Das war zum einen für uns sehr bequem, weil es den weiten Weg in den Hafen sparte, und es erfüllte zum anderen eine der Bedingungen, die mit der Rationalisierung der Industrie eingeführt worden waren, wonach die entlegeneren Regionen Alaskas ebenfalls vom Krabbenfang profitieren sollten. An Bord der *Stellar Sea* sind 142 Arbeiter, die jeden Tag 18 Stunden schuften. Bei einem Stundenlohn von 7,15 Dollar verrichten diese Leute wahrscheinlich einen der miesesten Jobs auf diesem Planeten.

Es ist tatsächlich eine der größten Herausforderungen für die Fischindustrie, jedes Jahr wieder genügend Männer und Frauen zu finden, die sich überhaupt auf solche dreckigen Jobs einlassen. Einer, der es immer wieder schafft, ist ein Freund von uns namens John »Doppelt-so-breit« Nordin, der Miteigentümer des kleinen und hoch spezialisierten Fischverarbeitungsbetriebs Harbor Crown Seafoods ist – und außerdem wahrscheinlich einer der nettesten und großzügigsten Bosse in der ganzen Branche. Im vergangenen Jahr brummte sein Laden in Dutch Harbor jedenfalls nur so, als ein Trupp Kontrolleure vom Finanzamt bei ihm einfiel und die Polizei danach seine besten Leute abführte. Es stellte sich nämlich heraus, dass die meisten von ihnen illegale Einwanderer waren, sie kamen aus Guatemala, El Salvador und von den Philippinen. Weiter weg von ihrer subtropischen Heimat konnten diese Arbeiter kaum sein und sie sorgten auf einer unwirtlichen Insel unter den grässlichsten Bedingungen, egal wie kalt oder stürmisch es war, dass der Betrieb bei Harbor Crown niemals ins Stocken geriet. Es war übrigens nicht so, dass sich Amerikaner darum prügelten, ihren Job zu machen. Sie nahmen niemandem etwas weg. Trotzdem wurden sie von der Polizei in Quarantäne gesperrt, als wären sie Tiere mit einer ansteckenden Seuche, und dann ausgeflogen. Nordin saß plötzlich alleine auf seinen Krabben, so wie ich hier draußen alleine auf der *Fishing Fever* hocke.

Nordin und sein Bruder James leben in Seattle und haben die amerikanische Staatsbürgerschaft, aber sie lieben das Land ihrer Vorväter. Jeden Sommer fliegen sie nach Schweden. Sie finden alles toll, was aus Schweden kommt, nicht nur, weil es anders ist, sondern weil sie es auch für besser halten. Für James zum Beispiel waren die Elche Alaskas nie gut genug, er musste unbedingt mit einem schwedischen Monstrum zusammenrasseln. Er hat mir einmal erzäht, wie er damals im Norden Schwedens in seinem Audi A6 mit Tempo 160 über eine Schnellstraße gedonnert ist. Ein Verwandter saß am Steuer und James hat irgendwie an den Einstellungen für die Klimaanlage rumgefummelt und nur einen winzigen Moment nicht auf die Straße geguckt. Als er wieder nach vorne sah, stand plötzlich so ein Riesenvieh direkt vor ihm. Er dachte nur noch »Scheiße, das war's«, und zog den Kopf ein. Der Wagen krachte mit einem so gewaltigen Knall in den Elch, wie er ihn seit seiner Zeit in der Armee nicht mehr gehört hatte. Als die Karre endlich zum Stillstand kam, waren James und sein Fahrer wundersamerweise noch am Leben und alles war voll mit zersplittertem Glas und Fetzen von Elchfell. Das Vieh lag im Graben, tot. Die Polizei sagte später, dass auch Nordin tot gewesen wäre, wenn der Wagen den Elch anders getroffen hätte. Offenbar hatten sie das Tier so von den Beinen gesäbelt, dass es über das Auto flog – und nicht durch die Windschutzscheibe krachte.

Die Nordins sind allesamt richtig große Kerle. Johns Hände haben ungefähr das Format einer Grizzlytatze. Als er noch jünger war, hat er es mit der Fischerei selbst einmal versucht, aber er fand es an Land doch sicherer. Das Fischen überlässt er lieber den Norwegern, über die er mit derselben traditionellen Verachtung spricht wie jeder anständige Schwede. »Die haben doch einen Todeswunsch«, sagt er über die Nordmänner.

»Aber ich bin kein Norweger und trotzdem Krabbenfischer«, sagte ich zu ihm.

»Wer bei diesem Wetter da im Winter rausfährt, ist für mich ein Norweger«, lautete seine Logik.

Als die Steuerfritzen im vergangenen Jahr seine Arbeiter abführten, hatte Nordin nicht bewusst die Einwanderungsgesetze gebrochen.

Er sucht sich seine Arbeiter sehr sorgfältig aus, aber er stellt keine zusätzlichen Nachforschungen an. Wenn er für seinen Betrieb in Dutch Harbor Leute anheuert, wo es eigentlich keinen Arbeitsmarkt gibt, auf dem er sich bedienen könnte, dann kostet ihn das richtig Geld. Eine Investition, die er nur dann wieder reinholen kann, wenn die Leute eine komplette Saison lang durchhalten und ihren Job erledigen. Dabei wissentlich Illegale zu verdingen, ergibt überhaupt keinen Sinn. Wenn er in Seattle nach neuen Leuten Ausschau hält, dann macht er das so, wie es für ihn typisch ist: gründlich und ehrlich und ohne irgendwelche Abkürzungen zu nehmen. Er inseriert online und in den Lokalzeitungen. Wenn sich ein Bewerber vorstellt, prüft er erst einmal seine Papiere, erklärt dann seine Regeln – absolut keinen Alkohol! – und beschreibt unmissverständlich, mit welchen miserablen Bedingungen der Typ in Dutch zu rechnen hat; das Wetter, die Arbeitszeit, die Isolation. Nordin gibt sich allergrößte Mühe, ein wirklich übles Bild zu zeichnen, er lässt nichts aus, um die Kandidaten ordentlich einzuschüchtern. Nach einer Pause von zehn Minuten ruft er sie zurück in seinen Konferenzraum. Da haben drei von vier Bewerbern meist schon die Flucht ergriffen. Nordin erklärt es so: »Ich fliege sie da hoch, ich besorge ihnen eine Unterkunft, ich serviere ihnen vier Mahlzeiten am Tag, ich wasche ihre Wäsche und dann fliege ich sie wieder nach Hause. Ich habe nichts davon, wenn sie da oben nur auf meine Kosten rumsitzen und es gar nicht erwarten können, wieder zu verschwinden, bevor sie den Job erledigt haben, für den ich sie angeheuert habe.« Er zahlt seinen Leuten Spitzenlöhne, so wie er uns Krabbenfischern mehr zahlt, als es die großen Fischfabriken tun. Im Gegenzug verlangt er gute Arbeit oder eben Fisch und Krabben der besten Qualität. Seine Großzügigkeit zahlt sich aus. Fünf Schiffe beliefern ausschließlich Nordin und sonst niemanden. Und einige Kapitäne haben bereits angekündigt, dass sie ihn sogar für weniger Geld beliefern würden, sollten die großen Fischfabriken versuchen, ihn aus dem Markt zu drängen.

Was Nordin offenbar gefunden hat, ist eine Nische, in der Qualität mehr zählt als der Preis. Seine Rechnung geht tatsächlich auf. Denn immer weniger Schiffe landen immer weniger Krabben, Kabeljau, Tintenfisch oder Seelachs an. Die großen Fischfabriken haben ihre Anlagen aufgebaut, als noch nach dem Derby-System gefischt wurde – sie sind in der Lage, eine Viertelmillion Kilo Fisch oder Krabben an einem Tag durchzujagen. Aber diese Kapazitäten liegen heute brach. Nordin brachte eine bessere Marketingstrategie mit nach Dutch und verkaufte lieber Fisch, der so gut und so frisch aussah, als wäre er gerade eben mit Angel und Haken gefangen worden. Seine Firma muss die Kundschaft nicht bedrängen. Sie brauchen genau das, was er hat.

Doch das war nicht immer so. Als er und sein Geschäftspartner Ken Dorris damals in Dutch anfingen, war sich die versammelte Expertenschar im Prinzip einig, dass die beiden Typen verrückt sein mussten. Die großen Weiterverarbeiter wie Unisea und Trident oder auch die japanische Konkurrenz von Alyeska und Westward Seafoods würden ihn im Nu auslöschen, das war die einhellige Meinung. Aber er war wohl einfach zu klein und unwichtig, als dass sie sich um ihn kümmern wollten. Sie waren die große *Bismarck*, sein Laden eher wie der kleine Schlepper *Little Toot* aus dem Kinderbuch. Und John ist clever genug, gar nicht erst auf ihrem Radar aufzutauchen. Er will sie nicht auf ihrem Markt herausfordern, sondern in seiner Nische wachsen.

Der Staat setzte für Opilio im vergangenen Jahr eine Quote von 16,6 Millionen Kilogramm fest und für die größeren Verwandten, die Baradai-Krabben, die zur selben Zeit gefangen werden, knapp 1,4 Millionen Kilo. Die *Time Bandit* bekam 4500 Kilogramm Baradai zugeteilt und 113 000 Kilo Schneekrabben. Nur zum Vergleich: Königskrabben haben wir im Herbst davor an die 42 000 Kilogramm abgeliefert. Als wir am 15. Januar ausliefen, hatten wir 137 Pots geladen, mit einem Gesamtgewicht von fast 50 Tonnen.

Andy war total heiß darauf, unsere Quote so schnell wie möglich einzufahren und dann fix wieder nach Hause abzudüsen. Er müsse noch ein paar Ställe ausmisten, sagte er mir. »Lass uns dieses Mal alles auf Schwarz setzen«, verkündete er. »Schwarz wie die *Time Bandit*.« In der Wintersaison war er der Kapitän und damit auch für die Strategie zuständig. Er schaute sich die Fänge vom Vorjahr noch einmal gründlich an und war sich danach sicher, wo die Krabben dieses Mal zu finden waren. Wir vertrauten seiner Einschätzung – und sein Optimismus war sowieso ansteckend. Er nahm Kurs auf einen wenig bekannten Opilio-Fanggrund, 240 Seemeilen nordwestlich von Dutch Harbor und nur wenige Meilen östlich von St. Paul.

Als wir Dutch Harbor verließen, kamen wir an dem *SeaLand*-Koloss vorbei. Der Containerfrachter war in der mörderischen Beringsee in Seenot geraten und musste in den Hafen geschleppt werden. Jetzt lag er da, mit leichter Schlagseite im seichten Wasser, wie ein verendeter Leviathan. Andy saß auf dem Stuhl des Kapitäns und ich stand gleich neben ihm. Ich war einfach aus Jux und Dollerei mitgekommen. Erst hatte ich noch gedacht, ich könnte ja den ein oder anderen Job an Deck erledigen, aber in meinem Alter habe ich mich schon zu sehr an die Wärme und den Komfort auf der Brücke gewöhnt, als dass ich da draußen jetzt noch rumturnen könnte. Ich genieße es einfach, wenn die Sonne zu den Fenstern hereinscheint. Ich könnte natürlich auch zu Hause bleiben. Aber ich habe eben das Salzwasser im Blut. Und um nichts in der Welt würde ich die nächste Fahrt verpassen wollen.

Tatsächlich musste ich es einmal eine ganze Saison lang an Land aushalten – vor zwei Jahren war das, als die *Time Bandit* für eine größere Reparatur ins Trockendock kam. Ich fühlte mich tot. Als ob meine Seele mich schon verlassen hätte. Ich musste in der Stadt sitzen, während Andy und meine Freunde (und die Krabben) sich da draußen auf See tummelten. Ich war wie ein Lachs, der es nicht schafft, den verdammten Fluss raufzuschwimmen. Ich sehnte mich in diesem Winter nach dem Fischen wie ein Kind nach Weihnachten. Und es ist auch so:

Wenn in der Saison der erste Pot an Deck kommt, freue ich mich wie ein kleines Kind. Ich kann vorher nicht richtig schlafen, so aufgeregt bin ich dann. Wenn der erste Pot außerdem noch richtig schön voll ist, dann fühlt sich das genauso an, als hätte mir der Weihnachtsmann ein Bonanza-Rad mit Bananensattel gebracht.

Wir waren gerade einmal sechs Stunden von Dutch entfernt, als die Behörden über Kanal 16 durchgaben, dass unser Fabrikschiff, die *Stellar Sea*, einen Brand im Maschinenraum gemeldet hatte. Ein Kreuzer der Küstenwache sei unterwegs, um Hilfe zu leisten und Näheres in Erfahrung zu bringen.

Schlecht für uns, richtig schlecht. Und so sah es auch für jedes andere Schiff aus, das seine Ladung eigentlich bei der *Stellar Sea* abliefern sollte.

Die Küstenwache brachte das havarierte Fabrikschiff erst einmal nach St. Paul, wo man feststellte, dass der Schaden so groß war, dass der Kahn mit Hilfe eines Schleppers nach Dutch verholt werden musste. Damit hatten wir plötzlich zwei Wochen Zeit – und keinen Abnehmer für unsere Krabben. Das einzig Gute in dieser Situation war, dass unser Laderaum noch leer war, als das Feuer auf der *Stellar Sea* ausbrach. Kein Fang an Bord, der verderben konnte. Andy fragte mich, was ich an seiner Stelle tun würde. Viele Optionen hatten wir wirklich nicht. Wir wollten nicht mit leeren Händen nach Dutch zurückkehren, aber Opilio konnten wir nicht fangen. Blieben uns eigentlich nur die Baradai-Krabben. Wir hatten zwar nur eine kleine Quote, aber eine Menge Zeit, nach den Biestern zu suchen. Und Baradai konnten wir überall abliefern, bei jeder Fischfabrik. Also sagte ich zu Andy: »Ist doch alles gut. Hauptsache, wir fischen.«

Andy war hin- und hergerissen. In letzter Zeit hatte kaum noch jemand Baradai gefangen. Vor 20 Jahren war diese Krabbenspezies in der Beringsee fast ausgestorben, so intensiv war sie befischt worden – bis der Staat einschritt und den Fang für ein ganzes Jahrzehnt komplett untersagte, damit sich die Bestände erholen konnten. Das taten sie tatsächlich, doch die Baradai-Krabbe verspricht noch immer keine großen Erträge für die Mühsal, sie zu fangen. Als wir der Crew die Änderung im Plan verkündeten, maulten die Männer wie erwartet, auch weil sie nun die Pots neu präparieren mussten, was eigentlich keine große Sache war. Aber dann fand Andy auf seinem Plotter einen vielversprechenden Grund, und die Mannschaft an Deck brachte auf einer Strecke von 80 Meilen genau 80 Fallen aus, alle zehn Minuten eine.

Kaum waren alle Pots unten, machte sich Andy wieder Sorgen. Aus dem Nordwesten rückte ein 960-Millibar-Tief an, was nach seiner Einschätzung Zehn-Meter-Wellen bedeutete und dazu viel Wind, in Böen bis zu elf Beaufort. Wie viele Käfige würde die Crew noch an Deck holen können, bis der Sturm richtig losheulte? Andy hatte seine Leute an Deck und die See genau im Blick. Er hielt die *Time Bandit* mit der Nase in den Wind, nahm die Wellen genau von vorn. Gelegentlich sackte der Bug so tief in ein Wellental, dass die Brecher überkamen. »Viper« nennen wir eine solche Klatsche – oder »Growler«. Weil sie blitzschnell zuschlägt und erst im letzten Augenblick zu sehen ist, wie die kleinen Eisbrocken, die in den arktischen Meeren für kleine Schiffe eine echte Gefahr sein können. Jedes Mal, wenn Andy eine solche Viper kommen sah, brüllte er seiner Crew über den Deckslautsprecher eine Warnung zu: »WEG DA! VORSICHT! ACHTUNG!« Und die Männer zogen den Kopf ein und klammerten sich fest. Andy ist da besonders vorsichtig, seit er einmal mit Neal zusammen an Deck war, als ein Kaventsmann eine richtig böse Viper auf sie losließ. Der Brecher schwappte an Steuerbord über den Bug – fast zwei Meter grünes Wasser rauschten über Deck. Sie hatten ein Riesenglück, dass sie nicht über Bord gespült wurden.

Eine freundliche Umschreibung für Seeschlag: Weiß ist die mit Luft durchsetzte Gischt, grün die eigentliche Welle – und die hat deutlich mehr Wucht.

Die Crew kämpfte jetzt gegen die Uhr, alle wollten so viele Pots wie möglich einsammeln, bevor der Sturm richtig loslegte. Allerdings verging ihnen die anfängliche Begeisterung ziemlich schnell, als sie merkten, dass von 400 Krabben, die sie aus den Fallen holten, nur 15 legaler Fang waren. Alle anderen waren entweder zu klein oder Weibchen oder unbrauchbar, weil mit Rankenfußkrebsen überwuchert. Beifang also, zurück ins Meer. Der Ertrag war die Mühe nicht wert, aber Krabbenfänger sind es gewohnt, dass sie nicht gleich im ersten Anlauf die großen Fänge einfahren.

Mehr Sorgen bereitete der Mannschaft im Moment der Sturm. Es wurde immer schwieriger, an Deck einen sicheren Stand zu finden. Trotzdem wurde jeder Pot, der an Deck kam, wieder mit einem Köder versehen und zurück auf den Grund geschickt. Die Männer arbeiteten mit einem fieberhaften Tempo und kamen bald an ihre physischen Grenzen. Richard entkam sogar nur knapp einer Katastrophe: Er stand an der Rampe und wollte gerade eine Markierungsboje samt Leine über Bord werfen, als eine Welle vom Bug über die Steuerbordreling rauschte und die Leine um Richards Füße spülte. Sie hing an einer der 350 Kilo schweren Fallen, die gerade auf dem Weg in die Tiefe war. Richard erkante die Gefahr unmittelbar; es blieben ihm nur wenige Sekunden, um sich aus der Schlinge zu ziehen. Er sprang und tanzte, um seinen Knöchel zu befreien – und schaffte es glatt, sich mit dem anderen Bein zu verheddern. Noch zwei Sekunden bis zum Desaster – doch dann gelang es ihm buchstäblich in der letzten Sekunde, der Leine zu entkommen, die über Bord sauste, dem Pot hinterher.

Richard stand einen Moment lang wie festgefroren, der Schock war deutlich auf seinem Gesicht zu sehen. Er starrte auf seine Füße, als würde er noch immer auf den Moment warten, dass es ihn über Bord reißen und auf den Meeresgrund ziehen würde. Mit einem hysterischen Lachen sagte er zu Russell: »Gerade noch mal davongekommen, das war knapp.«

Andy meldete sich über Deckslautsprecher: »Das ging sehr schnell und sah echt kritisch aus. Ich hoffe, ihr habt alle eure Messer dabei.«

Er fühlte sich verantwortlich dafür, dass es so miserabel lief. »Das ist meine schlechteste Saison aller Zeiten«, schimpfte er. »Eigentlich müsste dafür jemand im Gefängnis büßen.« Er drückte sich seinen

Cowboyhut auf den Kopf und starrte missmutig durch die Fenster der Brücke. »Das ist doch einfach eine Riesenscheiße und blöde Verschwendung von Diesel.« Er griff nach dem Mikrofon und rief seine Crew rein. Sollten die übrigen 60 Fallen doch unten bleiben, bis sich der Sturm ausgepustet hatte. Kaum waren seine Leute drinnen, knallte ein Kaventsmann von zwölf Metern auf die Steuerbordseite der *Time Bandit*. Das Schiff ächzte und zitterte, als sich das grüne Wasser über Deck wälzte. Die Wucht der Welle riss die 100 Kilogramm schwere Apparatur zum Aufschießen der Leine aus ihrer Verankerung. Andy sagte nur: »Ich fische in jedem Scheißwetter. Aber dieses Mal macht es mir wirklich Kummer.«

Die *Time Bandit* wühlte sich weiter durch die Wellen und alle hielten sich fest, so gut es ging.

Richard zum Beispiel, nach eigenem Bekunden ein hoffnungsloser Zucker-Junkie, hatte seine Ellbogen auf beiden Seiten eines Zehn-Liter-Kanisters Eiscreme fest auf den Tisch gepflanzt und starrte ins nirgendwo. »Das Härteste an diesem Job ist doch echt, immer dein Gleichgewicht zu halten. Das laugt dich aus«, sagte er. »Du musst immer hellwach sein und die Bewegung jeder Welle ahnen, bevor sie aufs Schiff knallt. Zusätzlich machst du dir ständig Gedanken, ob nicht vielleicht einer deiner Kumpel gerade irgendeinen Mist baut. Dir zum Beispiel eine Leine so blöd rüberwirft, dass sie sich um deinen Hals schlingt – und schwupps bist du über Bord. Und jetzt eben da draußen? Keine Ahnung, wie das passiert ist. Ich denke nicht, dass ich irgendeinen Fehler gemacht habe. Niemand gibt es gerne zu, wenn er einen Fehler gemacht hat, aber das war keiner. Ich sehe das als einen echten Unfall – und es hätte wirklich schlimm ausgehen können. Solche blöden Unfälle passieren wirklich, ohne dass jemand etwas falsch gemacht hat.« Und dann schaufelte er weiter Eiscreme.

Auch Andy wollte die Wahrheit noch immer nicht akzeptieren. »Ich finde die verdammten Krabben und dann fange ich sie. Es ist doch nie so, dass du sie auf Anhieb erwischst«, sagte er.

Es sei denn, du erwischst sie eben doch gleich. Auch er konnte sich an ein Jahr erinnern, wo es sofort glatt lief. »In dieser Saison konnte ich einfach nichts falsch machen. Es war mein absolutes Spitzenjahr. Wir haben nicht einen einzigen schlechten Pot rausgeholt. Und in nur zwei Monaten und einer Woche insgesamt 1700 Tonnen Krabben abgeliefert. Meine Jungs haben damals auf einen Schlag 72 000 Dollar verdient. Ich war unbesiegbar.«

»Und wie fühlst du dich jetzt?«, fragte ich vorsichtig nach.

»Eher nicht so unbesiegbar. Aber damals war auch ein hartes Jahr. Ständig Eis an Deck, es war so fies, dass alle anderen Schiffe der Flotte aufgegeben haben und in den Hafen zurückgefahren sind. Das war genau der Zeitpunkt, wo wir auf unsere Goldader gestoßen sind.« Andy schaute nach vorn, auf das von Wellen überflutete Deck. »Vielleicht hilft das Scheißwetter ja, die Krabben in die Fallen zu treiben.«

Andy entschied sich, den Sturm nicht auf See abzureiten, sondern lieber St. Paul anzulaufen, um gleich noch zusätzlich Proviant einzukaufen – was man auch als Ausrede für einen Abstecher zur Kneipe deuten kann. Es gibt sonst keinen guten Grund, die Insel zu besuchen, es ist ein unwirtlicher, karger Brocken Fels in der Beringsee, über den permanent ein fieser Wind aus Sibirien fegt. Wir machten am Pier einer aufgegebenen Fischfabrik fest, direkt vor dem Bug der *Stimson*, dem Kreuzer der Alaska Wildlife Troopers. Kleine, schwarze Füchse huschten über den Schnee zwischen den Anlagen der Fischfabrik, sie waren auf der Jagd nach Ratten. Die Sonne ging gerade unter und es war kälter als kalt. Die gesamte Crew, Andy und ich pilgerten in den Supermarkt der Insel. Eigentlich wollten wir nur frisches Brot kaufen, aber am Ende hatten wir doch 1000 Dollar für alle möglichen Leckereien ausgegeben. Auf dem Rückweg legten wir einen Zwischenstopp in der einzigen Bar der Insel ein. Das Etablissement war unbeheizt und der Fußboden nackter Beton, aber dafür war das Schnapsregal gut sortiert. Wir bestellten eine Runde und setzten uns zu Einheimischen, die sich gerade fade Witze erzählten. Wir lachten mit, um ein bisschen

Stimmung in den Laden zu bringen. Normalerweise halten die Eingeborenen immer Abstand zu den Fischern. Über dem Billardtisch hing eine Mahnung an die Spieler: »BILLARDSTÖCKE SIND NICHT ZUM PRÜGELN DA. UND BITTE NICHT MIT DEN KUGELN AUF GÄSTE WERFEN!« Die Bar auf St. Paul war die Sorte Kneipe, wo das noch einmal ausdrücklich gesagt werden musste.

Wir kippten ein paar Drinks, um uns für die Reise auf der offenen Ladefläche eines Pick-ups zu isolieren. Wir ließen uns einmal quer über die Insel zu einer kleinen Siedlung fahren, wo die Mitarbeiter der US-Wetterbehörden lebten. Wir waren von Rex Morgan und seiner Familie über Funk zum Abendessen eingeladen worden. Mrs. Morgan hatte Backhähnchen gemacht, dazu gab es Maiskolben. Eine schöne Abwechslung nach der Einheitskost aus Neals Kombüse. Nach dem Essen hockte sich die Crew vor den Riesenfernseher und zappte durch die Sportkanäle, während draußen der eisige Wind heulte. Auch hier lungerten vor dem Haus schwarze Füchse, wahrscheinlich machten sie sich Hoffung auf die Überreste unseres Festmahls. Das Leben dieser Beamten hier, von Rex und seinen Kollegen, ist unfassbar hart. Aber ohne ihren Dienst hätten wir Krabbenfischer kaum verlässliche Informationen, was Wetter und Wellen in diesem Seegebiet betrifft.

Als wir am nächsten Morgen ausliefen, zeigte sich das Wetter immer noch von seiner ungemütlichen Seite. Andy ließ die an Deck verbliebenen Fallen auf Kabeljaufang umrüsten. Wenn wir schon keine Krabben fangen konnten, wollten wir wenigstens unseren Ködervorrat aufbessern, und vielleicht brachte uns der frische Fisch auch wieder mehr Erfolg bei unserem eigentlichen Geschäft. Die Pots waren jedenfalls randvoll mit Kabeljau, als wir sie nach dem Sturm wieder raufholten. Mit dem fangfrischen Köder brachte die Crew erneut 80 Fallen aus, die allerdings wieder nur mageren Ertrag brachten. Das Wetter hatte die Krabben nicht in die Pots gescheucht, so wie

Für unser Wetter sind gleich zwei Behörden zuständig: die National Oceanic and Atmospheric Administration (NOAA) und ihre Unterabteilung, der National Weather Service (NWS).

sich Andy das vorgestellt hatte. Wir wussten einfach nicht, wo wir nach der Baradai-Krabbe suchen sollten. Russells Kommentar: »So fangen wir doch nur Schnecken.«

Wir verbrachten noch einmal zweieinhalb Tage damit, nach Baradai zu suchen. Die Stimmung in der Crew war auf einem Tiefpunkt angelangt. Niemand wollte mehr übers Fischen reden. Nach dem Essen verschwand jeder sofort auf seine Kabine. Unser kollektiver Misserfolg lag bleischwer auf dem Schiff. Die Verantwortung lag selbstverständlich bei Andy, von dem jeder erwartete, dass er bis auf den Grund sehen und die Krabben aufspüren konnte. Aber sein Superunterwasserblick schien ihn verlassen zu haben. Die Crew schuftete für ihn – aber vergeblich.

Andy verfluchte zur Abwechslung mal wieder die Folgen der Rationalisierung und das ganze Quotensystem.

Aber dann kam die Wende: Die nächsten 80 Pots sahen schon besser aus, wir arbeiteten uns langsam an einen echten Hotspot heran. Dann der Durchbruch, mit jedem Hol im Schnitt 200 Krabben pro Pot, das war für Baradai ungewöhnlich viel. Die Stimmung der Crew hellte sich sofort wieder auf und selbst das Wetter schien endlich mitzuspielen. Schon keimte die Hoffnung, dass wir unsere Quote doch noch ganz fix fangen würden. Aber man soll seine Krabben nie zu früh zählen.

Andy hörte sofort, dass die Maschine plötzlich anders klang. Er nahm Fahrt raus und rief Neal über Lautsprecher auf die Brücke. Neal wusste natürlich auch gleich, was los war. Eine unserer vielen Leinen war mit einer Welle unter das Schiff geraten und hatte sich um den Steuerbordpropeller gewickelt. Mit jeder Drehung hatte sich die Dreiviertel-Zoll-Leine fester gesetzt, bis zum Schluss gar nichts mehr ging und die Propellerwelle blockiert war. Andy ließ die Leine kappen und ein Pot im Wert von 1000 Dollar und mehr rauschte ab in die Tiefe.

»Was jetzt?«, fragte Andy seinen Mechaniker Neal.

»Wir sitzen in der Scheiße«, erwiderte Neal.

Wenn wir die Schraube von der Leine befreien wollten, musste einer unter das Schiff tauchen und sich den Schaden aus der Nähe angucken, und das war auf offener See ein schwieriges Unterfangen. Gleichzeitig mussten wir auf unserer jetzigen Position, ein paar hundert Seemeilen von Dutch Harbor entfernt, höllisch aufpassen, dass wir uns nicht auch noch mit dem zweiten Propeller eine Leine einfingen. Wir hatten eigentlich keine andere Wahl, als mit einer Maschine und eingeschränkter Manövrierfähigkeit langsam und vorsichtig zurück nach Dutch zu schleichen.

Solche Moment sind eine schlimme Geduldsprobe für jeden Fischer. Aber dieser Tag zeigte uns eben auch, dass die oft gescholtene Reform oder Rationalisierung für uns ihr Gutes haben kann, selbst wenn wir das sonst nicht gerne zugeben. Zu den Zeiten des Derbys wäre mit einem solchen Zwischenfall möglicherweise die Saison gelaufen gewesen, die Ausfälle nach einer Zwangspause wie dieser hätten wir so schnell nicht wieder aufgeholt. Aber nach den neuen Regeln besaß unser Schiff eine individuelle Quote, die uns niemand streitig machen konnte. Es bestand also kein Grund zur Panik. Klar, die Rationalisierung hat uns die Möglichkeit genommen, richtig abzuräumen und die richtig großen Fänge einzufahren. Aber sie hat uns andererseits ein Sicherheitsnetz geschenkt. Was wir in diesem Moment also spürten, war Ärger – aber keine Verzweiflung.

Zurück in Dutch machten wir die *Time Bandit* an der Pier fest und Andy zog seine Taucherausrüstung an: Trockenanzug, Handschuhe und Kopfhaube aus Neopren, Taucherbrille und Flossen. Er setzte den Tank mit der Atemluft auf den Rücken und ließ sich ins zwei Grad kalte Wasser gleiten. Es war genau so, wie wir es vermutet hatten: Die Sorgleine eines Pots hatte sich um die Propellerwelle gewickelt. Andy schnitt das Knäuel mit seinem Tauchermesser weg und nach einer Stunde war die Reparatur bereits erledigt. Kurze Zeit später wollten wir ablegen, als ein Pick-up der Polizei auf der Pier erschien und direkt neben der *Time Bandit* anhielt. Ein Polizist stieg aus und winkte Andy zu, dass er runterkommen solle. Er wollte offenbar mit uns reden.

»Was will der jetzt?«, fragte mich Andy.

Ich zuckte mit den Achseln.

Was er wollte, war Caveman.

Ich kann mir heute wirklich nicht mehr erklären, warum wir ihn überhaupt angeheuert hatten. Er schien aus dem Nichts plötzlich an Deck erschienen zu sein. Andy und ich hatten schnell gemerkt, dass dieser Typ, egal wo er herkam, am liebsten immer nur schlafen wollte. Wir haben ihn eigentlich kaum je in einem echten Wachzustand erlebt. Es war für alle eine regelrechte Qual, ihn aus seinem Bett holen zu müssen. Er hat nie kapiert, denke ich, worum es eigentlich ging auf diesem Kahn. Und jetzt stand die Polizei vor dem Schiff und wollte ihn festnehmen – offenbar lag ein Haftbefehl gegen ihn vor, weil er irgendwann bekifft oder besoffen Auto gefahren war. Der Polizist erklärte uns, dass er auf Cavemans Namen gestoßen sei, als er unsere Crewpapiere mit den Fahndungslisten in der Polizeidatenbank abgeglichen habe.

»Hatte er uns nicht gesagt, dass sein Gerichtstermin verschoben worden war?«, fragte ich Andy.

»Da hat er wohl gelogen.«

Caveman war einer von den Leuten, die Neal angeheuert hatte, und dafür bekam er jetzt einen bösen Blick von Andy. Cavemans Vergehen war zwar wirklich nicht so schlimm, aber sie legten ihm trotzdem Handschellen an und tasteten ihn theatralisch nach Waffen ab. »Mach dir keine Sorgen«, war mein Abschiedsgruß an Caveman. »Zum Abendessen gibt es im Knast Sandwich und Schwänze. Aber es kommt schon mal vor, dass ihnen die Sandwiches ausgehen.«

Richard fragte: »Warum lassen wir ihn nicht einfach im Gefängnis schmoren?«

Das hätten wir vielleicht sogar gemacht, wenn wir dann nicht einen Mann zu wenig an Deck gehabt hätten. Und wir brauchten die volle Mannstärke, wenn wir wieder aufholen wollten, was wir bei der langen Suche nach den Baradai-Krabben nicht geschafft hatten. Wenn man in unsere Laderäume guckte, sah es jedenfalls noch nicht so toll aus. Dazu kam der Abstecher nach Dutch wegen des festgefahrenen Propellers. Die Reise hatte bis jetzt nicht unter dem besten Stern gestanden. Es blieb uns im Moment gar nichts anderes übrig, als Caveman wieder rauszuhauen und zurück aufs Schiff zu holen. Wir hatten schlicht keine Zeit, in den Kneipen nach einem Ersatz für ihn zu suchen.

Wir lösten ihn noch am selben Nachmittag aus. Alle legten zusammen, um die 500 Dollar Bargeld für seine Kaution aufzubringen. Als wir am Gefängnis vorfuhren, waren seine Entlassungspapiere schon fertig, wir konnten ihn sofort mitnehmen. Er sah sehr müde aus, als ob ihn dieses Erlebnis ganz besonders strapaziert hätte. Eine Minute nachdem wir die Leinen losgeschmissen hatten, schlief er wieder in seiner Koje. Tief und fest.

KAPITEL 12

Kursänderung

Russell hätte schwören können, dass er eine Leuchtkugel gesehen hatte. Aber das charakteristische rote Licht war so winzig und so flüchtig, dass er sich nicht sicher sein konnte, ob es eine Sinnestäuschung war – oder ob er vielleicht einfach etwas im Auge hatte. Aber da war etwas, wo vorher stundenlang nichts gewesen war. Er griff nach dem Funkgerät, um Johnathans Boot zu rufen. Aber er bekam keine Antwort. Ein paar Minuten starrte er mit dem Fernglas in die Richtung, wo er glaubte, das Leuchtsignal gesehen zu haben. Wenn es wirklich eine Seenotrakete gewesen war, dann war sie genau in dem Augenblick aufgestiegen, als für ihn die Zeit gekommen war, eine Entscheidung zu treffen. Links von ihm lag der Kennedy Entrance, an Backbord ging es also zu den Barren Islands, während ein Kurs nach Steuerbord auf die Shelikof Strait führte. Er musste sich jetzt für eine Richtung entscheiden. Die Leuchtkugel, wenn es denn eine gewesen war, war eher rechts zu sehen gewesen, und ohne lange zu zögern, steuerte Russell sein Schiff genau dorthin.

Wenig später passierte er Augustine Island, voraus erhob sich aus der Dunkelheit Cape Douglas. Die Klippe ist eine Gefahr für alle Schiffe, die auf dem Weg von Anchorage nach Cold Bay und zu den Aleuten unterwegs sind, weil es weder Leuchtfeuer noch Radarreflektoren gibt, die vor dem Hindernis warnen. Aber wenn es Johnathan war, der die Leuchtrakete abgefeuert hatte, dann war er wahrscheinlich sowieso nicht in der Lage, nach Seezeichen zu manövrieren.

Russell hatte kein Gefühl dafür, wie viel Zeit er benötigen würde, um das Kap zu erreichen. Er wusste auch nicht genau, was er der *Livers End* zutrauen konnte. Weil er Dinos Schiff und seine Eigenarten nicht kannte, wollte er lieber auf Nummer sicher gehen. Der Motor hatte einen kräftigen und zuverlässigen Sound, auch die Lichtmaschine lief einwandfrei; alle Positionslaternen und Scheinwerfer waren eingeschaltet. Das Schiff strahlte wie ein Leuchtturm. Russell kam gut voran.

Hoffentlich auf dem richtig Kurs, dachte er. Wenn es morgen hell wird, möchte ich direkt auf die *Fishing Fever* zuhalten können.

Johnathan Hillstrand, Kapitän der Time Bandit

KAPITEL
13
REISS
DICH
ZUSAMMEN
JOHNATHAN

Über den Bergen im Osten kann ich eine erste Ahnung der Morgendämmerung sehen. Rund um die *Fishing Fever* ist es noch pechschwarze Nacht, aber das Versprechen des neuen Tages hebt meine Stimmung. Ich schüttle eine von meinen zwei verbliebenen Winstons aus der Packung. Ich zünde sie an und inhaliere den köstlichen Rauch, der bei mir immer eine wunderbar entspannende Wirkung hat. Ich gönne mir genau zwei Züge, dann drücke ich die Zigarette vorsichtig zwischen Daumen und Zeigefinger aus, um mir den Rest der Kippe für später aufzuheben.

Die *Fishing Fever* sagt mir gleich, was los ist. Sie reagiert sehr sensibel auf die Art, wie das Wasser gegen ihren Rumpf schwappt. Ich kann es hören, wenn Strömungen ihre Richtung ändern oder Ebbe und Flut sich ablösen. Im Moment scheint mein Schiff im Griff konkurrierender Kräfte zu sein. Da sind zum einen die Wellen, die über Nacht zum Glück nicht an Höhe zugenommen haben. Ich schätze sie auf gut fünf Meter. Das macht die Sache nicht gerade gemütlicher für mich. Das Boot rollt schwer in den Wellentälern. Aber die Länge der Wellen hat sich seit gestern verändert. Das Schiff schleudert in diesem neuen, kurzen und steilen Schwell hin und her wie ein Spielzeug im Hauptwaschgang einer Waschmaschine. Die Strömungen hier haben ordentlich Kraft – und sie bäumen sich gegen die Gezeiten auf. Das Wasser kämpft gegen sich selbst und jeden, der das Pech hat, darauf unterwegs zu sein.

Ich denke wieder an die Zeit, als ich Kapitän auf der *Debra D.* war und wir mitten im Januar raus auf die Beringsee gefahren sind, um Opilio zu fangen. Das Schiff hatte zehn Tonnen tiefgefrorenen Kabeljau als Köder geladen, die vorne an Deck in Kisten gestapelt und verzurrt waren. Wir hielten unseren Bug in den Wind und wühlten uns durch die See, als plötzlich eine große grüne Welle aufs Vorschiff krachte und das Schiff weit überholte. Wir lagen so weit auf der Seite, dass sich der Stapel mit dem Köder losriss, nach Steuerbord rutschte und auf den Launcher knallte. In weniger als zehn Sekunden hatte das Schiff eine Schlagseite von 40 Grad. Das war's, wir kenterten. Die Bedienungskonsole des Krans war schon unter Wasser. Ich zerrte die Überlebensanzüge aus ihrer Verpackung. Wir konnten nichts tun, als zuzusehen und abzuwarten, was passieren würde. Die Crew rannte dann doch raus auf Deck. Wie durch ein Wunder richteten wir uns immerhin so weit auf, dass die Leute den Köder zurück in die Mitte des Schiffs schaffen konnten. So knapp war es in meinem ganzen Leben nicht gewesen – einmal abgesehen von den Skiffs und Jollen, die ich als Kind versenkt habe.

Ich habe einen Mordshunger, aber wirklich keine Lust, noch einmal rohen Lachs zu essen. Meine Hand lag schon ein paar Mal auf der Flasche Crown Royal, aber der Verschluss ist bis jetzt zugeblieben. Ich werde die Flasche noch köpfen, aber erst wenn ich aus diesem blöden Schlamassel raus bin. Es ist wirklich eine von diesen dusseligen Geschichten, die sonst immer nur anderen Leuten passieren. Mein Magen knurrt, wahrscheinlich ist die Winston schuld. Auf der Brücke öffne ich mir eine Flasche Mineralwasser, nehme einen tüchtigen Schluck und gleich geht es meinem Magen wieder besser. Vielleicht rauche ich doch noch den Rest meiner Kippe.

Endlich sind wir dann im letzten Jahr doch noch aus Dutch losgekommen – mit einem befreiten Propeller und einem neuen Gerichtstermin für Caveman. Wir nahmen Kurs auf die Pribilof-Inseln, denn wir hatten immer noch unsere volle Quote, und vor St. Paul lag jetzt ein neues Fabrikschiff, auf dem wir unseren Fang abliefern konnten. Als wir unsere Pots raufholten, die wir zurücklassen mussten, als sich die Leine in unserem Propeller verheddert hatte, spielte sogar das Wetter mit – es war nur saukalt.

Immerhin zahlte es sich aus, dass die Fallen so lange am Grund gelegen hatten. Statt der mageren Ausbeute vom letzten Mal fanden wir jetzt bis zu 500 Krabben in den Pots. Der Sturm hatte die Biester tatsächlich in unsere Fallen gescheucht. Endlich hatten wir einen guten Lauf. Die Stimmung in der Crew war so gut, dass die Leute sogar wieder Witze über Caveman machen konnten. Er nahm es ihnen richtig übel, dass sie ihm, wie er es sah, den Respekt verweigerten. Aber er hatte sich mit seinem Märchen, dass mit dem Gerichtstermin alles geregelt sei, keine Punkte verdient. Er ging mir wirklich schlimm auf die Nerven.

Nach dem Sturm war die See ruhig, aber diese Stille, die ich hier vor St. Paul spürte, war wie ein Signal, so etwas gab es sonst nirgends. Die Wellen waren noch sehr niedrig, obwohl der Wind kräftig wehte, und es war extrem kalt. Genau so sah es aus, wenn sich die Packeisgrenze aus der Arktis nach Süden schob.

Wenn das Eis die Beringsee heimsucht, nimmt es zwei Formen an. Die eine Sorte ist das »feste« Eis, das sich von einem Punkt an Land ausbreitet und sich nicht bewegt. Manchmal wächst es nur ein paar Meter aufs Meer hinaus, aber es kann sich auch sehr schnell über Hunderte Meilen ausbreiten, kommt ganz auf die Tiefe des Gewässers an, auf Luft- und Wassertemperatur und den Wind. Festes Eis bedeutet in der Regel keine Gefahr für die Seefahrt. Es bietet den Eisbären, Walrossen und Robben ein Zuhause.

Ganz anders der fiese Vetter des festen Eises: das Packeis. Es ist eine echte Gefahr für jeden, der im Winter auf See unterwegs ist. Es hat keinen festen Anker an Land, sondern treibt mit den Strömungen und dem Wind von der Küste Sibiriens in Richtung Südosten über die Beringsee. Sein extremes Gewicht und seine Dicke dämpfen dabei den

Seegang so sehr, dass es sich noch schneller ausbreiten kann und immer breitere Packeisgürtel bildet. Es gelingt der See zwar immer wieder, Lücken in diesen Eispanzer zu brechen. Es entstehen Flächen mit offenem Wasser, die man nach einem Lehnwort aus dem Russischen »Polynias« nennt, und außerdem lange und lineare Risse, die befahrbar sind für Schiffe, die sich in diesen Irrgarten verirrt haben. Aber das Eis ist so dick und so scharfkantig, dass es durch den gerade mal einen Zentimeter starken Stahl einer *Time Bandit* schneiden könnte wie ein Dosenöffner. Richtig in der Klemme sitzt ein Fischdampfer, wenn er vom Packeis langsam in Richtung festes Eis oder auf die Küste abgedrängt wird – und es keinen Ausweg mehr gibt. Das kommt zwar nur selten vor, aber jeder Kapitän, der im Februar oder März die Beringsee befährt, ist sich dieser Gefahr bewusst.

Der *Alaskan Monarch* ist es genau so ergangen, als sie im Winter 1991 mit einem Ruderschaden bei St. Paul vom Eis erwischt wurde. Die Küstenwache ist noch losgeflogen, um den Kahn zu retten, aber als der Hubschrauber schließlich über der *Monarch* kreiste, hatte das Packeis sie schon auf die Klippen gedrückt. Vier Mann konnte die Besatzung des Helikopters im ersten Anlauf bergen, zwei weitere Männer wurden von einer Welle über Bord gespült. Auch diese beiden wurden rechtzeitig aus dem Wasser gefischt. Das rostige, zerdrückte Wrack ihres Dampfers hängt seither auf der felsigen Küste von St. Paul – eine grausige Warnung für jeden, der diesen Hafen anläuft.

Ich studierte diese Signale der Natur also sehr genau. Der Wind wehte mit kräftigen 35 Knoten aus dem Südosten und die See war auf eine unheimliche Weise ruhig. Für mich bestand kein Zweifel, dass wir mit der *Time Bandit* früher oder später auf Packeis stoßen würden. Es war nicht ungewöhnlich für April, dass sich seine Ausleger von Nordosten nach Südwesten über die gesamte Beringsee bis vor die Pribilof-Inseln erstreckten. Und ich weiß natürlich, wie man ein Schiff in Eis manövriert. Was mir aber Sorgen bereitete, war der Umstand, dass das Fabrikschiff *Independence*, das als Ersatz für die havarierte *Stellar Sea* nach St. Paul gekommen war, so dicht vor der Küste ankerte. Es lag wirklich so knapp vor der Insel, dass es eng werden konnte, wenn das Eis erst kam. Die Aktion schien mir insgesamt ziemlich riskant: Wir mussten mit unserem Boot zügig durchs Packeis – in der Hoffnung, dass wir unseren Fang noch rechtzeitig bei der schwimmenden Fischfabrik abliefern konnten. Und dann so schnell wie möglich wieder raus aus dem Labyrinth, bevor uns das Eis den Weg abschnitt.

Es ist schon eine ordentliche Herausforderung, einen Trawler von fast 40 Meter Länge durch die schmalen Kanäle im Eis zu manövrieren. Und das Ganze ohne Andy, denn der war in Dutch Harbor unerwartet ausgestiegen, um zurück nach Indiana zu fliegen. Auf ausdrücklichen Wunsch von Sabrina, sie wollte mit ihm zusammen auf die Hochzeit eines Neffen gehen. Andy hatte selbstverständlich Ja gesagt. So stand ich jetzt allein auf der Brücke – ausgerechnet zu einem Zeitpunkt, da ich nichts dringender gebraucht hätte als Andys Ruhe und Übersicht.

Ich weiß, dass ich mich blind auf die *Time Bandit* verlassen kann. Sie ist ein seetüchtiges und absolut zuverlässiges Schiff und bringt uns brav überall hin. Und mit meinen 27 Jahren Erfahrung auf See beherrsche ich den Kahn in jeder Situation mit traumwandlerischer Sicherheit. Seine kleinen Macken und Besonderheiten kenne ich in- und auswendig. Der Gedanke, dass die *Time Bandit* jemals sinken oder stranden könnte, ist mir noch nie gekommen, so wie man nie daran denkt, dass einem das eigene Haus über dem Kopf abfackeln würde. Aber jetzt wurde ich plötzlich diese Angst nicht mehr los, dass ich mit unserem Schiff in eine Falle fuhr. Wenn der *Time Bandit* hier etwas passieren sollte, dann wäre das allein meine Schuld. Ein solcher Verlust schien mir genauso schlimm, wie den eigenen Vater zu verlieren. Meine Brüder würden zwar verstehen, welche Umstände zu diesem Unglück geführt hätten, doch tief in ihrem Innern würden sie fortan immer an mir zweifeln. Einmal davon abgesehen, dass es mir so vorkommen würde, als hätte ich einen Teil von mir selbst verloren. Es würde mein

Selbstvertrauen komplett zerstören und daran könnte auch die Erkenntnis nichts ändern, dass es letztendlich das Packeis war, das unser Schiff zermalmte. Ich hätte sie in den Untergang geführt und an dieser Schuld würde ich den Rest meines Lebens tragen. Ich sehe es schon vor mir, wie das Eis den Rumpf der *Time Bandit* umschließt, es gibt kein Entkommen mehr, die Maschinen quälen sich, aber sie kommen gegen das Eis, das inzwischen einen halben Meter dick ist, nicht mehr an. Der Bug gibt nach, das eisige Wasser dringt ein …

»Oh Mann«, dachte ich, »jetzt musst du dich wirklich zusammenreißen. Du drehst ja komplett durch.«

Wir zogen weiter unsere Pots aus dem Wasser und füllten unseren Laderaum mit Opilio-Gold. Mit jedem vollen Pot klingelten weitere 1800 Dollar in unserer Kasse. Shea guckte auf das Gewusel in der nächsten Falle und sagte: »Und da kommt mein neues Paar Ski.« Russell und Richard lieferten sich an Deck einen Ringkampf, sie freuten sich wie junge Hunde. »Endlich machen wir einmal richtig Kohle«, jubelte Russell. »Das ist das Geschäft, für das ich lebe.«

Ich ging runter an Deck, um mit den Jungs zu feiern. »Das ist doch mal ein schönes Geschenk zum Ende der Saison«, sagte ich. Und die Crew haute noch einmal mehr rein, weil es ein strahlender Tag war und die Stille der See die Arbeit erleichterte. Bei Temperaturen von minus 20 Grad trug der Kranausleger einen dicken Eispanzer, auch Deck und Vorpiek waren mit Eis überzogen, doch die Crew war in einer euphorischen Stimmung. Sie wusste, dass wir wie geplant früher nach Dutch zurückkehren würden. Neal hievte den letzten Pot aus dem Wasser und ein paar Minuten später signalisierte mir Richard mit den Fingern: noch einmal 650 Krabben. Die Zeit war gekommen, unseren Fang abzuliefern. Und dann Zahltag. Wir wollten nach Hause.

Als die Crew sich in die Kojen verzogen hatte, nahm ich Kurs auf St. Paul. Etwa drei Meilen vor der Insel tauchte plötzlich das Packeis aus dem Nebel auf. Ich schaltete eine Maschine ab, schlich mit einem Propeller bei einem Knoten Geschwindigkeit durch die Eisbrocken – und betete, dass es nicht mehr werden würden, bis wir unseren Fang abgeliefert hatten und wieder auf dem Weg in Richtung Süden waren. Über UKW-Funk hörte ich eine Meldung, dass die Behörden den Hafen von St. Paul vorläufig gesperrt und eine Warnung ausgegeben hatten, dass selbst geschützte Gewässer in dieser Nacht zufrieren könnten. Das klang gar nicht gut. Einem Bericht der Wildlife Troopers zufolge war die Temperatur so weit gefallen, dass auch das Salzwasser im Hafen von St. Paul zufrieren würde. Aber genau diesen Hafen wollte ich eigentlich anlaufen, wenn ich einen Ort brauchte, um mich vor dem Eis zu verstecken. St. Paul war der einzige sichere Schutzhafen im Umkreis von 280 Meilen.

Ich beschloss, erst mal abzuwarten und zu sehen, was sich ergab. Jetzt war ich sowieso noch damit beschäftigt, mich mit der *Time Bandit* auf engstem Raum durch die schmalen Gassen zwischen den Eisschollen zu schlängeln. Jedes Mal, wenn das Schiff mit dem Bug einen von den Eisbrocken beiseitestieß, die mehr als einen halben Meter dick waren und bestimmt an die 50 Tonnen wogen, gab es einen hohlen Rumms. Es klang, als hielte ich mein Ohr direkt an einen endlos tiefen Abgrund. Ich litt mit der *Time Bandit*. Dafür war sie nicht gemacht. Ihr Rumpf war nicht stabil genug für solche Belastungen, ganz zu schweigen von ihrem Ruder und den Propellern. Auf See bringt sie mich überall hin, doch gegen diese Wand aus gefrorenem Wasser kommt sie nicht an.

Zwischen uns und der *Independence* lagen jetzt noch drei Meilen. Ich konnte die Scheinwerfer an Deck schon sehen. Aber im Moment fühlte es sich für mich so an, als müssten wir noch einmal um den Globus, um unser Ziel zu erreichen. Wir mussten unbedingt durch dieses Eis zu unserem Fabrikschiff. »Wenn wir uns bloß hinter dem großen Pott verstecken können«, dachte ich, »er hat einen doppelten Rumpf, er ist fest verankert, da sind wir sicher.« Es war, als ob bei mir die bekannte alte Beruhigungspille wirkte, dass man sich schon in Sicherheit wähnt, wenn man nicht mehr alleine dasteht. Doch wir kamen nur im Schneckentempo vorwärts. Für die letzten drei Meilen brauchte ich fünf Stunden. Wenn wir zu Fuß übers Eis marschiert wären, hätten wir es in zwei Stunden geschafft.

Schließlich machten wir an der *Independence* fest, neben ihrem dunklen und doch einladenden Rumpf. Wir hatten das Schlimmste hinter uns. Die Crew war komplett an Deck, um beim Ausladen zu helfen. Über Nacht waren die Luken zugefroren und Neal und Shea rissen zwei gute, dicke Leinen durch bei ihrem Versuch, den Lukendeckel mit dem Kran aufzuziehen. Dann gelang es der Mannschaft von der *Independence* endlich, den ersten Förderkorb in unseren Laderaum runterzulassen. Die Arbeiter vom Fabrikschiff standen auf den Krabben und schaufelten sie in die Container, die aus einem Material bestanden, wie man es auch bei Lastwagenplanen verwendet. Jeder dieser Förderkörbe wurde gewogen und auf einer Liste eingetragen, bevor er aus unserem Laderaum gehievt wurde. Und jeder Container bedeutete Geld in unseren Taschen. 216 551 Dollar kamen an diesem Tag insgesamt zusammen – nicht schlecht, wenn man überlegt, dass ich noch ein paar Tage zuvor befürchtet hatte, dass ich die Saison wohl komplett abschreiben musste. Auch die Crew hatte jetzt reichlich Bares für die Rückreise nach Dutch. Die Leute konnten ihren Opilio-Lohn mit den Einnahmen vom Königskrabbenfang zusammenwerfen – und bis zur nächsten Saison davon leben. »Job zur vollen Zufriedenheit erledigt«, dachte ich.

Als der letzte Container an Bord der *Independence* war, stellte ich mich seelisch und moralisch darauf ein, sofort die Leinen loszuschmeißen und wieder loszufahren. Aber wo sollte ich denn eigentlich hin? Ich hätte natürlich gegen das ausdrückliche Verbot der Wildlife Troopers in den Hafen von St. Paul einlaufen können, aber ich entschied mich dann doch, und das war wahrscheinlich eine Premiere, dem Bescheid der Ordnungshüter zu folgen. Es blieb nur noch eine Alternative: das freie Wasser etwa drei bis fünf Meilen südlich der *Independence* zu erreichen und zu hoffen, dass auf dem Weg dahin nichts schiefging.

Für die Crew gab es nichts mehr zu tun und nach der Plackerei mit dem Ausladen unseres Fangs hatten die Leute eine Pause verdient. Also sagte ich ihnen: »Entspannt euch, haut euch hin, geht schlafen.« Caveman klappte sofort seine Augen zu, als hätte er gerade an der Militärakademie in Westpoint einen Gewaltmarsch absolviert. Draußen wurde es wieder finster, die nächste Nacht. Es war immer noch klirrend kalt. Wegen des Eisgangs wagte ich es nicht, mit zwei Maschinen zu fahren, sondern bahnte mir noch langsamer als zuvor einen Weg durch das Packeis. Es bewegte sich langsam in dieselbe Richtung wie wir – gen Süden. Dass wir nur so langsam vorwärts kamen, zerrte an den Nerven, und ich zuckte jedes Mal zusammen, wenn der Rumpf der *Time Bandit* wieder mit hohlem Rumpeln gegen eine Eisscholle stieß. In den folgenden zwei Stunden legten wir eine einzige Meile zurück. Mutter Natur sagte mir laut und deutlich, dass ich an diesem Abend nicht nach Hause kommen würde. Trotzdem musste ich lachen, nicht weil die Situation so lustig war, es war eher ein Lachen des Irrsins, denn unsere Lage war verrückt. Im nächsten Augenblick kam das Schiff komplett zum Stehen, das Packeis hatte uns fest im Griff. Die schmalen Kanäle und Risse, die ich eben noch gesehen hatte, waren verschwunden, zugefroren. Ich konnte keine freien Wasserflächen mehr erkennen, nicht die schmalste Rinne, so weit meine Scheinwerfer leuchten konnten. Ich konnte mich in keine Richtung mehr bewegen.

Der Rumpf dröhnte vom Eis, das sich langsam vorbeischob. Darunter waren große Klötze mit scharfen Kanten, die unserem Schiff durchaus gefährlich werden konnten. Ich reckte meinen Kopf aus dem Fenster, so weit es ging, um das Eis direkt am Schiff besser einschätzen zu können. Es war wirklich unfassbar kalt. Ich konnte die grellen Lichter der *Independence* nach wie vor deutlich sehen – und in diesem Moment verwarf ich mein Vorhaben, auf einem Südkurs ins offene Wasser zu gelangen. In diesem Eis, das sich immer dichter und dicker zusammenschob, war kein Durchkommen. Keine Chance. Ich spürte die Anspannung in meiner Brust – und qualmte mit einer Winston nach der anderen gegen meine Panik an. Ich hatte vorher immer gedacht, dass ich immun gegen Stress bin und mit Druck bestens zurechtkomme, aber jetzt spürte ich diese Last mit einer Intensität, wie ich das noch nie erlebt hatte.

Ich entschied mich, umzudrehen und zur *Independence* zurückzukehren. Doch mit einem knapp 40 Meter langen Schiff unter diesen Umständen eine 180-Grad-Kehre hinzulegen, war eine echte Herausforderung. Wenn ich rückwärts zu viel Fahrt aufnahm, drohte ein Ruderschaden. Mit etwas Pech konnte ich mir auch den Propeller oder die Propellerwelle verbiegen. Ich konnte es in meiner Hand auf den Fahrthebeln spüren, dass ich das eigentlich lieber nicht tun wollte. Ich dachte kurz daran, wie ich mich über den Film mit Austin Powers kaputtgelacht hatte, vor allem über die Szene, wo er versucht, in einem engen Korridor ein Golfwägelchen zu wenden, das nur wenige Zentimeter kürzer ist als der Flur breit. Mit einem Schiff im Packeis war das allerdings nicht halb so lustig. Vorwärts, rückwärts, vorwärts, rückwärts – langsam und vorsichtig wendete ich die *Time Bandit* Grad um Grad, bis ihr Bug wieder in Richtung *Independence* zeigte.

Wir folgten ihrer Anziehungskraft zurück durch die Gasse, die wir uns eben erst gebahnt hatten – und die schon fast wieder vom Packeis zugeschoben worden war. Die Crew stand jetzt bei mir auf der Brücke, was mir mehr Augen schenkte, um das Eis im Blick zu behalten. Wir schauten nicht mehr auf die Uhr, wie lange wir für die Meile brauchten, Zeit war für uns jetzt eine Einheit, die in Kaffee und Winstons gemessen wurde. Aber eine halbe Meile vor der Küste steckten wir wieder richtig fest. Neal sagte mir, dass der Wind sich gedreht habe, was ein Signal dafür sein konnte, dass sich das Packeis wieder in Bewegung setzen würde. Mal sehen, was die nächsten Stunden bringen würden. Ich sagte meinen Männern, dass sie sich wieder in die Kojen verziehen sollten, bis ich mir überlegt hatte, was ich jetzt unternehmen wollte.

Ich sitze hinter dem Ruder der *Fishing Fever* und rauche. Dabei geht mir durch den Kopf, wie sehr ich mit der Natur verbunden bin, wenn ich auf See bin. Dass ich überhaupt auf einen solchen Gedanken verfalle … An Land würde es mir nie in den Sinn kommen, solche philosphischen Überlegungen anzustellen. Jetzt mag der ein oder andere einwenden, dass diese Verbindung eines Fischers zur Natur doch erwartbar sei, aber das sehe ich anders. Naürlich lebe ich jeden Tag mit der Gewissheit, dass die Natur mir die Spielregeln vorgibt; sie bestimmt mein Leben, und zwar in jeder Minute, die ich auf See verbringe. Ohne Rücksicht auf diese Vorgaben kann ich keine Entscheidungen treffen. Wind, Wetter, Seegang, die Temperatur, Fisch und Krabben – sie bestimmen, was ich tue; ich bin ihr Sklave. Sie sind mein Schicksal. Ich bin im Prinzip wie der Bauer, der nur ernten kann, wenn das Wetter seine Saat gedeihen lässt, der sich seine Existenz unter unbeständigen und gefährlichen Bedingungen immer wieder aufs Neue erkämpfen muss.

Bin ich deshalb anders als die Menschen, deren Alltag durch den Puffer der Zivilisation vor der gewaltigen Natur geschützt ist? Auf jeden Fall, klar. Ich bin gezwungen, mich jeden Tag wieder als Überlebenskünstler zu beweisen, deshalb bin ich übrigens immer sehr skeptisch, wenn mir von außen – zum Beispiel durch eine Reform der Fischerei – noch neue, zusätzliche Bedingungen diktiert werden. Wenn ich aber an Land zurückkehre, werfe ich meine Sorgen und alle Hemmnisse ab wie unnötigen Ballast. Was kann mir an Land denn schon Angst einjagen? Welche Gefahr soll denn vergleichbar sein mit dem, was ich auf See erlebe? Soll ich vielleicht Angst davor haben, von meiner Harley zu fallen? Oder bei einer Schlägerei in einer Kneipe auf die Mütze zu bekommen? Ist die tägliche Auseinandersetzung mit der Natur der Grund, warum ich bin, wie ich bin? Und ist dieser tägliche Kampf auch die Ursache dafür, dass Andy sich einerseits nach nichts so sehr sehnt, wie mit einem urtypischen Landlebewesen wie dem Pferd zu arbeiten? Dass er aber andererseits, trotz seiner konkreten Vorstellungen, wie er lieber leben möchte, Jahr für Jahr wieder rausfährt auf See, als ob ihn die Sirenen auf die Klippen des wahren Lebens lockten?

Ich saß also mitten im Packeis und analysierte meine Lage. Mir war schon klar, was ich falsch gemacht hatte. Ich hatte eine meiner Grundregeln ignoriert. Denn ich wollte nichts dringender, als meinen Fang auf der *Independence* abliefern und den Lohn für die Krabben in unseren Laderäumen einsacken – und dafür hatte ich sogar in Kauf genommen, dass mein Schiff und meine Crew in Gefahr geraten waren. Ich war gewissermaßen ein Opfer der neuen Spielregeln. Wenn ich meinen Liefertermin verpasse, muss ich mich ganz hinten in der Schlange einreihen, was wahrscheinlich den Tod meiner Krabben bedeutet. Um das zu verhindern, hatte ich jedoch meinen Urinstinkt als Kapitän verdrängt – und die *Time Bandit* auf eine unmögliche Reise durchs Packeis geschickt. Jeder macht mal einen Fehler und meistens kommen wir ohne größeren Schaden davon, denn das System, in dem wir leben, reagiert nicht völlig unflexibel. Nur in der Natur funktioniert es so nicht. Wer sich den Elementen ausliefert wie wir, der bekommt schon für die geringste Verletzung der Regeln seine Quittung. Jetzt war ich dran, für meinen Fehler zu bezahlen.

Das Packeis war gerade dabei, sich zu neuen Formationen aufzutürmen. Als ob der Teufel seine böse Hand im Spiel hatte. Der Wind hatte über Nacht offenbar wieder gedreht. Die Temperaturen waren noch einmal gefallen und der Wind kam jetzt aus südlichen Richtungen und schob noch mehr Eis auf die Insel zu. Die spiegelglatte Fläche um unser Schiff hob und senkte sich mit dem Schwell unter dem Eis. Ich konnte spüren, wie es im sanften Auf und Ab an unserem Rumpf entlangschmirgelte. Der Wind war inzwischen so stark geworden, dass er uns samt Eis auf das Ufer der Insel zuschob. Die Maschine kreischte jedes Mal wie eine Kreissäge, wenn der Propeller auf Bruchstücke aus dem Eis traf, und jeder Treffer war für mich wie ein Stich ins Herz. Zweimal setzte die Maschine komplett aus und unter Deck blökte ein

Warnsignal los. Unter keinen Umständen würde ich es zulassen, dass die *Time Bandit* ein Opfer der Naturgewalten wird, das schwor ich mir, egal wie wenig Optionen mir noch blieben. Und wenn das Desaster wirklich nicht zu vermeiden war, dann sollte sie wenigstens in tiefem Wasser absaufen dürfen. Niemals sollte sie so jämmerlich enden wie die *Alaskan Monarch.*

Ich musste also doch versuchen, mich zum offenen Wasser durchzuschlagen. Aber für ein derat verweifeltes Manöver musste meine Crew auf den Notfall vorbereitet sein. Die Leute hatten seit zweieinhalb Tagen nicht mehr richtig geschlafen, von kurzen Nickerchen abgesehen. Trotzdem drückte ich auf den Knopf für das Alarmsignal. Jetzt musste wirklich jeder aufstehen. Und wenn auch nur, um einen Teil der Sorgen zu tragen, die mich plagten.

Shea, Russell und Neal sprangen sofort aus ihren Kojen. Richard folgte nur wenig später. Alle vier standen bei mir auf der Brücke und starrten mit mir zusammen auf das Eis vor dem Bug, das im Schein unserer Natriumdampflampen zu erkennen war. Ich brauchte sie jetzt, brauchte ihren Rat und ihr gutes Zureden. Vor allem Neal und Russell waren eine wichtige Unterstützung, sie hatten ebenfalls ein gutes Gespür dafür, wie weit man gehen durfte und wie viel man der Maschine zumuten konnte. Würde unser Propeller diese Belastung aushalten? Oder würde das Eis unseren Ruderschaft aus der Verankerung hauen und so das Boot vollaufen lassen? Das waren beides sehr konkrete Gefahren. War es deshalb möglicherweise doch das Beste, die Maschinen abzustellen und unser Schicksal von Wind und Eis entscheiden zu lassen?

Jetzt erst, viel zu spät, kam Caveman zur Brücke hoch. Er trug nur die Jogginghose, mit der er in seiner Koje gelegen hatte, und rieb sich verschlafen die Augen. Er hatte den Alarm zwar gehört, war kurz aufgewacht – und wieder eingepennt. »Was'n los?«, fragte er.

Allein die Frage machte mich rasend. Meine Reaktion war irrational, aber ich war am Rande eines Nervenzusammenbruchs, total übermüdet. Und fühlte mich trotz der auf der Brücke versammelten Helfer schrecklich allein.

»Halt jetzt bloß die Fresse oder du kriegst einen Riesentritt in den Arsch«, fuhr ich ihn an.

Caveman verschränkte seine Arme trotzig vor der nackten Brust.

Also erklärte ich es ihm noch einmal ganz langsam: »Kann sein, dass wir die Überlebensanzüge brauchen. Also wach jetzt auf, zieh dich an und trink einen Kaffee. Ich versuche gerade, aus diesem Scheißeis rauszukommen.« Ich starrte ihn an und ich war wirklich ernsthaft sauer auf ihn. »Ich frage mich«, sagte ich zu Shea, »was das für ein Typ sein muss, der sich wieder umdreht und weiterpennt, wenn der Alarm losgeht. Aber hier steht offenbar einer direkt vor mir.«

Caveman stand auf dem Niedergang und rührte sich nicht. Seine Körpersprache sagte nur: »Du kannst mich mal.«

»Mann, Caveman! Zieh dich jetzt an!«, brüllte ich und sagte dann zu Shea: »Immer wieder schön zu sehen, wenn Leute echten Einsatz zeigen.«

Ich versuchte vorsichtig, Fahrt aufzunehmen, aber die *Time Bandit* dachte gar nicht daran, mir zu gehorchen. Das Schiff rührte sich keinen Millimeter mehr. Rumpelnd zog das Eis an unserem Rumpf entlang.

»Das sieht nicht gut aus«, sagte ich zu Richard.

Neben dem Schiff türmte sich das Packeis zu einer wahren Mauer auf, bestimmt zwölf Meter hoch.

Ich schickte Neal in die Vorpiek, er sollte kontrollieren, ob der Bug Schaden genommen hatte und es schon Lecks gab. Unser Kartenplotter, bei dem ich Dutch Harbor als Zielhafen eingegeben hatte, zeigte als voraussichtliche Ankunftszeit an: NEVER.

Caveman erschien wieder auf der Brücke, wenigstens hatte er jetzt vernünftige Klamotten an.

»Ich brülle echt nicht ohne Grund«, sagte ich ihm.

Wenn das Schiff abgesoffen wäre, hätte er ohne Klamotten überhaupt keine Überlebenschance gehabt. Und ein Schiff ist schnell weg, das dauert keine vier Minuten, wenn es schlecht läuft. Die *Time Bandit* war zwar noch nicht in unmittelbarer Gefahr, aber Caveman musste jetzt trotzdem sein Hirn einschalten. Er benahm sich wirklich wie ein Höhlenmensch. Was wäre denn gewesen, wenn ich ihm die Order gegeben hätte, den Anker klarzumachen? Jetzt, sofort, los! Dann hätte er nicht einmal ein Hemd angehabt. Was aber, wenn unser aller Sicherheit davon abgehangen hätte, den verdammten Anker nicht erst dann parat zu haben, wenn er sich dazu bequemt? Ich hatte wirklich allen Grund, sauer auf den Kerl zu sein. Im Prinzip hasse ich Kapitäne, die ihre Crew anbrüllen. Brüllen bringt nämlich gar nichts. Aber in diesem Fall hatte ich das Recht zu brüllen, fand ich.

Dabei kam allerdings noch etwas anderes an die Oberfläche, was mich schon die ganze Zeit an Caveman nervte. Er war grundsätzlich immer zu spät.

Seine Antwort: »Ich weiß doch, dass ich eh nicht ins kalte Wasser gehen würde.« Als ob er im Ernstfall die Wahl hätte.

Neal kam wieder auf die Brücke und erstattete Bericht. Das Eis hatte schon den Stahl am Bug eingedrückt. Die Beulen waren jedoch noch keine ernsthafte Bedrohung für das Schiff. Bis jetzt war nur der Lack abgesprungen. Der Stahl hatte zwar nachgegeben, aber dem Eis standgehalten. Kein Leck. Neal sagte, dass er noch nie ein Geräusch gehört habe wie das Rumpeln und Kratzen von Eis auf Stahl. Es war, sagte er, »wie etwas von einem anderen Planeten«.

Caveman hatte sich offenbar durch den Kopf gehen lassen, was ich gesagt hatte. Er beschwerte sich darüber, dass ich auf ihm rumhackte. Ich hatte aber nichts zurückzunehmen, ich war nicht bereit, auch nur eine Sekunde länger darüber zu debattieren. Ich hatte ihm erklärt, was mich nervte, für mich bestand kein Grund, mich zu rechtfertigen oder gar zu entschuldigen. Prompt ging er auf mich los, gab mir erst eins auf die Nase und versetzte mir dann eine Ohrfeige. »Das war gar nicht übel«, sagte ich. »Aber du verschwindest jetzt besser von der Brücke.« Er schlug noch ein drittes Mal nach mir und traf mich am Hals. »*Das* hat jetzt wirklich gesessen«, sagte ich. Am liebsten hätte ich seine Nase zu Brei gehauen, aber ich versetzte ihm stattdessen einen Hieb auf den Schädel, dass er zu Boden ging. Ich schleifte ihn von der Brücke. Als er wieder zu sich kam, stellte ich ihn vor die Wahl: »Entweder ziehst du jetzt diesen Kampf bis zum Ende durch, und das kannst du haben, oder du bringst die Saison anständig zu Ende und arbeitest weiter mit.«

Die nächsten viereinhalb Stunden waren unsere Nerven aufs Äußerste gespannt, Kapitän und Crew standen zusammen wie ein Mann. Wenn man bei einem Schiff von 298 Tonnen davon sprechen kann, dass es sich behutsam vorwärtstastet, dann tat unsere *Time Bandit* genau das. Ich lotste sie mit vorsichtigen Bewegungen an Fahrthebeln und Ruder fast spielerisch durch die engen Gassen im Eis in Richtung Süden. Der Schwell half uns dabei, immer wieder brach er das Packeis auf und schaffte Lücken, in die unser Schiff so gerade eben hineinpasste. Wir kamen unendlich langsam vorwärts, Schiffslänge um Schiffslänge arbeiteten wir uns voran. Als die Sonne aufging, konnte ich voraus das offene Wasser sehen. Wir hatten den Rand des Packeises erreicht. Eine halbe Stunde später war es geschafft. Und ich hatte die schlimmste Nacht meines Lebens hinter mir.

»Oh Mann«, sagte ich zu Richard. »War das ein Stress. Das hat mich ein Jahr meines Lebens gekostet.«

Vielleicht sollte ich einen Anwalt damit beauftragen, meine Initialen ändern zu lassen. Statt J.H. würde T.U. eigentlich viel besser zu mir passen. Tango Uniform beschreibt meine Lage besser denn je. Das Licht aus dem Osten wird langsam heller und ich sehe endlich, wo ich bin. Auch wenn es im Regen so wirkt, als gäbe es keinen Horizont, und sich der feine Dunst in einen zähen Nebel verwandelt. Die Welt ist nur noch grau. Niemand wird wissen, wo mich dieses Grau verschluckt hat. Was ich an Steuerbord sehe, lässt mich unwillkürlich frösteln: Hinter einem Ufer felsiger Klippen erhebt sich die Steilküste wie eine Mauer, auf der ein Plateau aus Eis und Schnee thront. Winzige Eispartikel fegen mit dem Wind auf mich herab, im Gesicht fühlen sie sich an wie tausend kleine Messer, die meine Haut ritzen. Aber noch weigere ich mich, eine Schwimmweste anzulegen. So weit ist es noch nicht, so schnell gebe ich nicht auf. Ich weiß, dass ich zur Not schon irgendwie ans Ufer gelangen und mich an den Klippen festklammern kann. Ich knote meine Fender an den Leinen zusammen und schieße meine letzte Signalrakete ab – weg von den Klippen, in Richtung offene See.

Strömungen und Gezeiten haben die *Fishing Fever* fest in ihrem Griff. Unerbittlich zieht das Wasser mein Schiff auf den weißen Saum zu, wo die Wellen auf das felsige Ufer krachen. Genau dahin geht jetzt die Reise. Ich kann die Brandung schon hören und sogar Land riechen, als ob die Gewalt der Wellen beim Aufprall auf die Klippen einen ganz eigenen Geruch produzierte. Die Luft schmeckt wie die Salzlake, in der man Heringe einlegt. Ich schätze, dass mir noch etwa 40 Minuten bleiben, bis ich in die Brandungszone gerate. Und dann gibt es kein Zurück mehr. Da wartet kein sandiger Strand, kein sanft ansteigender Grund, sondern Felsen, die wie Klingen aus den Wellen ragen. Und dahinter die nackte Wand, an der die Wellen in einer Fontäne aus Gischt explodieren.

Ich muss es irgendwie schaffen, die Geschwindigkeit zu reduzieren, mit der mein Schiff in diese tödliche Falle treibt. Noch ist es zu tief für den Anker, der Winkel zu ungünstig, er würde nicht halten. Also knote ich Leinen an zwei Eimer und hänge sie als provisorische Treibanker ans Heck. Wenn sie tatsächlich bremsen, dann ist davon in diesem Schwell nichts zu spüren. Weiter geht die Reise. Mir kommt es vor, als ob die Wellen sich immer höher auftürmten, je näher ich auf die Steilwand des Ufers zutreibe. Ich schaue den Eimern nach, die die *Fishing Fever* hinter sich herzieht – und genau in diesem Moment sehe ich ein Leuchtsignal. Ein Schiff kann ich nicht erkennen, aber ich bin mir absolut sicher, dass es eine Signalrakete von einem anderen Schiff gewesen sein muss. Und wenn das tatsächlich so ist, dann müssen sie auf diesem Schiff auch mein Notsignal gesehen haben. Könnte natürlich sein, schießt es mir durch den Kopf, dass auch das Boot da draußen einen Notfall hat und mir gar nicht zu Hilfe kommen kann. Aber das kann eigentlich nicht sein. Andererseits soll eine Seenotrakete nie einfach nur so abgefeuert werden. Wie der Name sagt: Seenotraketen werden nur gezündet, wenn Schiffe in Seenot sind.

Ich bin nur noch ein hilfloser Beobachter meiner eigenen Lage. Nichts, was in meiner Macht steht, kann noch verhindern, dass jetzt passiert, was ich fast genauso fürchte wie den Untergang auf offener See. Ich werde bis zum letzten Moment mit der *Fishing Fever* durch die Brandung reiten. Wenn das Schiff nicht gleich auf den Felsen auseinanderkracht und mich dabei ins Wasser schmeißt, werden wir eben an der Steilwand hinter der Brandung zerschmettert. Spätestens dann lande ich im Wasser. Ich weigere mich, auch nur eine Sekunde an den Gedanken zu verschwenden, dass ich ersaufen werde. Kann sein, dass ich mir auf den Felsen die Knochen breche, doch irgendwie werde ich das überleben. Ich drifte in eine Falle, aus der es kein Entkommen mehr gibt.

Den Anker zu werfen, kann jedenfalls nicht schaden. Das Wasser ist im Moment möglicherweise noch zu tief, aber sobald es flacher wird, besteht immerhin eine Chance, dass er sich am Grund verhakt und irgendwie hält. Ich krieche an der Steuerbordreling entlang aufs Vorschiff, wo ich mich mit Händen und Füßen festklammern muss, weil das Schiff so sehr in den Wellen bockt und rollt. Ich mache die Ankerleine an einer Klampe fest – und los geht's, raus mit dem Anker. Während ich auf dem Vorschiff hocke, riskiere ich einen kurzen Blick raus aufs offene Wasser, aber da ist nichts, nullkommagarnichts. Ich krabble an der Reling zurück zum Ruderhaus.

Ich suche das Ufer nach einer Lücke in den Felsbarrieren ab und fühle mich ein kleines bisschen besser, nachdem ich mein Holster mit dem Revolver angelegt habe, weil mir das wenigstens die Illusion lässt, dass ich noch zu eigenständigem Handeln fähig bin. Es gibt tatsächlich kleine Buchten mit Strand zwischen den Felsen dieses Kaps. Aber selbst wenn ich mit viel Glück durch die Brandung komme und auf einen dieser schmalen Streifen mit grobem Kies lande, bin ich noch lange nicht in Sicherheit. Denn diese Küste hier ist bekannt für ihre Braunbären. In kürzester Zeit hätten sie den Lachs in meinem Laderaum gewittert. Ich kann mir nicht vorstellen, wie ich drei oder vier von diesen Riesenbiestern mit meinem kleinen Revolver in Schach halten soll.

Jetzt zuckt und zittert das ganze Schiff, der Anker ruckelt über den Grund, hängt einen Moment lang fest – und kommt wieder frei. Der Meeresboden besteht an dieser Küste zum größten Teil aus Ton und Sand, dazwischen der ein oder andere Stein. Eigentlich ein guter Grund, aber mein Anker kommt gegen die Kräfte dieser Wellen nicht an. Mit einem lauten Klatschen schlägt die Ankerleine gegen den Rumpf. Pech gehabt. Ich schaue zur Steilwand über mir hoch und wieder spüre ich die scharfen Eiskristalle im Gesicht. Ich bin jetzt keine 40 Meter mehr von den Felsen in der Brandung entfernt.

Kurz gesagt geht es jetzt nur noch darum: Himmel oder Hölle. Sie liegen hier dicht beieinander. Kann sein, dass du im Himmel landest, vielleicht aber auch in der Hölle, dazwischen ist nur noch so viel wie zwischen meinem Daumen und meinem Zeigefinger, wenn ich sie ganz fest zusammendrücke. So eng ist das hier jetzt. Mit diesem Gedanken trete ich aus dem Ruderhaus. Ich zünde mir meine letzte Winston an, als wäre sie die letzte Zigarette eines Todgeweihten. Ich gucke mir die Fender noch einmal an und überlege, wie ich sie mit einem Seil so unter meinen Armen befestigen kann, dass sie mir wenigstens etwas Schutz bieten. Die Kälte überlebe ich schon, da bin ich mir sicher – wenn ich nicht vorher schon auf den Felsen zerschlagen werde. Vielleicht helfen die Fender als Puffer gegen die Gewalt der See. Sie sind jetzt meine letzte Hoffnung.

Wie gerne würde ich weiter der Illusion nachhängen, dass so ein Schlamassel nie mir passiert. So ein Desaster erleben doch sonst immer nur die anderen. Ich habe doch eine Zukunft, das sehe ich klar vor mir. Aber es gibt keine Alternativen mehr, die ich nicht schon ausprobiert hätte. Die See wird mir keinen Gefallen tun, der Wind wird sich nicht drehen, die Strömung nicht plötzlich in die andere Richtung abbiegen, um mich in letzter Sekunde zu retten. Kein Wunder in Aussicht, dass mich hier abholt. Ein Stück Land ragt in den Ozean hinaus und die See rennt dagegen an. Ich bin gefangen zwischen diesen beiden Elementen. Dabei wollte ich eigentlich nur in Ruhe meinen Rotlachs fangen. Ich hab an nichts anderes gedacht. Wobei es mir sogar egal war, ob mir überhaupt ein Fisch ins Netz geht, denn beim Lachsfang geht es mir gar nicht darum, auch wirklich Lachs zu fangen. Der Lachs ist nur ein Vorwand, eine Gelegenheit. Das Camp ist es doch, was mich jedes Jahr wieder hierherbringt, meine Kumpel, gelegentlich auch Frauen, die Angeberei am Lagerfeuer, das ganze große Spaßpaket. Der Rotlachs spielt hier nur eine Nebenrolle, er ist eine nette Ablenkung – und eben ein erstklassiger Vorwand für das Camp. Ich wette, die Jungs lachen sich gerade wieder halb tot über irgendeinen uralten Witz.

Bis zu diesem Moment habe ich immer gedacht, dass die Beringsee im Winter einmal mein Henker sein würde – und nicht ein paar Felsen vor Cape Douglas. Ich starre gen Süden in den Himmel, in Richtung Kodiak, und bete noch ein letztes Mal, dass von dort ein HH-60-Helikopter mit dem orangefarbenen Streifen der Küstenwache auftauchen möge, um mich aus diesem Elend zu retten. Aber der Himmel bleibt leer.

Der Anker rutscht. Ich spüre, wie das Boot unter meinen Füßen wieder beschleunigt, wie von einer Last befreit. Dann ruckt der Anker wieder fest und ich verliere fast mein Gleichgewicht. Seine Flügel hüpfen über den Grund, doch Wellen und Strömung reißen das Schiff so schnell weiter, dass er keine Chance hat, sich richtig einzugraben. Die Länge der Leine und der günstige Zugwinkel sollten ihm eigentlich helfen, Halt zu finden, aber der Anker, der in solchen Bedingungen zuverlässig greift, muss noch erfunden werden. Er rutscht, packt wieder, lässt wieder los und segelt im Schwell hinter dem Boot her. Die *Fishing Fever* driftet weiter auf die Brandung zu. Ich ahne natürlich, dass ich hier nicht einfach rausschwimmen kann. Doch ich sehe und höre und rieche Land – und unsinnigerweise wecken meine Sinne so noch einmal eine falsche Hoffnung. Land, ist das nicht der Ort, wo man sicher ist vor der See? Aber wie soll das gehen? Die Wellen sind zu mächtig, als dass ich sicher auf einem Strand landen könnte – vorausgesetzt, ich finde überhaupt einen schmalen Streifen Strand. Ich müsste bis zum letzten Moment auf dem Schiff durch die Brandung surfen. Doch wenn ich dann vor die Felswand fahre, nützt mir das auch nichts. Wo soll ich denn hinschwimmen? Ich kann versuchen, auf eine der Klippen zu springen und mich daran festzuklammern. Aber das ist auch bloß ein Hirngespinst.

Dann verweigere ich eben dem Kap meine Aufmerksamkeit und drehe dem Land meinen Rücken zu. Ich will gar nicht sehen, wie ich da in die Felsen krache. Trotzdem packe ich noch eine wasserdichte Tasche mit dem Nötigsten: eine Decke, Angelschnur, mein Messer, Holster und Revolver, außerdem ein Feuerzeug und ein Handtuch. Als ich gerade die Tasche fest verschnürt habe und aus dem Ruderhaus trete, sehe ich, wie ein anderes Schiff direkt auf mich zukommt. Ein Leuchtsignal zischt los, dann noch eins und noch eins. Ich tanze einen regelrechten Freudentanz an Deck. Wer auch immer in dem Kahn sitzt, sieht mich, kennt mich und gibt gerade richtig Gas, um mich noch zu retten. Ich schaue mich schnell um: das Land, die Wellen, die Klippen, das andere Boot. Es sieht aus wie Dinos Schiff, die *Rivers End*. Er muss gleich gestern morgen aufgebrochen sein, um nach mir zu suchen. Ich *wusste*, dass einer kommt. Aber er kommt nicht eine Minute zu früh …

Und es könnte immer noch sein, dass er genau eine Minute zu spät auf der Bildfläche erschienen ist. Je näher das Ufer kommt, desto größer werden die Wellen, die an der *Fishing Fever* reißen. Ich kann den Sog förmlich spüren. Das Land scheint das Tauziehen mit der See endgültig zu gewinnen. Es kommt mir vor, als wäre diese Küste geradezu gierig darauf, mein Schiff zu verschlingen. Ich will jetzt nicht zu melodramatisch klingen, aber im Leben geht es um nichts anderes, als auf irgendeinem verschlungenen Weg in den Tod zu gehen. So ist das. Ganz genau so. Ich hätte allerdings niemals gedacht, dass Land und See einen Wettbewerb veranstalten würden, wer von beiden mich umbringen darf. Einen grausameren Kampf kann man sich nicht vorstellen.

Ausgerechnet jetzt legt Murphy mit seinem Gesetz, wonach es in jeder beschissenen Situation noch schlimmer kommen kann, auch noch Überstunden ein. Ein Schlag am Ruder, dass der Rumpf des Schiffs zittert – und ein Fels treibt den Ruderschaft mit brutaler Gewalt aus seinem Lager. Wasser läuft achtern ins Schiff und die *Fishing Fever* sackt mit dem Hintern schnell tiefer. Ich öffne die Klappe über der Rudermechanik, um zu sehen, wie groß der Schaden ist, obwohl ich weiß, dass ich ohne Batterie und ohne meine Bilgenpumpen eh nichts ausrichten kann. Einen Moment lang versuche ich trotzdem, das eindringende Wasser mit einer alten Kaffeedose wegzuschöpfen, aber es fließt schneller nach, als ich lenzen kann. Endlich kapiere ich, dass diese Übung sowieso reine Zeitverschwendung ist, weil dieses Boot nicht sinken wird, weil Wasser am Ruderschaft reinläuft, sondern weil der Rumpf im nächsten Moment auf die Felsen krachen kann.

Die *Rivers End* hat gewendet, Dino lässt sich vom Schwell langsam rückwärts zu mir treiben. So kann er sein Schiff mit der Maschine kontrolliert abbremsen und punktgenau bei mir landen. Wenn er jetzt auf einen Fels knallt, sind wir allerdings beide geliefert. Denn ich kann garantiert nichts unternehmen, um *ihn* zu retten. Ich kann die Schleppleine vorne oder achtern annehmen, wobei es gerade so aussieht, als ob mein Bug etwas näher an Dinos Heck ist. Aber im Moment ist es mir ganz egal, wo wir die verdammte Leine festmachen oder wie ich sie auf meinem Schiff belege. Hauptsache, er kann mich so schnell wie es geht in tieferes Wasser ziehen. Er bereitet eine Leine vor und knotet eine Affenfaust als Wurfgewicht ans Ende des Taus. Ich hole mein Messer wieder aus meinem Packsack raus, um im Notfall schnell den Anker kappen zu können, wenn ich seine Leine erst mal festhabe.

Dann wirft er die Leine. Ausgerechnet in diesem Moment schießt der Bug der *Fishing Fever* mit dem Schwell nach oben und ich verliere fast die Balance. Meine Hände sind kalt und ungelenk – ich erwische das Tau nicht. Die Affenfaust platscht neben mir ins Wasser. Ich zwänge mich unter der Reling durch und versuche mich so weit runterzubeugen, dass ich die Leine noch greifen kann, aber sie ist schon außer Reichweite.

Einen Wurf hat er noch und er zerrt wie der Teufel an der Leine, um sie wieder einzuholen. Ich krabble so schnell ich kann nach achtern, um mir meinen Bootshaken aus der Halterung an Deck zu schnappen. Als ich mit dem Ding in einer Hand wieder nach vorne robbe, macht sich Dino gerade zum zweiten Wurf bereit. Ich schaue noch einmal schnell über meine Schulter. Das ist wirklich unsere allerletzte Chance. Wenn es jetzt nicht klappt, sitzen wir beide in der Scheiße. Ich gehe auf meine Knie runter und spüre im selben Moment, wie die *Fishing Fever* mit dem Heck aufsetzt. Dino steuert mit der *Rivers End* ins nächste Wellental, er macht das genau richtig. Dann trifft uns die nächste Welle.

Er schmeißt die Leine – und sie landet im Wasser direkt neben dem Bug. Dieses Mal bin ich vorbereitet: Ich fische die Affenfaust mit meinem Bootshaken aus dem Wasser und ziehe die Wurfleine rein, bis ich die eigentliche, schwere Schlepptrosse zu fassen kriege und auf meiner Klampe belegen kann. Mit meinem Messer kappe ich die Ankerleine.

»LOS!«, brülle ich. »LOS!«

Er gibt vorsichtig Gas, bis das Schleppseil straff gespannt ist. Bloß nicht noch eine Leine im Propeller, so kurz vor Schluss. Er manövriert die *Rivers End* vom Steuerstand an Deck, bringt sein Schiff so in Position, dass der Bug aufs offene Meer zeigt. Und dann gibt er Stoff, dass die Schleppleine vor Spannung zittert. Er zieht mich erst mal ein paar hundert Meer raus ins tiefere Wasser. Wir sitzen natürlich immer noch in der Scheiße. Bis zu den Barren Islands sind es gut 14 Seemeilen über offenes Wasser und mein Schiff säuft übers Heck ab. Aber ich will die *Fishing Fever* auch nicht aufgeben. Ich weiß, dass Dino einen Satz langer Starthilfekabel an Bord hat. Wenn es mir gelingt, meine Batterien wenigstens so weit aufzuladen, dass die Pumpen wieder laufen, dann können wir die Barren Islands auslassen und direkt Kasilof anlaufen, wo ich die *Fishing Fever* zur Reparatur in die Werft bringen kann. Bei der Gelegenheit können sie dann auch gleich das demolierte Reduziergetriebe austauschen.

Ich brülle ihm also zu, dass er die Kabel rüberschmeißen soll. Er steht jetzt achtern an Deck und zum ersten Mal sehe ich, mit wem ich es eigentlich zu tun habe. Aber eigentlich ist das auch nicht wirklich eine Überraschung: »Hey«, rufe ich rüber zum anderen Boot, »wieso hat das so lange gedauert, Russ?«

Wir lachen beide, bis es weh tut. Doch es ist ein ziemlich irres Lachen. Lustig war das eben gar nicht.